Bewertung und Optimierung der Vollständigkeit von Betriebsdaten im Kontext der Fehlerprädiktion

Assessing and Optimizing Completeness of Operational Data in the Context of Defect Prediction

Von der Fakultät für Maschinenwesen
der Rheinisch-Westfälischen Technischen Hochschule Aachen
zur Erlangung des akademischen Grades eines
Doktors der Ingenieurwissenschaften
genehmigte Dissertation

vorgelegt von

Peter Schlegel

Berichter:

Univ.-Prof. Dr.-Ing. Robert Heinrich Schmitt
Univ.-Prof. Dr.-Ing. Achim Kampker, MBA

Tag der mündlichen Prüfung: 04. Juli 2022

ERGEBNISSE AUS DER PRODUKTIONSTECHNIK

Peter Schlegel

Bewertung und Optimierung der Vollständigkeit von Betriebsdaten im Kontext der Fehlerprädiktion

Herausgeber:
Prof. Dr.-Ing. T. Bergs
Prof. Dr.-Ing. Dipl.-Wirt. Ing. G. Schuh
Prof. Dr.-Ing. C. Brecher
Prof. Dr.-Ing. R. H. Schmitt

Band 36/2022

WZL | RWTH AACHEN UNIVERSITY

Fraunhofer IPT

Bibliografische Information der Deutschen Nationalbibliothek
Die Deutsche Nationalbibliothek verzeichnet diese Publikation in der Deutschen Nationalbibliografie; detaillierte bibliografische Daten sind im Internet über https://portal.dnb.de abrufbar.

Peter Schlegel:

Bewertung und Optimierung der Vollständigkeit von Betriebsdaten im Kontext der Fehlerprädiktion

1. Auflage, 2022

Gedruckt auf holz- und säurefreiem Papier, 100% chlorfrei gebleicht.

Apprimus Verlag, Aachen, 2022
Wissenschaftsverlag des Instituts für Industriekommunikation und Fachmedien an der RWTH Aachen
Steinbachstr. 25, 52074 Aachen
Internet: www.apprimus-verlag.de, E-Mail: info@apprimus-verlag.de

Printed in Germany

ISBN 978-3-98555-120-0

D 82 (Diss. RWTH Aachen University, 2022)

Vorwort

Die vorliegende Dissertation entstand im Rahmen meiner Tätigkeit als wissenschaftlicher Mitarbeiter am Lehrstuhl für Fertigungsmesstechnik und Qualitätsmanagement des Werkzeugmaschinenlabors der RWTH Aachen.

Mein besonderer Dank gilt meinem Doktorvater Herrn Professor Robert Schmitt für die fachliche Betreuung sowie die Schaffung eines praxisnahen Umfelds für die Ausgestaltung der Arbeit. Darüber hinaus möchte ich ihm für das entgegengebrachte Vertrauen sowie die Möglichkeit danken, in meiner Institutszeit vielfältige und herausfordernde Aufgaben wahrnehmen zu dürfen. Diese waren prägend für meine persönliche Entwicklung.

Herrn Professor Achim Kampker danke ich herzlich für das fachliche Interesse an meiner Arbeit und die Übernahme der Rolle des zweiten Berichters.

Darüber hinaus gilt mein Dank vor allem den ehemaligen Kollegen und Kolleginnen für den tollen Zusammenhalt und die unvergessliche Zeit. Besonders bedanken möchte ich mich bei Kristof Briele und Felix Sohnius für die freundschaftliche Verbundenheit und den humorvollen Büroalltag in der Bogenhalle. Mein besonderer Dank gilt außerdem Hannes Elser und Daniel Buschmann für den intensiven fachlichen Austausch und die konstruktiven Diskussionen, welche maßgeblich zum Gelingen dieser Arbeit beigetragen haben. Max Ellerich danke ich herzlich für die Begleitung meines gesamten Promotionsprozesses, die fachlichen Impulse und umfassende Durchsicht meiner Arbeit. Für die Unterstützung und Motivation im Endspurt der Arbeit danke ich außerdem Raphael Kiesel. Ebenso danke ich meinen studentischen Mitarbeitern und Mitarbeiterinnen für ihre Unterstützung und die Erarbeitung wertvoller Beiträge zu meiner Forschungsarbeit. Besonders hervorheben möchte ich in diesem Zusammenhang meinen langjährigen studentischen Mitarbeiter Till Reufsteck.

Die mit der Erstellung der Dissertation einhergehenden Höhen und Tiefen wären ohne meine Familie kaum zu meistern gewesen. Ich danke daher meinen Eltern für Startvoraussetzungen, die besser kaum sein könnten, sowie die bedingungslose Unterstützung in allen Lebensphasen. Meiner Partnerin Klara danke ich für ihre unentwegte moralische Unterstützung und ihre Nachsicht während meiner Promotionszeit. Euch widme ich diese Arbeit.

Aachen, im Oktober 2022

Peter Schlegel

Zusammenfassung

Die Leistungsfähigkeit datenbasierter Modelle der Fehlerprädiktion hängt stark von der Qualität der zugrundeliegenden Daten und damit von deren Eignung für den individuellen Anwendungsfall ab. Als eine der zentralen Dimensionen der Datenqualität ist insbesondere die kontextspezifische Vollständigkeit von Betriebsdaten in der Praxis häufig nur unzureichend gegeben. Lücken in der Datenbasis hemmen damit massiv die Wertschöpfung aus Daten.

Das Ziel dieser Arbeit ist daher die Schaffung von Transparenz durch die Bewertung der Vollständigkeit von in Betriebsdaten erfassten Informationen im Kontext der Fehlerprädiktion. Die Zielstellung umfasst darüber hinaus, diese Transparenz für die Optimierung ebenjener Vollständigkeit zu nutzen, um so die Eignung der Daten für die Fehlerprädiktion zu verbessern. Bestehende Ansätze basieren auf sehr generischen Bewertungsschemata ohne den Analysekontext der Fehlerprädiktion und weisen ein deutliches Defizit hinsichtlich der systematischen Optimierung der Vollständigkeit auf. Vor diesem Hintergrund erfolgt im Rahmen dieser Arbeit die Entwicklung einer Bewertungsmethodik, bestehend aus vier wesentlichen und aufeinander aufbauenden Modulen.

Zunächst erfolgt im ersten Modul, der Prozess- und Informationsmodellierung, die Modellierung relevanter Prozesse der Produktionskette sowie die damit verknüpfte Aufnahme und Klassifizierung systemseitig erfasster Informationen. Durch deren Visualisierung wird eine Übersicht des Ist-Zustands der entlang der Produktionskette erfassten Informationen geschaffen. Im Rahmen des zweiten Moduls wird die Identifikation und Gewichtung potenzieller Fehlereinflussgrößen adressiert, um den Soll-Zustand der Informationserfassung im Kontext der Fehlerprädiktion zu ermitteln. Im Mittelpunkt dessen steht die Formulierung von kausalen Zusammenhängen in Form von quantitativen Thesen auf Basis von explizitem und implizitem Wissen. Der darauffolgende Vergleich von Ist- und Soll-Zustand erfolgt im dritten Modul in Form einer quantitativen Vollständigkeitsbewertung. Im Fokus dessen steht die Entwicklung einer kontextspezifischen Bewertungsmetrik. Durch eine qualitative Visualisierung der hieraus resultierenden Kennzahlen im Prozessmodell wird Transparenz in Bezug auf Lücken in der Informationserfassung geschaffen. Im vierten und letzten Modul wird die Ableitung konkreter Empfehlungen zur Optimierung der Vollständigkeit im Sinne einer modellbasierten Entscheidungsunterstützung expliziert. Dabei werden auf Basis der entwickelten Metrik modellgestützt Handlungsalternativen identifiziert und priorisiert, um die Vollständigkeit der in Betriebsdaten erfassten Informationen zu maximieren.

Abschließend wird die entwickelte Methodik an einem Fallbeispiel aus der industriellen Praxis angewendet und validiert sowie die zugrundeliegende Lösungshypothese dieser Arbeit geprüft. Durch eine Vergleichsbetrachtung der Klassifikationsgüte prädiktiver Modelle mit den korrespondierenden Vollständigkeitskennzahlen kann im Rahmen des Fallbeispiels eine Verbesserung der kontextbezogenen Dateneignung unter Anwendung der Methodik gezeigt werden.

Abstract

The performance of data-based defect prediction models strongly depends on the quality of the underlying data and thus on its suitability for the individual application. As one of the key dimensions of data quality, the context-specific completeness of operational data in particular is often insufficient in practice. Gaps in the database thus massively inhibit the creation of value from data.

The objective of this work is therefore to create transparency by assessing the completeness of information captured in operational data in the context of defect prediction. Furthermore, the objective includes the utilization of this transparency for the optimization of completeness in order to improve suitability of data for defect prediction. Existing approaches are based on very generic assessment schemes without the analysis context of defect prediction and show a clear deficit regarding the systematic optimization of completeness. Given this background, the development of an assessment methodology consisting of four essential and sequential modules is carried out within the scope of this work.

In the first module, the process and information modeling, relevant processes of the production chain are modelled and the information captured by systems is documented and classified. By visualizing this information, an overview of the actual state of the information captured along the production chain is created. The second module addresses the identification and weighting of potential defect influencing variables in order to determine the target state of information capture in the context of defect prediction. The focus of this is the formulation of causal relationships in the form of quantitative theses based on explicit and implicit knowledge. The following comparison of the actual and target state takes place in the third module in the form of a quantitative completeness assessment. The focus of this is the development of a context-specific assessment metric. Through a qualitative visualization of the resulting key indicators in the process model, transparency is created with regard to gaps in the capture of information. In the fourth and last module the derivation of concrete recommendations for the optimization of completeness in the sense of a model-based decision support is specified. Based on the developed metric, alternative measures are identified and prioritized in order to maximize the completeness of the information captured in the operational data.

Lastly, the developed methodology is applied and validated on a case study from industrial practice and the fundamental solution hypothesis of this work is verified. By comparing the classification performance of predictive models with the corresponding completeness indicators, an improvement of the context-related data suitability can be shown by applying the methodology in the case study.

I Inhaltsverzeichnis

II Formelzeichen und Abkürzungen

Formelzeichen	Beschreibung
A_{max}	maximale Abweichung [mm]
F_0	betrachteter Fehler 0
F_{71}	betrachteter Fehler 71
h	Anzahl der Prozessschritte
m	Anzahl relevanter Klassen
n	Anzahl der Instanzen
n_f	Anzahl der gefertigten Produkte
n_u	Anzahl der Werte pro Attribut
p	Anzahl relevanter Prüfmerkmale
p_r	Eintrittswahrscheinlichkeit
q	Anzahl relevanter Tupel der Ist-Größen einer Klasse
$Q_{f,Vollst.}(A)$	fehlerbezogene Attributvollständigkeit
$Q_{f,Vollst.}(G)$	fehlerbezogene Gesamtvollständigkeit
$Q_{f,Vollst.}(I)$	fehlerbezogene Informationsvollständigkeit
$Q_{f,Vollst.}(K)$	fehlerbezogene Klassenvollständigkeit
$Q_{f,Vollst.}(P)$	fehlerbezogene Prozessschrittvollständigkeit
$Q_{f,Vollst.}(T)$	fehlerbezogene Tupelvollständigkeit
$Q_{f,Vollst.}(W)$	fehlerbezogene Wertvollständigkeit
$Q_{f,Vollst.}(X)$	fehlerbezogene Vollständigkeit
$Q_{u,Vollst.}(A)$	ursachenbezogene Attributvollständigkeit

Formelzeichen	Beschreibung
$Q_{u,Vollst.}(G)$	ursachenbezogene Gesamtvollständigkeit
$Q_{u,Vollst.}(I)$	ursachenbezogene Informationsvollständigkeit
$Q_{u,Vollst.}(K)$	ursachenbezogene Klassenvollständigkeit
$Q_{u,Vollst.}(P)$	ursachenbezogene Prozessschrittvollständigkeit
$Q_{u,Vollst.}(T)$	ursachenbezogene Tupelvollständigkeit
$Q_{u,Vollst.}(W)$	ursachenbezogene Wertvollständigkeit
$Q_{u,Vollst.}(X)$	ursachenbezogene Vollständigkeit
r	Anzahl relevanter Tupel der Soll-Größen einer Klasse
s	Anzahl relevanter Tupel einer Klasse
t	Betrachtungszeitraum
u	Anzahl aller ursachenbezogener Attribute
V	Verknüpfungsfaktor-Relation
v	Verknüpfungsfaktor
w	Gewichtungsfaktor
X	Bewertungsebene
Z_0	fehlerbezogenes Attribut 0
Z_1	fehlerbezogenes Attribut 1

Abkürzung	Beschreibung
A	Attribut
AIAG	Automotive Industry Action Group
BDE	Betriebsdatenerfassung

Abkürzung	Beschreibung
bspw.	beispielsweise
C&E	Cause & Effect
CECA	Cause and Effect Chains Analysis
CRISP-DM	Cross Industry Standard Process for Data Mining
CSV	Comma-separated Values
DB	Datenbank
DFG	Deutsche Forschungsgemeinschaft
DIN	Deutsches Institut für Normung
DQ	Datenqualität
ELT	Extraktion, Laden, Transformation
ERP	Enterprise-Resource-Planning
ETL	Extraktion, Transformation, Laden
EUS	Entscheidungsunterstützungssystem
EXC	Exzellenzcluster
f.	folgende
ff.	fortfolgende
FM	Fehlermanagement
FMEA	Fehlermöglichkeits- und Einflussanalyse
FRAP	Frequenz-Relevanz-Analyse für Probleme
FTA	Fault Tree analysis
G	Gesamt
GQM	Goal Question Metric

Abkürzung	Beschreibung
I	Information
i. d. R.	in der Regel
i. O.	in Ordnung
i. S. d.	im Sinne des
IEC	Internationale Elektrotechnische Kommission
IoP	Internet of Production
IQ	Informationsqualität
ISO	Internationale Organisation für Normung
K	Klasse
KDD	Knowledge Discovery in Databases
KNN	K-Nearest Neighbour
Koax	Koaxialität
MDE	Maschinendatenerfassung
MES	Manufacturing Execution System
ML	Maschinelles Lernen
MMPD	Meta-Model for Production Data
MPIMM	Manufacturing Process Information Metamodel
n. i. O.	nicht in Ordnung
NoSQL	Not only SQL
OMG	Object Management Group
OWL	Web Ontology Group
P	Prozessschritt

Abkürzung	Beschreibung
QFD	Quality Function Deployment
RCA	Root Cause Analysis
RCA+	Root Conflict Analysis
RWTH	Rheinisch-Westfälische Technische Hochschule
SEMMA	Sample, Explore, Modify, Model, Assess
sog.	sogenannt
SVM	Support Vector Machine
T	Tupel
TRIZ	Theorie des erfinderischen Problemlösens
VDA	Verband der Automobilindustrie
VDI	Verein Deutscher Ingenieure
vgl.	vergleiche
W	Wert
XLSX	Excel Spreadsheet XML
z. B.	zum Beispiel

III Abbildungsverzeichnis

IV Tabellenverzeichnis

1 Einleitung

"Companies are beginning to understand the massive impact of Industry 4.0 and the role of technology in fundamentally transforming business models and processes. The challenge is figuring out the intermediate steps they need to take to harness and realize the benefits of the Industry 4.0 future. [...]" (Deloitte 2020, S. 2)

Dieses Zitat von RAM JAMBUNATHAN, Senior Vice President für Unternehmensstrategie und geschäftsführender Direktor der SAP.iO, verdeutlicht, dass das gewaltige Potenzial der Digitalisierung und vierten industriellen Revolution zunehmend in den Fokus vieler Unternehmen rückt (Deloitte 2020, S. 2). Für die produzierende Industrie liegt dieses Potenzial vor allem in der konsequenten *Nutzung der Informationen*, welche in den exponentiell ansteigenden Datenmengen steckt, um im Wettbewerb globaler Märkte dauerhaft eine Vorreiterrolle einzunehmen (Schmitt et al. 2020b, S. 228; Schmitt et al. 2020a, S. 489). Als Befähiger für die Extraktion dieser Informationen steht insbesondere die praktische Implementierung fortgeschrittener *Methoden der Datenanalyse* als Teilbereich der künstlichen Intelligenz im Zentrum der Bemühungen (Hirsch-Kreinsen et al. 2019, S. 2). Einer der gängigsten Ansätze für die Datenanalyse im Produktionsumfeld ist das Lernen von Mustern auf Basis von historischen Daten (McKinsey & Company 2017, S. 24). *Maschinelles Lernen (ML)* gilt als Schlüsseltechnologie, mithilfe derer aus großen Datenmengen diese Muster erlernt und damit auch nichtlineare und komplexe Zusammenhänge ohne explizite Programmierung modelliert werden können (Fink et al. 2018, S. 6).

Für das *Qualitätsmanagement*, welches in der jüngeren Vergangenheit mit großen Herausforderungen wie zunehmender Produktkomplexität, komplexeren Wertschöpfungsketten und verkürzten Markteinführungszeiten konfrontiert wurde, bieten diese Methoden der Datenanalyse dringend benötigte Lösungsansätze (Krubasik und Sachsender 2017). Laut einer Umfrage der BOSTON CONSULTING GROUP sind mehr als 60% der Teilnehmer der Meinung, dass sich *prädiktive Analysen* in den nächsten fünf Jahren erheblich auf die Qualitätsleistung auswirken werden (Küpper et al. 2019). Ebenfalls im Zuge dieser Umfrage wurde der sog. *Predictive Quality* Ansatz als einer der wichtigsten Anwendungsfälle in der Produktion identifiziert (Küpper et al. 2019). SCHMITT ET AL. definieren Predictive Quality (dt. prädiktive Qualität) als „die Befähigung des Anwenders zur Optimierung der prozess- und produktbezogenen Qualität durch die Nutzung datenbasierter Prognosen als Entscheidungsgrundlage für Handlungsmaßnahmen“ (Schmitt et al. 2020b, S. 228).

Die *Fehlerprädiktion* als eine der prominentesten Predictive Quality Anwendungen beschreibt die datenbasierte Vorhersage von Nichtkonformitäten (Fehlern) in der Produktion (Schlegel et al. 2020, S. 174). Diese ist üblicherweise durch das Lernparadigma des überwachten Lernens geprägt, bei welchem geeignete ML-Algorithmen auf Basis historischer ursachen- und fehlerbezogener Daten trainiert und später implementiert werden. Übergeordnetes Ziel ist hierbei die *Minimierung von kostenintensivem Ausschuss* in späten Phasen der Produktion durch die Implementierung verschiedener Maßnahmen wie Parameteranpassungen oder frühzeitigem Aussortieren im Sinne eines präventiven Fehlermanagements (Schmitt et al. 2020b, S. 240). Das Potenzial zur Kosteneinsparung ist hier besonders groß, berücksichtigt man das Ergebnis einer aktuellen Studie, nach welcher Ertragsverluste und physische Prüfungen bis zu 30% der gesamten Produktionskosten ausmachen (McKinsey & Company 2017, S. 28).

1.1 Motivation

In der Praxis hängt die Leistungsfähigkeit prädiktiver Analysen stark von der *Qualität der zugrundeliegenden Daten* und damit der Eignung für den spezifischen Anwendungsfall ab (Liu et al. 2021, S. 1). Der umgangssprachlich vielfach verwendete Satz *„Garbage in – Garbage out"* beschreibt diese Problematik, nach welcher mangelhafte Qualität der Input-Daten zu unzuverlässigen Ergebnissen der Datenanalyse führt (Kilkenny und Robinson 2018, S. 103; So 2020; Stenson 2016). Dies ist insbesondere kritisch, da die Sicherstellung einer hohen Datenqualität trotz steigender Datenverfügbarkeit in Unternehmen (Big Data) weiterhin ein Problem darstellt (So 2020). So zeigt eine Studie mit 75 Führungskräften aus unterschiedlichen Unternehmen, dass nur 3% ihrer Daten grundlegende Qualitätsstandards erfüllen (Nagle et al. 2017).

Als eine der zentralen Dimensionen der Datenqualität ist insbesondere die *Vollständigkeit* von Daten in der Praxis häufig nur unzureichend gegeben (Vasal et al. 2019, S. 7). Diese bezeichnet den Grad, in dem die für eine Aufgabe erforderlichen Daten in ausreichender Breite und Tiefe vorhanden sind (Farnworth 2020; Pipino et al. 2002, S. 212). Das Problem geht damit über fehlende Werte einzelner Datenbankeinträge hinaus und umfasst auch das Fehlen der im Kontext des jeweiligen Anwendungsfalls relevanten Informationen in den Daten (Tozzi 2021).

Diese Lücken in der Datenbasis haben zur Folge, dass Mitarbeiter den Daten sowie den daraus gewonnenen Analyseergebnissen misstrauen (Experian 2021, S. 11). Einer aktuellen Studie von ACCENTURE zufolge vertraut nur ein Drittel der Unternehmen ihren Daten genug, um diese effektiv zu nutzen und einen Mehrwert daraus zu generieren. Dabei nannten die Umfrageteilnehmer *Lücken in den Daten* als drittgrößtes Hindernis für die Wertschöpfung aus Daten. (Vasal et al. 2019, S. 7) Für Unternehmen ist es demnach elementar wichtig, *Transparenz* hinsichtlich der *formalen und inhaltlichen Lücken* in ihrer Datenbasis zu schaffen. Zum einen, um bei der Interpretation von Analyseergebnissen etwaige Verzerrungen berücksichtigen zu können (Farnworth 2020). Zum anderen, um diese Lücken gezielt mittels geeigneter Maßnahmen schließen zu können.

Da die Vollständigkeit der in den Daten repräsentierten Informationen jedoch nur im *Kontext des jeweiligen Anwendungsfalls* bewertet werden kann, bedarf es hierfür, *kontextabhängige individuelle Werkzeuge* zu entwickeln. Dieser Bedarf gilt auch für den Anwendungsfall der Fehlerprädiktion, um dessen vielversprechende Potenziale größtmöglich zu realisieren.

1.2 Zielsetzung der Arbeit und Forschungsfrage

Vor dem Hintergrund der eingangs beschriebenen Problemstellung in der Praxis ist das Ziel dieser Arbeit die *Schaffung von Transparenz* über die Vollständigkeit der in Betriebsdaten erfassten Informationen im Kontext der Fehlerprädiktion. Die Zielstellung umfasst darüber hinaus, diese Transparenz für die *Optimierung* ebenjener Vollständigkeit zu nutzen, um so die *Eignung der Daten für die Fehlerprädiktion zu verbessern*.

Dieses übergeordnete Ziel wird durch die Entwicklung einer mehrschrittigen *Bewertungsmethodik* erreicht. In Anlehnung an ZHANG ET AL. werden hierzu expertenbasierte *Anforderungen* an die Vollständigkeit formuliert, auf deren Basis der Ist-Zustand der verfügbaren Daten *bewertet* und anschließend durch iterative Optimierung der Vollständigkeit die Dateneignung für die Fehlerprädiktion *verbessert* (Zhang et al. 2015, S. 3). Der hierfür maßgebliche *Top-Down Ansatz* zur Bewertung und Verbesserung von Datenqualität im Allgemeinen ist in Abbildung 1.1 schematisch dargestellt.

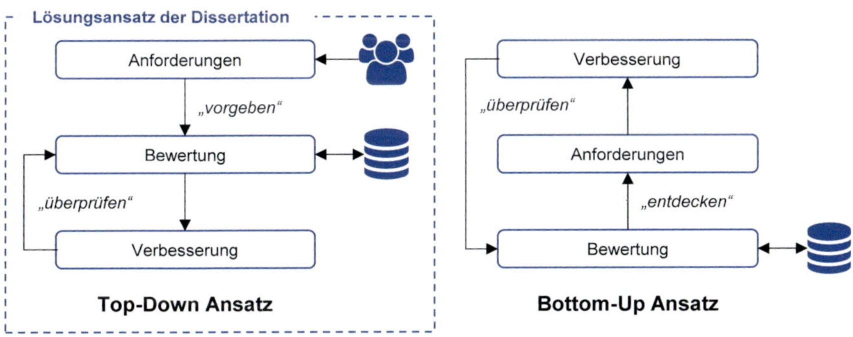

Abbildung 1.1: Top-Down Ansatz zur Bewertung und Optimierung von Datenqualität i. A. a. ZHANG ET AL. (Zhang et al. 2015, S. 3)

Auf Basis dieser Zielsetzung und des gewählten Lösungsansatzes lässt sich die *handlungsleitende Forschungsfrage* wie folgt formulieren:

„Können durch eine methodische Bewertung der Vollständigkeit der in Betriebsdaten erfassten Informationen Empfehlungen abgeleitet werden, die zur Verbesserung der Dateneignung für die Fehlerprädiktion beitragen?"

Daraus lassen sich weitere *Teilforschungsfragen* ableiten, welche jeweils einen Beitrag zur Beantwortung der handlungsleitenden Forschungsfrage liefern:

- Wie können die entlang der Produktionskette erfassten Informationen im Kontext der Fehlerprädiktion systematisch erhoben und modelliert werden?
- Wie können potenzielle Fehlereinflussgrößen entlang der Produktionskette auf Basis von explizitem und implizitem Wissen identifiziert und gewichtet werden?
- Wie kann die Vollständigkeit der in Betriebsdaten erfassten Informationen im Kontext der Fehlerprädiktion quantitativ bewertet werden?
- Wie können auf Basis der Bewertung Empfehlungen zur Optimierung der Vollständigkeit abgeleitet werden, deren Umsetzung zur Verbesserung der Dateneignung für die Fehlerprädiktion beitragen?

Die formulierten Teilforschungsfragen stellen Leitlinien für die Entwicklung des heuristischen Bezugsrahmens und damit die inhaltliche Ausrichtung des Forschungsprozesses dar (vgl. Kapitel 1.4).

1.3 Einordnung der Arbeit in den Exzellenzcluster Internet of Production

Die vorliegende Arbeit ist im Rahmen der Forschungsaktivitäten des Exzellenzclusters *Internet of Production (EXC 2023)* entstanden, einem von der DFG geförderten interdisziplinären Verbundprojekt der RWTH Aachen. Dieses soll als Teil der Exzellenzstrategie von Bund und Ländern internationale Spitzenforschung an deutschen Universitätsstandorten etablieren und dabei insbesondere einen hohen Grad an wissenschaftlicher Vernetzung und Kooperation fördern. (RWTH Aachen 2020)

Im Zentrum des Internet of Production (IoP) steht die Vision, „ein neues, höheres Niveau der domänenübergreifenden Zusammenarbeit zu ermöglichen, in welcher semantisch adäquate und kontextbezogene Daten aus Produktion, Entwicklung und Nutzung in Echtzeit auf einem angemessenen Granularitätsniveau bereitgestellt werden“ (Schuh et al. 2019a, S. 533). Grundlage für die Realisierung dieser Vision bildet die in Abbildung 1.2 dargestellte *Infrastruktur* des IoP, in welcher über mehrere Ebenen hinweg die Generierung von Wissen ausgehend von Rohdaten über die Analyse hin zur *Entscheidungsunterstützung* des Anwenders beschrieben wird (Schmitt et al. 2020a, S. 490).

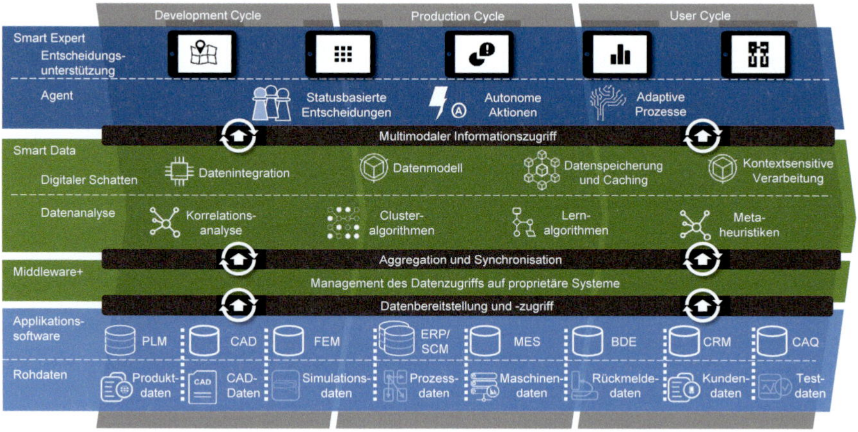

Abbildung 1.2: Infrastruktur des IoP (Brecher et al. 2017, S. 121)

Zentrales Element für diese Entscheidungsunterstützung ist das Konzept des *digitalen Schattens*, dessen Aufgabe darin besteht, ausschließlich die für eine Entscheidung relevanten Informationen in der richtigen Granularität bereitzustellen (Bauernhansl et al. 2018, S. 70; Schuh et al. 2020, S. 179).

Der Fokus dieser Arbeit liegt auf der Entscheidungsunterstützung des Anwenders durch die Fehlerprädiktion, um diesen bspw. dazu zu befähigen, Ausschussquoten signifikant zu reduzieren. In diesem Kontext hat der digitale Schatten die Aufgabe, durch die *gezielte Auswahl der richtigen Rohdaten und geeigneten Algorithmen* entsprechende Vorhersagemodelle zu schaffen, welche die relevanten Informationen bereitstellen können. Bei ebenjener *kontextabhängigen Auswahl der Rohdaten* setzt diese Dissertation an. Es wird untersucht, wie vollständig die relevanten Informationen in den verfügbaren Rohdaten überhaupt vorliegen und wo etwaige Lücken in der Datenerfassung bestehen. Dabei wird stets das übergeordnete Ziel verfolgt, eine möglichst vollständige Datenbasis für den *digitalen Schatten der Fehlerprädiktion* zu schaffen und so den Anwender im Sinne des IoP bei Entscheidungen zu unterstützen.

1.4 Forschungsmethodischer Ansatz und Aufbau der Arbeit

Nach der inhaltlichen Einordnung der vorliegenden Arbeit in das IoP folgt die Einordnung in den wissenschaftstheoretischen Kontext inklusive der Vorstellung des forschungsmethodischen Leitbilds. Darauf aufbauend erfolgt die Vorstellung des Aufbaus der Arbeit.

Innerhalb der *Wissenschaftssystematik* nach ULRICH UND HILL wird die Dissertation dem Bereich der Ingenieurwissenschaften und damit den *Realwissenschaften* zugeordnet (Ulrich und Hill 1976b, 305). Im Unterschied zu den Formalwissenschaften befassen sich die Realwissenschaften mit „der Beschreibung, Erklärung und Gestaltung empirisch (sinnlich) wahrnehmbarer Wirklichkeitsausschnitte" (Ulrich und Hill 1976b, 305). Wie in Abbildung 1.3 dargestellt, lassen sich diese zudem in die Bereiche *reine Grundlagenwissenschaften* und *angewandte Handlungswissenschaften* unterteilen (Ulrich und Hill 1976b, 305).

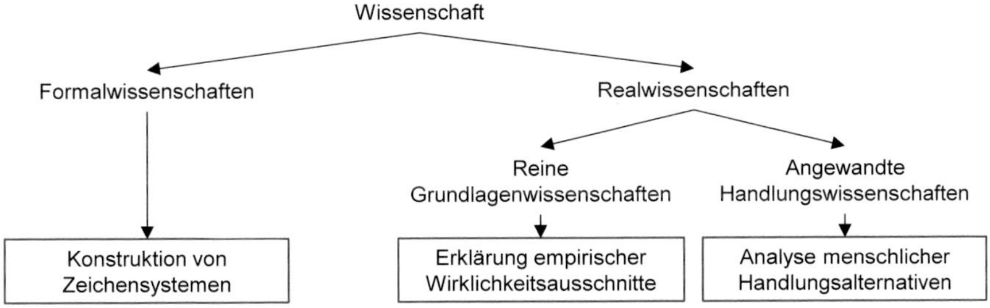

Abbildung 1.3: Wissenschaftssystematik i. A. a. ULRICH UND HILL (Ulrich und Hill 1976b, 305)

Die Ingenieurswissenschaften befinden sich i. d. R. in der Schnittmenge dieser beiden Bereiche. In der vorliegenden Arbeit wird ein Ansatz verfolgt, mithilfe dessen die in der Praxis an Modellen zur Fehlerprädiktion arbeitenden Personen bei der Bewertung und Optimierung der kontextspezifischen Informationsvollständigkeit unterstützt werden. Aufgrund der in diesem Zusammenhang durchzuführenden Analyse menschlicher Handlungsalternativen sowie der damit verbundenen Entwicklung und Anwendung von Entscheidungsmodellen lässt sich diese Arbeit primär den *angewandten Handlungswissenschaften* zuordnen. Es sei an dieser Stelle jedoch festgehalten, dass im Verlauf des Forschungsprozesses auch einzelne Methoden der Formal- und reinen Grundlagenwissenschaften benötigt werden.

Als Ordnungsrahmen für die inhaltliche Ausrichtung des Forschungsprozesses dient der *heuristische Bezugsrahmen*. Dieser wurde gemäß den Richtlinien von KUBICEK durch iteratives Durchlaufen des Forschungszyklus entwickelt und weist entsprechend der Darstellung in Abbildung 1.4 mehrere Detaillierungsebenen auf (Kubicek 1977, S. 17 ff.).

Auf der *ersten Detaillierungsebene* wird das eingangs beschriebene Problem aus der Praxis näher untersucht. Der enge Austausch mit betroffenen Personen in Unternehmen im Rahmen von Technologie- und Beratungsprojekten sowie die Grundlagenuntersuchung in den relevanten Themenbereichen führt zur Abgrenzung des Untersuchungsbereichs. Auf der *zweiten Detaillierungsebene* werden unter Berücksichtigung der getroffenen thematischen Einschränkung problemrelevante Methoden und Ansätze untersucht. Ausgehend vom dabei identifizierten Forschungsdefizit erfolgt auf der *dritten Detaillierungsebene* die Konzeption und anschließende Detaillierung der Methodik.

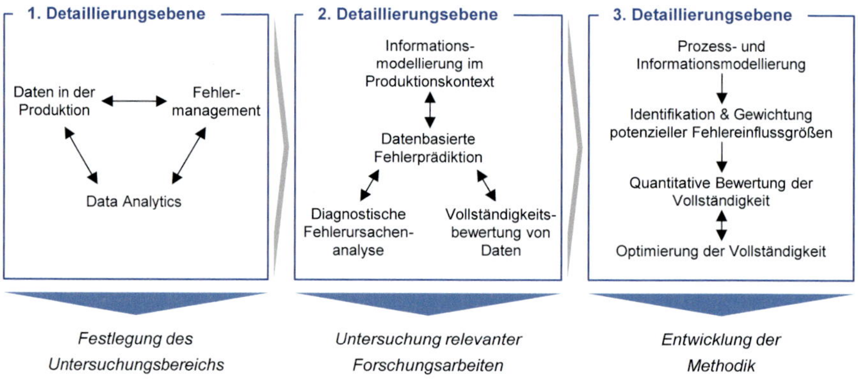

Abbildung 1.4: Heuristischer Bezugsrahmen der Arbeit

Die angestrebte Analyse der Vollständigkeit von Daten im Kontext der Fehlerprädiktion erfordert die Orientierung an einem handlungsleitenden *forschungsmethodischen Ansatz*, um insbesondere das Subjektivitätsproblem der Realwissenschaften zu überwinden (Ulrich und Hill 1976b, 306). Im Folgenden dient hierfür der systemtheoretische Ansatz nach ULRICH, welcher den Praxisbezug in den Vordergrund stellt und den Forschungsprozess erst mit der Prüfung der Regeln und Modelle im Anwendungszusammenhang sowie der sich anschließenden Beratung als beendet ansieht (Ulrich 1984, S. 192).

Der hierauf basierende Aufbau dieser Arbeit ist in Abbildung 1.5 dargestellt. Diese zeigt eine Übersicht der Kapitelstruktur entlang der Phasen der angewandten Forschung nach ULRICH (Ulrich 1981, S. 20).

Den Ausgangspunkt dieser Arbeit bildet Kapitel 1, in welchem die praktische Problemstellung, die Zielstellung und der forschungsmethodische Ansatz dieser Arbeit beschrieben werden.

Terminologische Aspekte und die einzelnen Objektbereiche der Daten in der Produktion, der Datenanalyse und des Fehlermanagements werden in Kapitel 2 beschrieben und der Untersuchungsbereich abgegrenzt. Nachfolgend wird in Kapitel 3 der Stand der Erkenntnisse im Untersuchungsbereich analysiert und das Forschungsdefizit abgeleitet. Anschließend erfolgt in Kapitel 4 die Konzeption der Methodik inklusive der vier wesentlichen Module. Deren Detaillierung sowie die Beschreibung zugrundeliegender Modelle erfolgt in Kapitel 5. In Kapitel 6 wird anschließend die praktische Anwendbarkeit der entwickelten Methodik anhand eines Fallbeispiels aus der industriellen Praxis geprüft und die zugrundeliegende Lösungshypothese validiert. Abschließend wird die gesamte Arbeit in Kapitel 7 reflektiert.

Abbildung 1.5: Aufbau der Arbeit i. A. a. ULRICH (Ulrich 1981, S. 20)

2 Terminologie und Objektbereiche der Arbeit

Im Folgenden werden die Objektbereiche der Arbeit beschrieben und eine Abgrenzung gegenüber verwandten Disziplinen und Forschungsbereichen vollzogen. Die Gliederung des Kapitels beruht auf der ersten Ebene des heuristischen Bezugsrahmens (vgl. Kapitel 1.4). Zunächst wird in Kapitel 2.1 die Rolle der Daten als Informationsträger in der Produktion beschrieben. Darauf aufbauend wird in Kapitel 2.2 die Datenanalyse und ihre Rolle bei der Bildung prädiktiver datenbasierter Modelle diskutiert. In Kapitel 2.3 werden die für diese Arbeit relevanten Grundlagen in Bezug auf den Fehlerbegriff und die Wirkzusammenhänge bei der Fehlerentstehung gelegt.

Abschließend wird in Kapitel 2.4 aus den vorgestellten Objektbereichen der konkrete Untersuchungsbereich der Arbeit spezifiziert. Hierbei wird begründet, in welcher Ausprägung die Objektbereiche in die Untersuchung miteingehen.

2.1 Daten als Informationsträger in der Produktion

Im nachfolgenden Kapitel wird zunächst der Daten- und Informationsbegriff auf Grundlage der Semiotik im Allgemeinen erläutert und von anderen Begriffen abgegrenzt (Kapitel 2.1.1). Anschließend erfolgt in Kapitel 2.1.2 ein Überblick der für die Arbeit relevanten produktionswirtschaftlichen Grundlagen. Anschließend wird der Datenbegriff im Kontext der Produktion weiter konkretisiert und der Teilbereich der Datenerfassung herausgestellt, welcher für diese Arbeit von Relevanz ist (2.1.3). In Kapitel 2.1.4 werden die für diese Arbeit relevanten Aspekte des Datenmanagements beschrieben, wobei der Fokus insbesondere auf die relevanten Datenbanksysteme gelegt wird. Abschließend wird der Begriff der Datenqualität definiert und dem Schwerpunkt der Arbeit entsprechend eingegrenzt (Kapitel 2.1.5).

2.1.1 Der Daten- und Informationsbegriff

Der Datenbegriff ist in der Literatur je nach Anwendungsfall unterschiedlich definiert. Über besondere Relevanz verfügt dieser in der Informatik, welche nach FUCHS-KITTOWSKI definiert ist als die Wissenschaft von der Struktur und Funktion der semantischen und syntaktischen Informationsverarbeitungsprozesse (Fuchs-Kittowski et al. 1976, S. 97). Gemäß der Terminologie der geltenden Norm des internationalen Technologiestandards ISO/IEC 2382-1 für Informationstechnik sind Daten definiert als eine interpretierbare Darstellung von Information in formalisierter Art, geeignet zur Kommunikation, Interpretation oder Verarbeitung (BS ISO/IEC 2382-1).

Auf Grundlage der Semiotik lässt sich der Datenbegriff allgemeiner herleiten und sinnvoll vom Begriff der Information abgrenzen. Die Semiotik untersucht in diesem Kontext die Zusammenhänge einzelner Zeichen untereinander, sowie deren Bedeutung und Wirkung auf den Nutzer der Zeichen (Schneider 1990, 151 f.; Fuchs-Kittowski 2002, S. 11). Diese Untersuchung erfolgt auf drei Ebenen. Auf der untersten Ebene, der syntaktischen Ebene, werden *Daten* aus einer Abfolge der kleinsten Darstellungseinheit der Zeichen nach einer definierten Syntax gebildet

(Voß und Gutenschwager 2001, S. 9; Bodendorf 2006, S. 1). Die Syntax beschreibt allgemein ein Regelsystem, nach denen einzelne Zeichen zu gültigen Ausdrücken und Sätzen kombiniert werden können (Krcmar 2015, S. 12). Durch Anreicherung der Daten mit zusätzlichem Kontext wird diesen eine inhaltliche Bedeutung (Semantik) zugeordnet und so nutzbare *Informationen* generiert (BS ISO/IEC 2382-1; Krcmar 2015, S. 12). Auf der pragmatischen Ebene werden diese Informationen aggregiert und miteinander zu kontextspezifischem *Wissen* verknüpf (Krcmar 2015, S. 13; Bodendorf 2006, S. 2; Bukó 2007, S. 31; Hasler Roumois 2010, S. 34).

Die hieraus entstehende Begriffshierarchie ist unter dem deskriptiven Modell der Wissenspyramide bekannt, welche in Anlehnung an das Daten-Information-Wissen Modell nach AAMODT UND NYGARD entstanden ist (Aamodt und Nygård 1995, S. 8). Abbildung 2.1 zeigt die beschriebenen Beziehungen zwischen Daten, Informationen und Wissen.

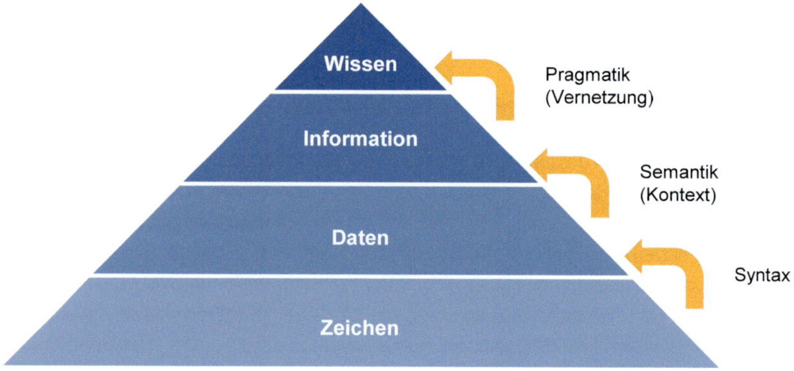

Abbildung 2.1: Wissenspyramide i. A. a. AAMODT UND NYGÅRD (Aamodt und Nygård 1995, S. 198)

Ausgehend von zugrundeliegenden, mit einer definierten Syntax versehenen Daten leiten AAMODT UND NYGARD für die Generierung von neuem Wissen drei wesentliche Schritte ab (Aamodt und Nygård 1995, S. 7):

1. Transformieren von Daten in Informationen (engl.: data interpretation)
2. Ableiten neuer Informationen von existierenden (engl.: elaboration)
3. Erlangen von neuem Wissen (engl.: learning)

Ausgehend vom Informationsbegriff wird im Folgenden das Verständnis hinsichtlich des Begriffs des *Informationssystems* für diese Arbeit geschärft. Dabei wird dem Ansatz der Wirtschaftsinformatik gefolgt, nach welchem sich Informationssysteme nach Aufgabe und Inhalt unterscheiden lassen. Nach KRCMAR können Informationssysteme als soziotechnische Systeme verstanden werden, die menschliche und maschinelle Teilsysteme umfassen. Diese „unterstützen die Sammlung, Strukturierung, Verarbeitung, Bereitstellung, Kommunikation und Nutzung von Daten, Informationen und Wissen sowie deren Transformation". (Krcmar 2015, S. 22 f.)

Im Kontext dieser Arbeit stehen insbesondere produktionsnah operierende maschinelle Teilsysteme im Fokus. Somit stellen die in Kapitel 2.1.4 thematisierten und für das Datenmanagement eingesetzten Anwendungssysteme und Datenbanken ein Subsystem der Informationssysteme dar (Krcmar 2015, S. 22; Lehner et al. 2008).

2.1.2 Grundlagen der Produktionswirtschaft

Als zentrales Element der gesamten Produktionswirtschaft nennt DYCKHOFF die Transformation, welche die qualitative, quantitative, räumliche oder zeitliche Veränderung von Objekten bezeichnet (Dyckhoff 2006, S. 3). Eine solche Transformation, welche durch den Menschen zum Zwecke der Nutzenerhöhung (Wertschöpfung) herbeigeführt wird, wird als *Produktion* bezeichnet (Dyckhoff 2006, S. 3). Demnach wird unter einer Produktion bzw. dem zugrundeliegenden Produktionsprozess die Erzeugung von Gütern oder Dienstleistungen unter dem Einsatz von Produktionsfaktoren (syn. Produktionsmitteln) verstanden (Blohm et al. 2016, S. 23 ff.).

Der Fokus dieser Arbeit liegt auf der Herstellung physischer Produkten (Sachgüter) durch industrielle Unternehmen. Zentraler Betrachtungsgegenstand sind die entlang von *Produktionsketten* erhobenen Daten. In Anlehnung an DYCKHOFF sind Produktionsketten definiert als „Folge einzelner Prozesse, bei denen jeweils mindestens ein Output zum Input des nachfolgenden Prozesses wird.“ (Dyckhoff 1994, S. 266) Die Stufenzahl eines Produktionssystems wird unter Berücksichtigung des Auflösungs- bzw. Detaillierungsgrads der Subsystembildung durch die längste Produktionskette bestimmt (Dyckhoff 2006, S. 103). Im Rahmen dieser Arbeit seien in Anlehnung an die Modellierung von Geschäftsprozessen einzelne Produktionsprozesse einer Produktionskette untergliedert in *Aktivitäten*, also Tätigkeiten und Arbeitsschritte, die im Rahmen des jeweiligen Prozesses anfallen (Przybysz und Duckwitz 2014, S. 4). Um das Begriffsverständnis an dieser Stelle zu schärfen, sind die beschriebenen Zusammenhänge in Abbildung 2.2 vereinfacht dargestellt.

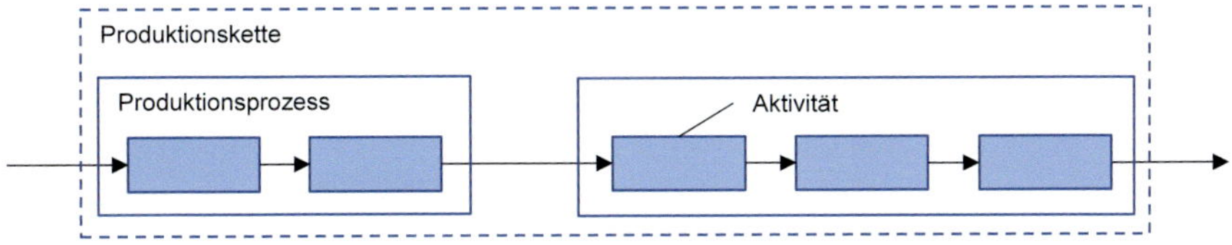

Abbildung 2.2: Exemplarisch dargestellte Produktionskette (vereinfacht)

Die Fertigungsart bildet den Wiederholungsgrad der Leistungserbringung im Produktionsprozess ab (Dyckhoff 2006, S. 363; Schomburg 1980). Als maßgebende Kriterien zur Unterscheidung dieses Merkmals dienen sowohl die durchschnittliche Auflagenhöhe als auch die durchschnittliche Wiederholhäufigkeit der Erzeugnisse pro Jahr (Schuh und Schmidt 2014, S. 29). Mit Hilfe dieser Kriterien wird eine Einteilung in Einmalfertigung, Einzelfertigung, Serienfertigung und Massenfertigung vorgenommen (Dyckhoff 2006, S. 363; Schuh und Schmidt 2014, S. 29). KLETTI unterscheidet dagegen zwischen Prozess-, Batch- und diskreter Fertigung (Kletti 2007, S. 10). Im Kontext dieser Arbeit werden Produktionsszenarien aus der diskreten

Serien- und Massenfertigung fokussiert, um dem produktbezogenen Datenbedarf zu begegnen, der sich aus der Zielstellung ergibt.

2.1.3 Datenerfassung in der Produktion

Im Rahmen industrieller *Produktionsketten* werden eine Vielzahl an unterschiedlichen Ist- und Soll-Daten in verschiedenen Informationssystemen erfasst und gespeichert (Birnbaum et al. 2017, S. 139). Die im Rahmen dieser Arbeit relevanten produktionsspezifischen Daten sowie die zur Erfassung und Verarbeitung eingesetzten Systeme lassen sich in den fünf Ebenen der Automatisierungspyramide nach SIEPMANN verorten (Siepmann 2016, S. 49). Im Fokus der Arbeit stehen neben der *Betriebsdatenerfassung* (BDE) im Allgemeinen vor allem die Erfassung von *Maschinendaten*. Im Folgenden wird ein klares Begriffsverständnis für die weitere Verwendung geschaffen.

Nach ROSCHMANN sind Betriebsdaten definiert als „die im Laufe eines Produktionsprozesses anfallenden Daten (definierendes Merkmal) bzw. verwendete Daten wie zuzuordnende Nummern (ergänzendes Merkmal)" (Roschmann 1979, S. 16). Erweitert man diesen restriktiven Ansatz, der lediglich den Produktionsprozess selbst für die Datenermittlung heranzieht, um weitere organisationale und technische Aspekte der Leistungserbringung, lässt sich die Definition wie folgt erweitern: „Betriebsdaten beschreiben die im Laufe der betrieblichen Leistungserstellung anfallenden bzw. verwendeten Daten" (Winkelmann und Kässens 2009, S. 3; Kurbel und Endres 2005, S. 299 f.).

Sowohl SCHEER als auch LOOS formulieren verschiedene Ansätze um Betriebsdaten in unterschiedliche Klassen zu unterteilen (Scheer 1998; Loos 1999). WINKELMANN UND KÄSSENS verdichten diese Einteilungen und vollziehen eine generelle Trennung in zwei Perspektiven, welche für diese Arbeit relevant sind (Winkelmann und Kässens 2009, S. 10):

- *Auftragsbezogene Daten* enthalten Informationen über Auftragszeiten, die im Zuge der Auftragserfüllung anfallen und können um weitere auftragsspezifische Informationen wie z. B. Fehlerereignisse angereichert werden.
- *Ressourcenbezogene Daten* enthalten ebenfalls Zeitwerte die jedoch der jeweiligen Ressource (Maschinen, Mitarbeiter etc.) zugeordnet werden. In Abhängigkeit vom Ressourcentyp sind unterschiedliche Zusatzinformationen möglich.

Die *Maschinendatenerfassung* (MDE) ist nach klassischem Verständnis Teil der ressourcenbezogenen Betriebsdaten und dient der Erfassung von Maschinendaten zur Ermittlung von Produktionszeiten- und mengen (Mülder und Störmer 1995, S. 10). Die im Rahmen dieser Arbeit erweiterte Definition von Maschinendaten beinhaltet alle Daten, die automatisch oder manuell an den Produktionsanlagen erfasst werden (Wittlif 2010, S. 24). Dabei werden die Daten entweder aus der Anlagensteuerung ausgelesen oder über separate Sensoren ermittelt (Kurbel und Endres 2005, S. 298).

Innerhalb der Maschinendaten erfolgt eine weitere Unterscheidung in *Produkt-* und *Prozessdaten*. Während Prozessdaten alle Daten umfassen, welche durch den Betrieb der Maschine entstehen beziehen sich Produktdaten direkt auf das gefertigte Werkstück und dessen Zustand (Möller 2018, S. 1).

2.1.4 Datenmanagement

Für Speicher- und Verwaltungsaufgaben im Sinne eines Datenmanagements kommen heutzutage primär Datenbanksysteme zum Einsatz (Meier und Kaufmann 2016, S. 2). Als *Datenbank* definiert BODENDORF „[...] eine einheitlich beschriebene Darstellung eines Weltausschnittes durch diskrete Daten auf externen und persistenten Speichermedien" (Bodendorf 2006, S. 7). In Bezug auf Datenbanken ist im Kontext dieser Arbeit insbesondere das *tabellenbasierte relationale Modell* von Relevanz (Kelleher und Tierney 2018, S. 8). Gemäß der mathematischen Mengenlehre ist eine Relation definiert als eine Tabelle mit Spalten (Attributen) und Zeilen (Tupeln), wobei das Wort "Tabelle" häufig synonym mit "Relation" verwendet wird (Harrington 2010, S. 74). Eine solche Relation ist inklusive der für die Vollständigkeitsbewertung relevanten Elemente in Abbildung 2.3 vereinfacht dargestellt (Scannapieco et al. 2005, S. 9; Sumathi und Esakkirajan 2007, S. 68). Dem relationalen Ansatz stehen sog. NoSQL-Datenbanksysteme gegenüber, welche sich vor allem durch ein nicht relationales zugrundeliegendes Datenmodell sowie die Ausrichtung auf eine verteilte und horizontale Skalierbarkeit auszeichnen (Edlich et al. 2010, S. 2).

Hinsichtlich der Organisation relationaler Datenbanken wird zwischen *spalten- und zeilenorientierten* Datenbanken unterschieden. Zeilenorientierte Datenbanken organisieren Daten nach Aufzeichnung und speichern diese für eine Zeile hintereinander. Als traditionelle Art der Datenorganisation sind sie für das effiziente Lesen und Schreiben von Zeilen optimiert. In spaltenorientierten Datenbanken sind die Daten einer Spalte hintereinander gespeichert, was zum effizienten Lesen und Verarbeiten von Spalten führt. (Barnhill und David 2021)

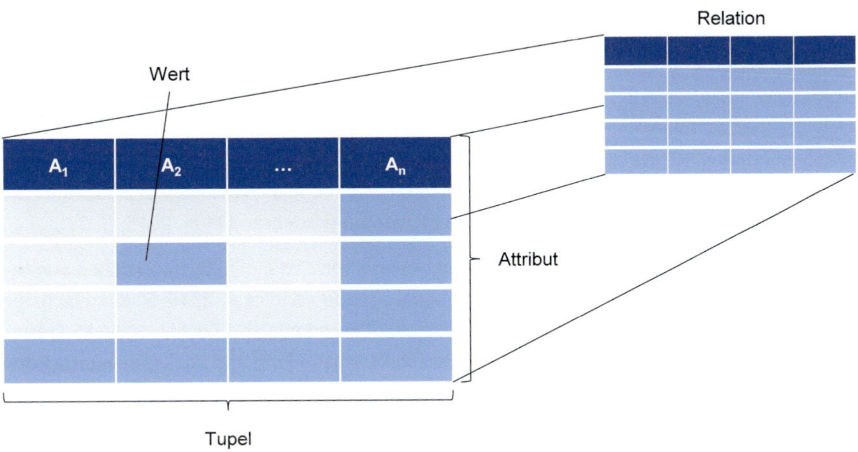

Abbildung 2.3: Elemente des relationalen Datenmodells i. A. a. SCANNAPIECO ET AL. (Scannapieco et al. 2005, S. 9)

Prinzipiell lässt sich in diesem Kontext eine Unterscheidung zwischen zwei unterschiedlichen Verwaltungs- und Analysekonzepten vornehmen:

Im *Data Warehouse* werden die im Unternehmen anfallenden Daten zusammengeführt, zentral gespeichert und deren umfassende Analyse ermöglicht (Kelleher und Tierney 2018, S. 8 f.). Im Zuge des charakteristischen ETL-Prozesses werden die Daten aus verschiedenen Quellen extrahiert (E), in ein Zielformat transformiert (T) und abschließend in das Data Warehouse geladen (L) (Vaisman und Zimányi 2014, S. 285). Im Zuge eines ELT-Prozesses werden die Daten unmittelbar nach der Extraktion (E) aus verschiedenen Quellen in einen *Data Lake* geladen (L), woraus ein erhöhter Datenumfang resultiert (Khine und Wang 2018, S. 6). Die Daten liegen folglich in einem unstrukturierten oder multistrukturierten Format vor (Fang 2015, S. 820). Eine Transformation (T) der Daten findet im Rahmen der nachgelagerten Verwendung statt (Khine und Wang 2018, S. 6).

Ob und inwieweit die zu bewertenden Daten bereits in den beschriebenen Systemen vorgehalten werden oder diese dezentral in heterogenen Datenquellen vorliegen, spielt für die weitere Betrachtung im Rahmen dieser Arbeit vorerst keine Rolle.

2.1.5 Daten- und Informationsqualität

In Unternehmensprozessen, die durch eine hohe Heterogenität der Datenquellen sowie eine Vielzahl von Datennutzern charakterisiert sind, ist eine hohe Informationsqualität (IQ) eine wesentliche Grundvoraussetzung für funktionierende betriebliche Abläufe (Hildebrand et al. 2015, S. 23). Voraussetzung für die Sicherstellung einer hohen Informationsqualität und eines effektiven IQ-Management ist die quantitative Bewertung ebenjener (Lee et al. 2006, S. 13).

Nach NOHR ist die Informationsqualität definiert als ein Maß für die Erfüllung der „Gesamtheit der Anforderungen an eine Information bzw. ein Informationsprodukt, die sich auf deren Eignung zur Erfüllung gegebener Informationsbedarfe beziehen“ (Nohr 2001). Im weiteren Verlauf der Arbeit wird daher auch von Dateneignung gesprochen. Da Informationen gemäß Kapitel 2.1.1 aus kontextualisierten Daten entstehen, beschreibt die Definition der Datenqualität (DQ) nach OTTO ET AL. folgerichtig „die Eignung der Daten zur Nutzung in einem bestimmten Verwendungskontext“ (Otto et al. 2011, S. 8). Anhand dieser Definition wird deutlich, warum häufig der Begriff Informationsqualität synonym verwendet wird, denn die Qualität von Daten kann in Teilen nur im Kontext ihrer Verwendung beurteilt werden (Hildebrand et al. 2015, S. 87).

Grundsätzlich lässt sich Datenqualität als Obermenge von Datenqualitätsmerkmalen verstehen, zu deren Evaluierung Metriken benötigt werden (Hildebrand et al. 2015, S. 88). Nach der allgemein geltenden Definition des National Institute of Standards and Technology (NIST) sind Metriken „Werkzeuge zur Erleichterung der Entscheidungsfindung und zur Verbesserung der Leistung und Rechenschaftspflicht durch Sammlung, Analyse und Berichterstattung relevanter leistungsbezogener Daten“ (SP 800-55, S. 8). Im Kontext dieser Arbeit beinhalten Metriken messbare Größen, mittels derer eine quantitative Aussage über die Datenqualität getroffen werden kann (Hildebrand et al. 2015, S. 88). Ein vielfach zitiertes Konzept zur Beschreibung und Bewertung der Datenqualität basiert auf einer Umfrage mit dem Ziel, Merkmale der Datenqualität aus der Sicht der Anwender zu identifizieren (fit for use Konzept) (Wang und Strong 1996, S. 5f.)

Mittels statistischer Methoden wurden aus über 100 Begriffen zur Beschreibung der Datenqualität die 15 wichtigsten Oberbegriffe ausgewählt und im Rahmen eines konzeptionellen Frameworks als sogenannte DQ-Dimensionen definiert (Wang und Strong 1996, S. 20). Das in Abbildung 2.4 dargestellte mehrdimensionale Konzept bildet die Basis für eine Vielzahl von Veröffentlichungen zu Erhebungsmethoden und DQ-Managementkonzepten (Pipino et al. 2002; Lee et al. 2006; Batini et al. 2015; Juddoo 2015; Hildebrand et al. 2015).

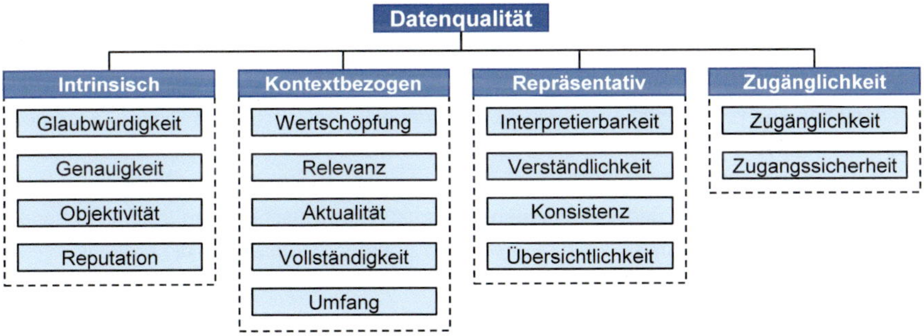

Abbildung 2.4: Dimensionen zur Bewertung der Datenqualität i. A. a. WANG UND STRONG (Wang und Strong 1996, S. 20)

Die dargestellten DQ-Dimensionen werden nach WANG UND STRONG eingebettet in vier übergeordnete Kategorien. Diese umfassen neben der intrinsischen Datenqualität den Kontextbezug, die Repräsentation sowie die Verfügbarkeit (Wang und Strong 1996, S. 20; Hildebrand et al. 2015, S. 91). Im Rahmen dieser Arbeit liegt der Fokus auf der Kategorie *Kontextbezug*, nach welcher Daten „relevant, zeitgerecht, in geeigneter Menge vorliegen und vollständig sein und im Sinne eines Betrages auch Wert steigernd sein müssen“ (Hildebrand et al. 2015, S. 91).

Die in den weiteren Ausführungen fokussierte Dimension der Vollständigkeit ist nach PIPINO ET AL. definiert als das Ausmaß, in dem Daten nicht fehlen und von ausreichender Breite und Tiefe für die jeweilige Aufgabe sind (Pipino et al. 2002, S. 212). Im Rahmen dieser Arbeit wird diese Definition erweitert und die *Vollständigkeit* festgelegt als *das Ausmaß, in dem die im Kontext der jeweiligen Aufgabe relevanten Informationen in den Daten enthalten sind.* Analog zur häufig synonymen Verwendung der Begriffe Daten- und Informationsqualität werden im weiteren Verlauf der Arbeit die Begriffe *Vollständigkeit von Daten* und *Vollständigkeit von Informationen* gemäß der genannten Definition synonym verwendet.

2.2 Entscheidungsunterstützung durch Data Analytics

Im nachfolgenden Kapitel wird zunächst der Begriff *Data Analytics* im Allgemeinen erläutert und mit Fokus auf die Ausprägung Predictive Analytics konkretisiert (Kapitel 2.2.1). Anschließend werden etablierte Prozessmodelle der Datenanalyse beschrieben und der KDD (Knowledge Discovery in Databases) im Kontext dieser Arbeit näher vorgestellt (Kapitel 2.2.2). Kapitel 2.2.3 differenziert zwischen Ansätzen der klassischen Statistik sowie des Maschinellen Lernen und nimmt in diesem Kontext eine Unterscheidung zwischen Algorithmen nach Verwendungszweck vor (Klassifikation vs. Regression). In Kapitel 2.2.4 werden abschließend Gütemaße für die Bewertung von Klassifikationsmodellen beschrieben und für die Verwendung in dieser Arbeit eingegrenzt.

2.2.1 Die Begriffe Data Analytics und Predictive Quality

Für den Data Analytics-Begriff existiert in der Literatur eine Vielzahl an Definitionen. Allgemein wird unter *Data Analytics* die Anwendung von Verfahren und Technologien verstanden, welche durch die Analyse von Rohdaten verborgene Muster sowie Beziehungen zwischen verschiedenen Variablen aufdeckt und Vorhersagen über zukünftige Geschehnisse treffen (Cattaneo et al. 2018, S. 820; Gluchowski 2016, S. 274). Das übergeordnete Ziel ist die Extraktion relevanter Informationen aus den Rohdaten und die Überführung in effektives Wissen, um das Produkt- und Prozessverständnis zu verbessern und Entscheidungen zu unterstützen (Ge et al. 2017, S. 20590). Der Aufgabenbereich von Data Analytics geht also über die reine Datenanalyse hinaus und schließt auch die Organisation und das Management der Daten sowie die Unterstützung bei der Entscheidungsfindung und Automatisierung mit ein (Mishra und Datta-Gupta 2017, S. 3 f.).

Bei der Anwendung von Data Analytics als Werkzeug wird zwischen vier verschiedenen Stufen unterschieden, welche teilweise aufeinander aufbauen: *Descriptive Analytics*, *Diagnostic Analytics*, *Predictive Analytics* und *Prescriptive Analytics* (Stimmel 2015, 59 f.; Lin 2015, S. 67). Während sich die beiden ersten Data Analytics Stufen auf einen Zeitpunkt in der Vergangenheit und damit ausschließlich auf historische Daten beziehen, adressieren die letzten beiden Stufen zukünftige Ereignisse, weswegen sie unter dem Oberbegriff *Advanced Analytics* zusammengefasst werden (Schmitt et al. 2020a, S. 504; Chamoni und Gluchowski 2017, S. 11; Gluchowski 2016, S. 276). In Anlehnung an GLUCHOWSKI lässt sich die in Abbildung 2.5 dargestellte Einordnung unterschiedlicher Analytics-Ausprägungen vornehmen.

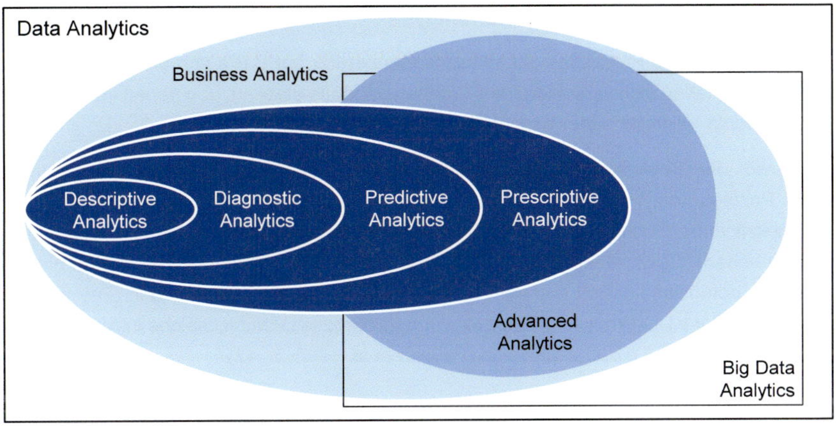

Abbildung 2.5: Einordnung unterschiedlicher Analytics Stufen i. A. a. GLUCHOWSKI (Gluchowski 2016, S. 277)

Im Objektbereich dieser Arbeit liegt der Fokus auf *Predictive Analytics* und den damit verbundenen prädiktiven Modellen bzw. Algorithmen (Halper 2014, S. 5 f.). Mittels Predictive Analytics erfolgen sowohl modell- als auch datenbasierte Prognosen auf Basis historischer Daten und der daraus gewonnenen Informationen (Stimmel 2015, 59 f.; Halper 2014, S. 6; Freitag et al. 2015, S. 24). Übergeordnetes Ziel ist unabhängig von der Anwendungsdomäne die Beantwortung der Frage „Was wird zukünftig passieren?“ (Stimmel 2015, S. 60). So können beispielsweise Prozessverläufe unter Berücksichtigung einer bestimmten Modellgüte vorhergesagt werden (Schmitt et al. 2020a, S. 505).

Im Kontext des Qualitätsmanagements definieren SCHMITT ET AL. den Begriff *Predictive Quality* (dt. prädiktive Qualität) als „die Befähigung des Anwenders zur Optimierung der prozess- und produktbezogenen Qualität durch die Nutzung datenbasierter Prognosen als Entscheidungsgrundlage für Handlungsmaßnahmen“ (Schmitt et al. 2020b, S. 228). Demnach verfolgt „Predictive Quality das übergeordnete Ziel, den Anwender in die Lage zu versetzen, auf Basis prädiktiver Analysen präskriptiv zu handeln und so zukünftige qualitätsbeeinflussende Ereignisse in seinem Sinne zu steuern“ (Schmitt et al. 2020b, S. 228). Der im Rahmen dieser Arbeit verwendete Begriff der *Fehlerprädiktion* beschreibt in diesem Kontext die datenbasierte Vorhersage von Fehlern. Eine detaillierte Definition des Fehlerbegriffs erfolgt in Kapitel 2.3.1.

Aktuelle Forschungsarbeiten auf dem Gebiet der Fehlerprädiktion lassen sich grob in regressive Ansätze (Melhem et al. 2016, S. 31 ff.; Weiss et al. 2016, S. 751 ff.) und klassifizierende Ansätze (Arif et al. 2013, S. 13 ff.; Kao et al. 2017, S. 29 ff.; Wuest et al. 2014, S. 1167 ff.; Deuse et al. 2017, S. 47 ff.; Lieber et al. 2013, S. 193 ff.) unterteilen. Eine detailliertere Betrachtung des Aufgabentypus erfolgt in Kapitel 2.2.3.

2.2.2 Prozessmodelle in der Datenanalyse

Zur Modellierung des Prozesses der Wissensgenerierung auf Basis von umfangreichen Datenbeständen haben sich verschiedene Vorgehensmodelle etabliert, von denen im Folgenden drei prominente Vertreter näher beschrieben werden.

Der Prozess der „Knowledge Discovery in Databases" (KDD) nach FAYYAD umfasst den gesamten Prozess der Wissensentdeckung (Fayyad et al. 1996, S. 37 f.). Dieser verfolgt das Ziel, „implizit vorhandenes Wissen in umfangreichen Datenbeständen zu identifizieren und explizit zu machen" (Gluchowski 2016, S. 275). Dabei sollen die aufzudeckenden Muster bis dato unbekannt, potenziell nützlich und vom Anwender leicht zu interpretieren sein (Fayyad et al. 1996, S. 44). Der KDD-Prozess gliedert sich in neun Prozessschritte, welche in Anlehnung an FAYYAD in Abbildung 2.6 dargestellt sind (Fayyad et al. 1996, S. 42).

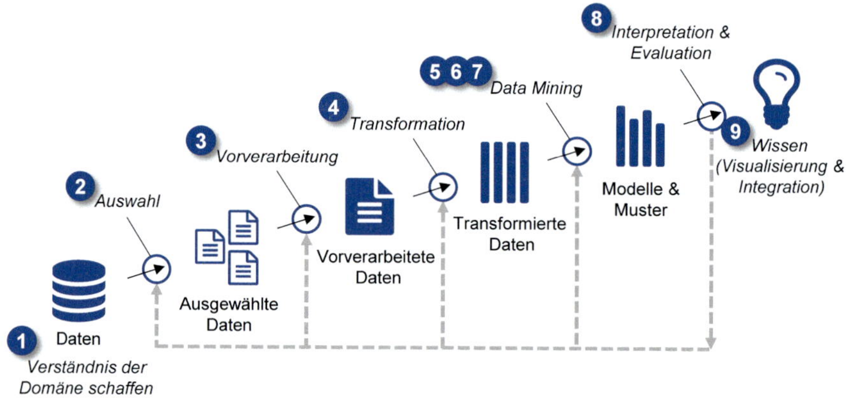

Abbildung 2.6: Übersicht der Prozessschritte des KDD i. A. a. FAYYAD ET AL. (Fayyad et al. 1996, S. 41)

Als zentraler Prozessschritt ist die Analyse zu verstehen, bei der potenziell interessante Muster und Zusammenhänge destilliert und beschrieben werden (Gluchowski 2016, S. 275). Synonym wird diese Phase auch als *Data Mining* beschrieben und lässt sich frei als Datenmustererkennung übersetzen (Bissantz und Hagedorn 1993, S. 481). In Übereinstimmung hierzu definieren FAYYAD ET AL. Data Mining als „die Anwendung spezifischer Algorithmen zur Extraktion von Mustern aus Daten" (Fayyad et al. 1996, S. 39).

Neben dem KDD sind die beiden Prozessmodelle CRISP-DM (Cross Industry Process for Data Mining) und SEMMA (Sample, Explore, Modify, Model, Assess) als prominenteste Vorgehensbeschreibungen zu nennen (Shafique und Qaiser 2014, S. 217; Azevedo und Santos 2008, S. 183). Beim Vergleich der vorgestellten Referenzprozesse lässt sich feststellen, dass diese einen hohen Überdeckungsgrad aufweisen und die Schritte jeweils vergleichbar aufgebaut sind (Shafique und Qaiser 2014, S. 221; Azevedo und Santos 2008, S. 185). Es ist erkennbar, dass CRISP-DM und SEMMA als Implementierung des KDD-Prozesses angesehen werden können (Azevedo und Santos 2008, S. 185). Demnach bildet das KDD-Prozessmodell die Basis für

SEMMA und CRISP-DM und dient im Rahmen dieser Arbeit als Ordnungsrahmen für die Bildung prädiktiver Data Analytics Modelle.

Die zu entwickelnde Bewertungsmethodik dieser Arbeit lässt sich primär in den ersten beiden Schritten des KDD verorten. Diese umfassen sowohl die Entwicklung eines Verständnisses für die Anwendungsdomäne, des entsprechenden Vorwissens sowie die Identifikation des Anwendungsziels als auch das Verständnis sowie die Auswahl der zu analysierenden Daten und Variablen (Fayyad et al. 1996, S. 42).

2.2.3 Statistische Ansätze und Maschinelles Lernen

Der Erkenntnisgewinn durch Data Mining basiert auf der Anwendung mathematischer und statistischer Methoden (Buschmann et al. 2021, S. 805). Diese bilden die Grundlage vielfältiger Fachdisziplinen aus dem Bereich der Natur- und Ingenieurwissenschaften und umfassen „das Beobachten eines Phänomens, das Modellieren zugrundeliegender Zusammenhänge und den Transfer sowie die Nutzung der Modellkenntnisse" (Buschmann et al. 2021, S. 805).

Neben umfangreichen statistischen Werkzeugen wie z. B. die Six Sigma Methodik kommen in jüngster Zeit verstärkt Ansätze des Maschinellen Lernens in der industriellen Praxis zur Anwendung (Ge et al. 2017, S. 20591; Chiarini 2012, S. 1 f.). Obwohl Methoden der klassischen Statistik und des maschinellen Lernens im Allgemeinen auf ähnlichen mathematischen Grundlagen basieren, finden sich doch grundlegende Unterschiede in Zielstellung und methodischem Vorgehen (Bzdok et al. 2018, S. 233; Schuh et al. 2019b, S. 876). Zielstellung der *deskriptiven Statistik* ist es, beschreibende Kennzahlen bezüglich der Beobachtungen eines Phänomens zu formulieren (Burkschat et al. 2012, S. 6). Dagegen erlaubt die *induktive Statistik* anhand von Stichprobendaten Erkenntnisse in Bezug auf die zugrundeliegende Grundgesamtheit eines Phänomens zu ziehen (Eckey et al. 2002, S. 418). Aufgrund dieses Rückschlusses (induktiver Schluss) wird die induktive Statistik auch als Inferenzstatistik bezeichnet (Eckey et al. 2002, S. 418). *Inferenz* beschreibt in diesem Zusammenhang die Erstellung eines mathematischen Modells des beobachteten Phänomens, um mittels dessen ein formalisiertes Verständnis zu gewinnen oder Hypothesen zu testen (Bzdok et al. 2018, S. 233). Üblicherweise ist die klassische Statistik in der Regel auf ein paar Dutzend unabhängiger (Eingangs-) Variablen und überschaubare Datenmengen ausgerichtet (Bzdok et al. 2018, S. 233).

Im Gegensatz zur Inferenz zielt die *Prädiktion* darauf ab, unbeobachtete Ergebnisse oder zukünftiges Verhalten vorherzusagen und so die beste Vorgehensweise zu identifizieren, ohne dass ein Verständnis der zugrundeliegenden Mechanismen erforderlich ist (vgl. Kapitel 2.2.1) (Bzdok et al. 2018, S. 233). Gegenüber statistischen Ansätzen fokussiert sich das *Maschinelle Lernen* auf die Prädiktion, indem generalisierende Lernalgorithmen verwendet werden um Muster in umfangreichen und komplexen Datensätzen zu erkennen (Bzdok et al. 2017b, S. 1119; Bzdok 2017a, S. 2). Das Anlernen der Algorithmen auf Basis historischer Daten, auch Training genannt, zielt auf die Erstellung eines möglichst generalisierenden Modells, welches nicht nur die Trainingsdaten auswendig lernt (sog. Overfitting), sondern auch auf ungesehene Daten anwendbar ist (Bishop 2009, S. 2; Duda et al. 2012, S. 12). Methoden des Maschinellen

Lernens verfügen über große Vorteile in der Anwendung bei komplexen und nichtlinearen Zusammenhängen, weisen jedoch gleichzeitig aufgrund fehlender expliziter Modellbeschreibungen eine deutlich geringere Interpretierbarkeit auf (LeCun et al. 2015, S. 436; Mirkin 2011, S. 1).

Methoden und Algorithmen des Maschinellen Lernens lassen sich neben der Art der Modellanpassung durch den jeweiligen Verwendungszweck unterscheiden. In Anlehnung an BUSCHMANN ET AL. ist diese Unterscheidung von Algorithmen in Abbildung 2.7 dargestellt. (Buschmann et al. 2021, S. 807 f.)

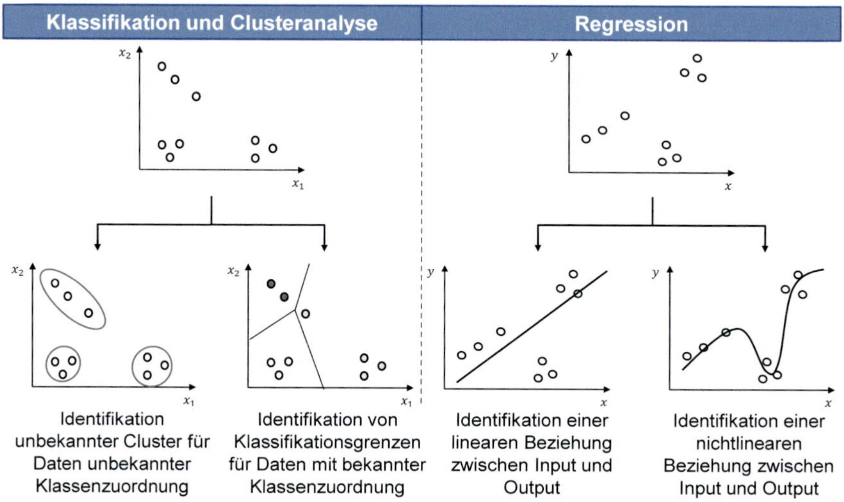

Abbildung 2.7: Unterscheidung von Algorithmen des Maschinellen Lernens nach Verwendungszweck i. A. a. BUSCHMANN ET AL. (Buschmann et al. 2021, S. 808)

Das Vorhandensein bestimmter Muster im zugrundeliegenden Datensatz vorausgesetzt, lässt sich das Vorgehen zur Erkennung bzw. *Klassifikation* dieser Muster wie folgt kategorisieren (Raudys 2001, S. 7). Im Rahmen der überwachten Klassifikation, welche auch als *Diskriminanzanalyse* bekannt ist, wird jedem Objekt eine entsprechende vordefinierte Klasse zugewiesen (Raudys 2001, S. 7; Zaki und Meira 2014, 34 f.; Read et al. 2009, S. 254). Sollen Muster aufgrund ihrer Ähnlichkeiten explorativ in Daten erkannt werden, findet die unüberwachte Klassifikation Anwendung, welche auch als *Clustering* bezeichnet wird (Raudys 2001, S. 7). Der Algorithmus benötigt hierfür keine a priori Definition von konkreten Klassen, sondern erlernt diese selbstständig (Raudys 2001, S. 7; Zaki und Meira 2014, S. 33 f.). Liegen dagegen Input- und Output-Daten in kontinuierlicher Form vor, findet die *Regression* Anwendung (Buschmann et al. 2021, S. 807).

Neben dem Verwendungszweck lassen sich die Methoden des Maschinellen Lernens hinsichtlich der eigensetzten Lernstrategie unterscheiden (Boersch et al. 2007, S. 274; Mohri et al.

2018, S. 6). In Abgrenzung zum *bestärkenden* sowie dem *unüberwachten Lernen* wird im Kontext dieser Arbeit der Fokus auf die Strategie des *überwachten Lernens* (engl. Supervised Learning) gesetzt. Beim überwachten Lernen sind sowohl die Eingangs- als auch die gewünschten Ausgangsdaten im Vorfeld bekannt (Boersch et al. 2007, S. 267; Mohri et al. 2018, S. 6). Die Modellparameter werden mittels dieser Trainingsdaten iterativ optimiert, d.h. die Ausgangsdaten werden kontinuierlich mit dem gewünschten Systemverhalten verglichen (Duda et al. 2012, S. 16; Boersch et al. 2007, S. 276).

Im weiteren Verlauf dieser Arbeit liegt der Schwerpunkt auf der Bildung der zugrundeliegenden Datenbasis um die Anwendung der beschriebenen maschinellen Lernverfahren mit dem Ziel der Prädiktion zu ermöglichen. Dabei liegt der Fokus vor allem auf der Anwendbarkeit von Algorithmen zur Klassifikation, um auf Basis von Betriebsdaten (vgl. Kapitel 2.1.2) das Auftreten eines bestimmten Fehlers zu prognostizieren. Hierin liegt der Schwerpunkt wiederum auf der binomialen Klassifikation (i.O. / n.i.O.). Die multinomiale Klassifikation (Fehlercodes, Fehlertypen etc.) wird im Rahmen der Arbeit tangiert, aber nicht weiter fokussiert.

2.2.4 Evaluation der Klassifikationsgüte

Bei der Implementierung eines Modells für die Klassifikation von Objekten ist es notwendig zu bewerten, wie gut der Klassifikator die jeweilige Aufgabe löst (Moreira et al. 2019, S. 192). Dabei soll primär bewertet werden, wie häufig die vorhergesagte Klasse für neue und dem Modell unbekannte Objekte der richtigen Klasse („true") entspricht (Moreira et al. 2019, S. 192). Da zukünftige Daten unbekannt sind, wird die prädiktive Leistung und damit die *Generalisierbarkeit* des Klassifikators geschätzt, indem der Datensatz in zwei sich gegenseitig ausschließende Teile getrennt wird: ein Datensatz für das Training und ein Datensatz für das anschließende Testen (Moreira et al. 2019, S. 165).

Für die Bewertung der Vorhersagegüte anhand des Test-Datensatzes können verschiedene Maße verwendet werden, von denen sich die am häufigsten verwendeten aus der sogenannten *Konfusionsmatrix* ableiten lassen (EMC Education Services 2015, 224 f.; Moreira et al. 2019, S. 193). Die Konfusionsmatrix bezeichnet ein spezifisches Tabellenlayout, das eine Visualisierung der Güte eines Klassifikators ermöglicht (EMC Education Services 2015, S. 224). Diese ist für binäre Klassifikationsaufgaben als 2x2 Matrix in Abbildung 2.8 dargestellt.

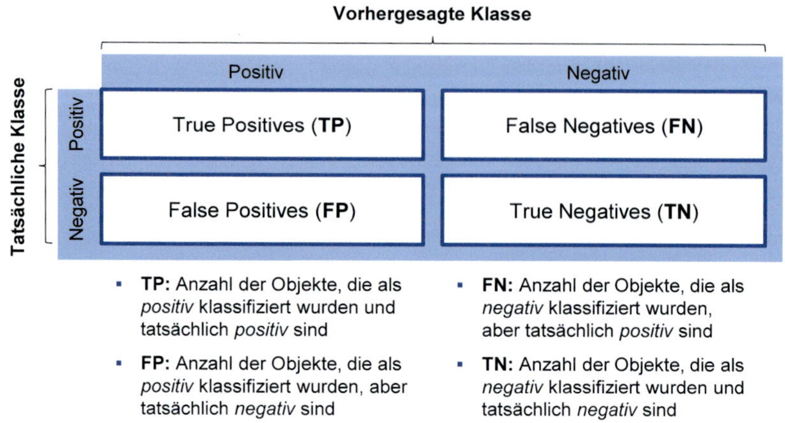

Abbildung 2.8: Konfusionsmatrix für binäre Klassifikationsaufgaben i. A. a. MOREIRA ET AL. (Moreira et al. 2019, S. 193)

Neben dem im Folgenden beschriebenen und im Kontext dieser Arbeit relevanten *F1*-Score existieren eine Vielzahl weiterer Gütemaße, die zur Bewertung der Klassifikationsgüte eingesetzt werden können (z. B. Accuracy). Diese lassen sich über ihren Einsatz bei der binären Klassifikation hinaus auch für Klassifikationsaufgaben mit mehr als zwei Klassen anpassen bzw. erweitern (Moreira et al. 2019, S. 193; EMC Education Services 2015, S. 225 f.; Powers 2011, S. 38 f.; Kelleher et al. 2015, S. 463 ff.):

$$Precision = \frac{TP}{TP + FP} \tag{2.1}$$

$$Recall = \frac{TP}{TP + FN} \tag{2.2}$$

$$F1 = \frac{2}{\frac{1}{Precision} + \frac{1}{Recall}} \tag{2.3}$$

Das Hauptdefizit des bis dato beschriebenen Vorgehens besteht darin, dass die Vorhersagegüte stark von der Datenauswahl in Trainings- und Testdatenset beeinflusst wird (Moreira et al. 2019, S. 167). Eine Möglichkeit diesen Effekt zu verringern ist die *k-fache Kreuzvalidierung*, welche auch im Rahmen dieser Arbeit Anwendung findet. Obwohl für k prinzipiell ein beliebiger Wert eingestellt werden kann, ist die 10-fache Kreuzvalidierung die in der Praxis am häufigsten verwendete Variante (Kelleher et al. 2015, S. 469).

Bei der k-fachen Kreuzvalidierung wird die zur Verfügung stehende Datenmenge, bestehend aus N Elementen, in $k \leq N$ möglichst gleich große Teilmengen $T_1, \ldots, T_k$ aufgeteilt. Anschließend werden k Durchläufe gestartet, bei denen jeweils die i-te Teilmenge T_i als Testmenge und die übrigen $k - 1$ Teilmengen $\{T_1, \ldots, T_k\} \setminus \{T_i\}$ als Trainingsmengen verwendet werden. Die

Klassifikationsgüte errechnet sich demnach als Durchschnitt aus der Vorhersagegüte der *k* Einzeldurchläufe. (Kelleher et al. 2015, S. 469; Sammut und Webb 2017, S. 137; Moreira et al. 2019, S. 167 f.; EMC Education Services 2015, S. 177 f.)

2.3 Begriffe, Definitionen und Methoden des Fehlermanagements

Im nachfolgenden Kapitel wird zunächst der Fehlerbegriff für die Verwendung in dieser Arbeit geschärft und definitorisch von verwandten Begrifflichkeiten abgegrenzt (Kapitel 2.3.1). Anschließend werden verschiedene Teilbereiche des Fehlermanagements vorgestellt und der Fokus auf die Fehler- bzw. Fehlerursachenanalyse im internen Fehlermanagement gesetzt (Kapitel 2.3.1). Abschließend schafft Kapitel 2.3.3 ein zugrundliegendes Verständnis für Wirkzusammenhänge im Fehlerfall und beleuchtet wissenschaftliche Modellierungsansätze dieser Wirkbeziehungen.

2.3.1 Der Fehlerbegriff

Der Fehlerbegriff verfügt je nach Anwendungszusammenhang in der Literatur über unterschiedliche Definitionen. Hierzu gehören neben der qualitätsorientierten Fehlerdefinition (DIN EN ISO 9000:2015-11, S. 15; Kristes 2012, S. 43; Fritz und Herrmann 2011, S. 122) die Definition aus der Rechtswissenschaft (Schmitt und Pfeifer 2015, 477 ff.; Bundesministerium der Justiz und für Verbraucherschutz 1989, S. 2) der Psychologie (Badke-Schaub et al. 2008, S. 40; Büchel 2010, S. 204; Algedri und Frieling 2001, S. 201) und der Informationstechnologie (IEE 2010, S. 5; Avci 2008, S. 36). Eine allgemeingültige und transdisziplinare Definition des Fehlerbegriffs liefert WEINGARDT (WEINGARDT 2004, S. 234): *„Als Fehler bezeichnet ein Subjekt angesichts einer Alternative jene Variante, die von ihm - bezogen auf einen damit korrelierenden Kontext und ein spezifisches Interesse - als so ungünstig beurteilt wird, dass sie unerwünscht erscheint.“*

Für den im Kontext dieser Arbeit relevanten *qualitätsorientierten Fehlerbegriff* bestehen ebenfalls unterschiedliche Definitionen, weswegen im Folgenden das zugrundeliegende Fehlverständnis geschaffen wird.

So liefert die Qualitätsnorm DIN EN ISO 9000:2015 eine stark verbreitete Definition des Fehlerbegriffs, welche den Fehler als die *„Nichterfüllung einer Anforderung“* beschreibt (DIN EN ISO 9000:2015-11, S. 15). Eine Anforderung ist durch die Norm definiert als *„Erfordernis oder Erwartung, das oder die festgelegt, üblicherweise vorausgesetzt oder verpflichtend ist“* (DIN EN ISO 9000:2015-11, S. 39). Diese Definition schließt neben explizit dokumentierten Anforderungen, z. B. in Form eines Lasten- und Pflichtenhefts (Pfeifer und Schmitt 2014, S. 198), auch implizite Anforderungen in Form von Erwartungshaltungen mit ein. Infolgedessen erlaubt diese Definition eine vielfältige Verwendung des Fehlerbegriffs sowohl für das physische Produkt als auch den damit verbundenen Herstellungsprozess.

Jede Abweichung eines Produktes oder Prozesses von den Anforderungen bedeutet im Sinne dieser Definition einen Fehler, wobei nicht näher definiert ist, wer diese Anforderungen explizit oder implizit vorgibt. Im Rahmen dieser Arbeit folgt die Definition des Fehlerbegriffs der DIN EN ISO 9000:2015 (DIN EN ISO 9000:2015-11, S. 15) und wird wie folgt eingeschränkt:

- Die Anforderungsgeber sind definiert als Kunde und Prozessverantwortlicher
- Der vom Kunden geforderte Prozess-Output ist definiert als physisches Produkt
- Ein Prozessfehler befindet sich in der Folge nur dann im Betrachtungsbereich, falls dieser zu Fehlern am Produkt führt

Für ein genaues Begriffsverständnis sowie eine klare Beschreibung des Objektbereichs wird der Fehlerbegriff im Folgenden von verwandten Begriffen im Qualitätsmanagement abgegrenzt.

So beschreibt der Begriff des Mangels die *„Nichterfüllung einer Anforderung in Bezug auf einen beabsichtigten oder festgelegten Gebrauch“* und ist somit als eine Teilmenge des Fehlers definiert (DIN EN ISO 9000:2015-11, S. 26; Geiger 1998, S. 223). Abweichungen sind nach DIN 55350-12 definiert als der *„Unterschied zwischen einem Merkmalswert oder einem dem Merkmal zugeordneten Wert und einem Bezugswert“* (DIN 55350-12, S. 4). Abweichungen von einer Spezifikation sind demnach bereits Fehler im engeren Sinne. Inwiefern diese im Rahmen dieser Arbeit als Fehler gewertet werden, ist abhängig vom geforderten Toleranzbereich des Merkmalswerts. Die Begriffe Störung, Versagen und Ausfall entstammen dem Störungs- bzw. Zuverlässigkeitsmanagement, welches sich mit dem Versagen von Systemen und Systemelementen beschäftigt (DIN 40041, 3 f.). Dieses wird im Rahmen dieser Arbeit nicht näher untersucht und befindet sich dementsprechend außerhalb des Betrachtungsbereichs.

2.3.2 Fehlermanagement

Um die Gesamtleistung eines Unternehmens zu maximieren ist die Reduzierung von Fehlern in allen Bereichen ein logisches Ziel. Dieses Ziel verfolg beispielsweise die Reduktion von Fehlern als Teil der Verschwendung in dem von OHNO entwickelten Toyota-Production-System (Oeltjenbruns 2000, 34 ff.). Der Begriff des *Fehlermanagements* ist in der deutschsprachigen Literatur unterschiedlich definiert. LINß beschreibt das Fehlermanagement als „Steuerung der bereichsübergreifenden Maßnahmen zur Beseitigung der Fehler und zur Fehlervorbeugung“ (Linß 2018, S. 409). Nach JARKE und KLAMMA ist das Fehlermanagement darüber hinaus als lernender Prozess zu verstehen, der systematisch Fehler behandelt (Jarke und Klamma 1998, S. 247). Hierbei wird der Betrachtungsbereich jedoch auf Produkte eingeschränkt.

Der Definition nach LINß folgend lassen sich die existierenden Ansätze in *präventives* und *reaktives* Fehlermanagement gliedern (Linß 2018, S. 409). Das präventive Fehlermanagement beinhaltet alle Aktivitäten und Methoden mit dem Ziel der Fehlerentstehung vorzubeugen. Hier ist beispielhaft die Fehlermöglichkeits- und Einflussanalyse (FMEA) zu nennen (Pfeufer 2015, 10 ff.). Das reaktive Fehlermanagement kommt folglich dann zum Einsatz, wenn der Fehlerfall bereits eingetreten ist und negative Auswirkungen begrenzt werden sollen (Schmitt und Pfeifer 2015, 329 f.). Die klassischen Aufgaben des Fehlermanagements umfassen die Erfassung, Auswertung und Beseitigung der Fehler sowie die Fehlerprävention bei nachfolgenden Produkten durch eine entsprechende Analyse der Fehlerursachen (Pfeifer 1997, S. 51). Die Abstraktion des Wissens, welches auf Basis der Analyseergebnisse generiert wurde, soll wiederum in präventive Methoden zur Fehlervermeidung einfließen können (Pfeifer 1997, S. 51).

Durch den Fokus dieser Arbeit auf der Prädiktion von Fehlern und der Ableitung entsprechender Handlungsmaßnahmen sind das präventive Fehlermanagement und speziell die Fehler- bzw. Fehlerursachenanalyse von Bedeutung und werden im Folgenden fokussiert.

2.3.3 Wirkzusammenhänge bei Fehlerereignissen

Für die Fehler- bzw. Fehlerursachenanalyse sowie die Ableitung von Handlungsmaßnahmen ist ein Verständnis der Wirkzusammenhänge bei einem Fehlerfall relevant. Es existieren an dieser Stelle nur wenige wissenschaftliche Ansätze, welche die Wirkzusammenhänge bei Fehlerereignissen beschreiben.

HOFMANN definiert den Fehler erstmals unter Einbeziehung seiner Ursache-Wirkungs-Mechanismen (Hofmann 1990, S. 53). Fehlereignisse werden hierzu als Netz von Knoten und Kanten modelliert, wobei zwischen Fehlerursachen und -wirkungen eine n:m Beziehung existiert. Dies geschieht vor dem Hintergrund, dass eine Ursache für mehrere Wirkungen verantwortlich sein kann und eine Wirkung in mehreren Ursachen begründet sein kann. Es werden darüber hinaus die Begriffe *elementare Ursache* und *finale Wirkung* eingeführt, falls diesen keine Vorgänger- bzw. Nachfolgerbeziehung zuzuordnen ist (vgl. Abbildung 2.9). Wird vom allgemeinen Fall mit beliebig vielen Stufen ausgegangen, entstehen n-stufige Modelle, die HOFMANN Ursache-Wirkungs-Netze nennt. (Hofmann 1990, 53 f.)

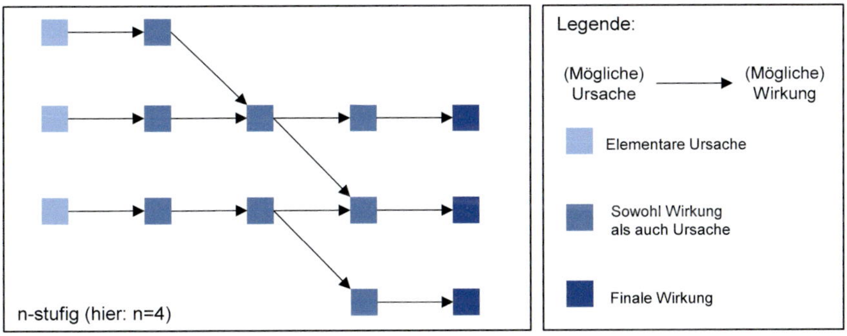

Abbildung 2.9: Ursache-Wirkungs-Netz i. A. a. HOFMANN (Hofmann, 1990, S. 54)

ORENDI erweitert das Modell um den zeitlichen Aspekt der Fehlerentdeckung und wendet es im Kontext der Produktion an (Orendi 1993, S. 48). Ausgehend von der Fehlerveranlagung beinhaltet das Modell außerdem vorwärts- und rückwärtsgerichtete Analysen. Analog zu HOFMANN wird explizit von Systemgrenzen sowohl zwischen Produktion und Kunde als auch zwischen Produktion und Lieferant ausgegangen, in denen die Wirkungsbeziehungen definiert sind (Orendi 1993, 48 f.; Hofmann 1990, S. 54).

Bei der näheren Betrachtung der verwendeten Begrifflichkeiten fällt auf, dass der Begriff der *Fehlerursache* nicht konsistent verwendet wird. Um hier eine Differenzierung zu ermöglichen ist es entscheidend, einen *originären Fehler* einzuführen. So kann ein originärer Fehler am Produkt auf keinen anderen Fehler am Produkt zurückgeführt werden. *Fehlerursachen* hierfür treten außerhalb vom Produkt auf und haben den Fehler zur Folge. Die *Fehlerfolge* ist definiert als der Zustand, der infolge des originären Fehlers verursacht wird. Die Bestimmung des originären Fehlers erfolgt durch das Setzen der Systemgrenzen. (Eversheim et al. 1996, 20 ff.)

2.4 Zwischenfazit und Abgrenzung des Untersuchungsbereichs

In Kapitel 2 wurden die Objektbereiche und damit die wissenschaftlichen und terminologischen Grundlagen dieser Arbeit vorgestellt. Die Gliederung erfolgte gemäß dem in Kapitel 1.4 vorgestellten heuristischen Bezugsrahmen wodurch zum einen ein einheitliches Verständnis im Hinblick auf die entwickelte Methodik dieser Dissertation geschaffen wurde. Zum anderen erfolgte hierdurch eine klare Abgrenzung des Untersuchungsbereichs dieser Arbeit.

Im Fokus des Untersuchungsbereichs stehen die Informationen, welche entlang des Produktionsprozesses entstehen und in Form von Daten erfasst werden. Hierbei ist in Bezug auf den Produktionsprozess die *Fertigungsart* im Untersuchungsbereich abzugrenzen. Der mit Serien- und Massenfertigung verbundene hohe Wiederholungsgrad der Leistungserbringung ist notwendig, um die für die Zielstellung erforderliche Menge an produktbezogenen Daten zu generieren. Gleichzeitig werden Produktionsszenarien der diskreten Fertigung fokussiert, um die Verknüpfbarkeit von Daten mit individuellen Produkten überhaupt zu ermöglichen.

Hinsichtlich der Auswahl der zu untersuchenden *Betriebsdaten* werden sowohl auftragsbezogene als auch ressourcenbezogene Betriebsdaten in der vorliegenden Arbeit inkludiert. Dies schließt die Betrachtung qualitätsbezogener Betriebsdaten (auftragsbezogen) wie z. B. Fehlerdaten sowie maschinenbezogener Betriebsdaten (ressourcenbezogen) mit ein.

Die theoretische Grundlage für Datenbanken im Untersuchungsbereich sowie die zu entwickelnde Bewertungsmethodik bildet aufgrund ihrer breiten Anwendung in der industriellen Praxis das *relationale Datenbankmodell*, welches tabellarisch strukturiert ist. Somit findet eine klare Abgrenzung des Untersuchungsbereichs gegenüber nicht-relationalen Ansätzen statt.

Der inhaltliche Schwerpunkt der Arbeit liegt auf der Vollständigkeit als Dimension der kontextbezogenen *Daten- bzw. Informationsqualität*. Diese ist im weiteren Verlauf definiert als das Ausmaß, in dem die im Kontext der jeweiligen Aufgabe relevanten Informationen in den Daten enthalten sind. Weitere DQ-Dimensionen wie Relevanz und Umfang werden zwar tangiert, aber nicht weiter fokussiert.

Im Hinblick auf die datenbasierte *Analyseausprägung* fokussiert sich der Untersuchungsbereich auf die Prädiktion, also die datenbasierte Vorhersage zukünftiger Fehlerereignisse. Dabei sind die im Fehlermanagement klassischen deskriptiven sowie diagnostischen Analysen als Vorstufe der Prädiktion und somit als Teil des Untersuchungsbereichs zu verstehen. Die Präskription wird in diesem Rahmen nicht weiter fokussiert.

In Bezug auf standardisierte Vorgehensmodelle zur Datenanalyse im Allgemeinen und den *KDD-Prozess* im Besonderen lässt sich die entwickelte Bewertungsmethodik dieser Arbeit primär in den ersten beiden Schritten verorten. Diese umfassen sowohl die Entwicklung eines Verständnisses für die Anwendungsdomäne, des entsprechenden Vorwissens sowie die Identifikation des Anwendungsziels als auch die Auswahl der zu analysierenden Daten und Variablen. Dabei sei betont, dass die zu entwickelnde Methodik vor den Schritten der Datenvorverarbeitung bzw. des Feature Engineerings ansetzt.

Der *Verwendungszweck* eingesetzter Data Analytics Methoden wird im Sinne des Anwendungsszenarios, der modellbasierten Vorhersage von Fehlern, auf die in der Praxis niedrigschwelligeren Klassifikationsaufgaben beschränkt. Hinsichtlich der eingesetzten *Lernstrategie* von Methoden des Maschinellen Lernens steht im Rahmen dieser Arbeit das überwachte Lernen (Supervised Learning) aufgrund seines häufigen Einsatzes im Anwendungskontext im Fokus.

Inhaltlich folgt diese Arbeit dem qualitätsorientierten Begriffsverständnis, da das Fehlermanagement dem Qualitätsmanagement zuzuordnen ist. Dabei wird der qualitätsorientierte *Fehlerbegriff* als Abweichung eines physischen Produktes von den Anforderungen verstanden und damit „eng" definiert. Bezüglich des *Umfangs des Fehlerbegriffs* findet eine klare Abgrenzung zu den Begriffen Störung, Versagen und Ausfall statt. Diese entstammen dem Störungs- bzw. Zuverlässigkeitsmanagement und sind nicht Teil des Untersuchungsbereichs.

Das *Fehlermanagementverständnis* ist präventiv, wobei das übergeordnete Ziel die wirksame Fehlervermeidung durch die Vorhersage von Fehlerereignissen ist. Da im Rahmen der Arbeit individuelle Fertigungsschritte nicht isoliert, sondern innerhalb mehrstufiger Produktionsketten betrachtet werden, führt die Berücksichtigung von prozessschrittübergreifenden Wechselwirkungen zur Untersuchung *n-stufiger Wirkzusammenhängen* bei Fehlereignissen.

Eine Übersicht des Untersuchungsbereichs dieser Arbeit ist in Abbildung 2.10 zusammengefasst dargestellt.

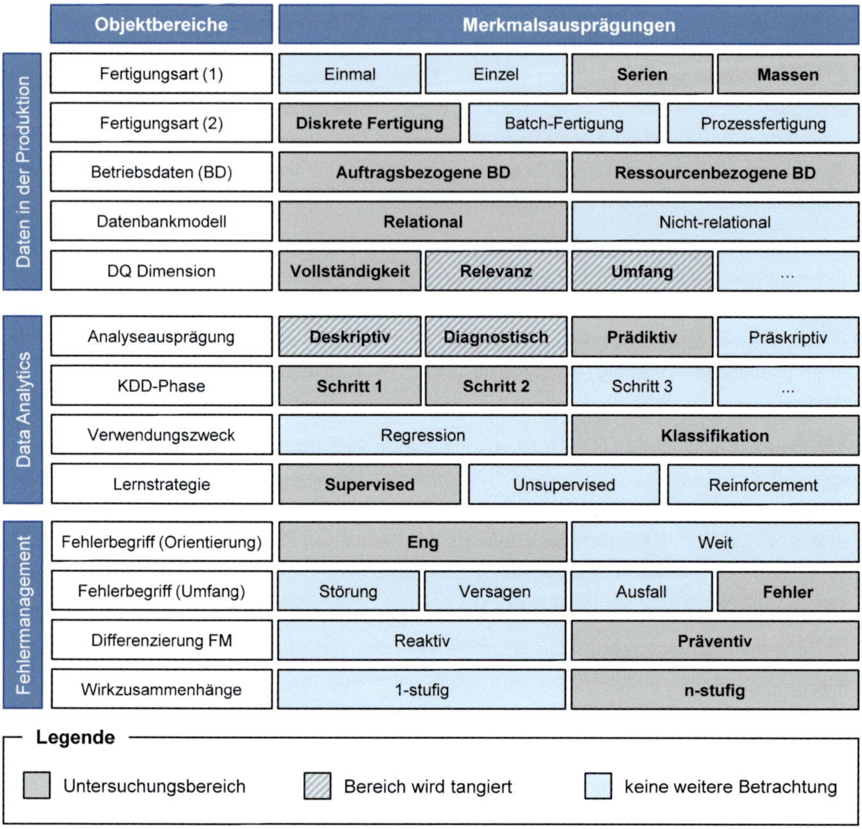

Abbildung 2.10: Untersuchungsbereich der Dissertation

3 Stand der Erkenntnisse im Untersuchungsbereich

Im Folgenden wird für den dargestellten Untersuchungsbereich der Stand der wissenschaftlichen Erkenntnisse aufgezeigt. Ziel ist es, relevante Ansätze zur Bewertung der Vollständigkeit von Informationen im Kontext der Fehlerprädiktion zu identifizieren und hinsichtlich ihres Beitrags zur Lösungshypothese dieser Arbeit zu bewerten. Die Gliederung des Kapitels beruht auf der zweiten Ebene des heuristischen Bezugsrahmens (vgl. Kapitel 1.4).

Die *Lösungshypothese* dieser Forschungsarbeit sieht vor, dass durch eine methodische Bewertung der Vollständigkeit der in Betriebsdaten erfassten Informationen Empfehlungen abgeleitet werden können, die zur Verbesserung der Dateneignung für die Fehlerprädiktion beitragen. Daher wird zunächst in Kapitel 3.1 auf die spezifischen inhaltlichen Anforderungen an die zu entwickelnde Bewertungsmethodik eingegangen. Darauf aufbauend werden diese in den Kapiteln 3.2 bis 3.4 mit existierenden Ansätzen abgeglichen und die resultierenden Defizite aufgedeckt. Abschließend erfolgt in Kapitel 3.5 das Fazit und die Herleitung des theoretischen Forschungsbedarfs.

3.1 Spezifische inhaltliche Anforderungen an die Methodik

Im Folgenden werden die spezifischen inhaltlichen Anforderungen an die zu entwickelnde Methodik vorgestellt. Diese basieren zum einen auf dem in Kapitel 1.1 dargelegten Defizit in der Praxis sowie zum anderen auf dem in handlungsleitender Forschungsfrage und Zielstellung explizierten Vorverständnis des Autors (vgl. Kapitel 1.2).

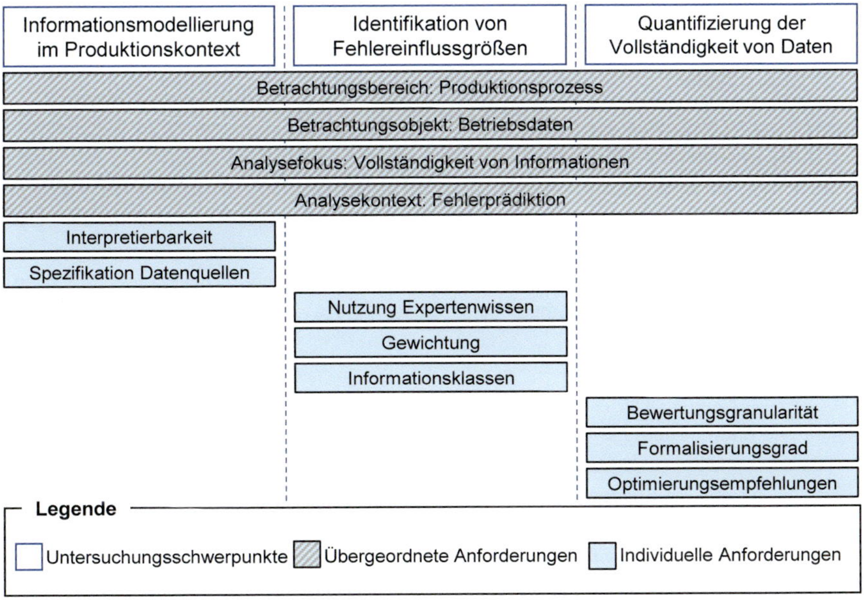

Abbildung 3.1: Anforderungen an die Methodik

Die in Abbildung 3.1 dargestellten Anforderungen orientieren sich in ihrer Struktur an der zweiten Ebene des heuristischen Bezugsrahmens und sind dementsprechend untergliedert in *übergeordnete Anforderungen des Untersuchungsbereichs* (Kapitel 3.1.1) und *individuelle Anforderungen der Untersuchungsschwerpunkte* (Kapitel 3.1.2 bis 3.1.4), welche aus der Zielstellung der Arbeit resultieren.

3.1.1 Übergeordnete Anforderungen des Untersuchungsbereichs

Im Hinblick auf den gesamten Untersuchungsbereich lassen sich die folgenden übergeordneten Anforderungen identifizieren:

Betrachtungsbereich: Produktionsprozess

Im Rahmen der zu entwickelnden Methodik soll der *Produktionsprozess* als Teil der Produktionskette im Fokus der Analyse stehen. Im Zentrum des Betrachtungsbereichs stehen wie in Kapitel 2.1.2 beschrieben die Aktivitäten, welche unter Einsatz von Produktionsfaktoren zur wertschöpfenden Erzeugung bzw. Veränderung physischer Güter beitragen (Blohm et al. 2016, S. 23 ff.). Die Methodik betrachtet weder die der Produktion vorgelagerte Produktentwicklung noch die nachgelagerte Produktnutzung.

Betrachtungsobjekt: Betriebsdaten

Entlang des Produktionsprozesses entsteht eine Vielzahl von Informationen, welche ganz oder teilweise in Form von *Betriebsdaten* in produktionsnah operierenden Informationssystemen erfasst werden. Diese in Kapitel 2.1.3 näher spezifizierten Daten und die darin enthaltenen Informationen bilden das zentrale Betrachtungsobjekt dieser Arbeit. Die zu entwickelnde Methodik soll daher insbesondere die Erfassung und Beschaffenheit dieser Daten fokussieren.

Analysefokus: Vollständigkeit von Informationen

Das umfangreiche Bewertungsmodell nach WANG UND STRONG sowie die darauf aufbauenden Forschungsarbeiten basieren auf fünfzehn Dimensionen der Datenqualität (Wang und Strong 1996, S. 20). Wie in Kapitel 2.1.5 beschrieben wird im Rahmen der zu entwickelnden Methodik primär die kontextspezifische Dimension der Vollständigkeit analysiert werden. In der Folge bilden die Vollständigkeit von Daten bzw. die *Vollständigkeit der erfassten Informationen* den Analysefokus der Methodik. Demnach ist die Untersuchung weiterer Dimensionen der Datenqualität nicht Gegenstand der Methodik (vgl. Kapitel 4.2.3).

Analysekontext: Fehlerprädiktion

Als kontextbezogene Dimension der Daten- bzw. Informationsqualität beschreibt die Vollständigkeit das Maß, in dem die im Kontext der jeweiligen Aufgabe relevanten Informationen in den Daten enthalten sind. Als diese Aufgabe wird im Zuge der Methodik die *Fehlerprädiktion* fokussiert, welche die Zusammenhänge zwischen einer abhängigen Zielvariablen (Qualitätsmerkmal) und mehreren unabhängigen Variablen in der Datenbasis abbildet (Wang 2013, S. 64). Im Fokus des Analysekontexts steht damit die datenbasierte Vorhersage von Fehlern entlang der Produktionskette (vgl. Kapitel 2.2.1).

3.1.2 Anforderungen an die Informationsmodellierung

Hinsichtlich des Untersuchungsschwerpunkts der *Informationsmodellierung im Produktionskontext* lassen sich die folgenden Anforderungen identifizieren:

Interpretierbarkeit durch den Anwender

Das Kriterium der *Interpretierbarkeit* beschreibt im Kontext dieser Arbeit die Anforderung an die Methodik, dass die abgebildeten Objekte in einem Informationsmodell trotz Abstraktion durch den Anwender leicht interpretierbar sind. Diese Interpretierbarkeit soll insbesondere auch für Anwender ohne ausgeprägtes informationstechnisches Vorwissen gesichert werden.

Spezifikation der Datenquellen

In engen Zusammenhang mit der Interpretierbarkeit und dem Ziel der vereinfachten Auffindbarkeit von Informationen beschreibt das Kriterium der *Spezifikation der Datenquellen* die Berücksichtigung der Datenquellen (z. B. produktionsnahe Informationssysteme) bei der Informationsmodellierung. Um neben der Auffindbarkeit auch die Extraktion der Informationen zu vereinfachen, wird eine möglichst detaillierte Spezifikation der Datenquellen angestrebt.

3.1.3 Anforderungen an die Identifikation von Fehlereinflussgrößen

In Bezug auf den Untersuchungsschwerpunkt der *Identifikation von Fehlereinflussgrößen* werden die folgenden Anforderungen formuliert:

Nutzung von Expertenwissen

Die Nutzung und Formalisierung von unternehmensinhärentem *implizitem und explizitem Expertenwissen* bei der Identifikation von Fehlereinflussgrößen und der sich anschließenden Bewertung der Datenbasis bildet einen substanziellen Bestandteil der Lösungshypothese dieser Arbeit. Daraus ergibt sich die Anforderung an die zu entwickelnde Methodik, Wissenserhebung und -transfer systematisch in die Identifikation und Gewichtung von potenziellen Fehlereinflussgrößen zu integrieren.

Gewichtung der Fehlereinflussgrößen

Die Zielstellung dieser Arbeit sieht vor, dass für eine aussagekräftige Bewertung der Vollständigkeit von erfassten Informationen die identifizierten potenziellen Einflussgrößen mit einem Gewichtungsfaktor versehen werden. Diese *Gewichtung* ist in der Entwicklung der Bewertungsmethodik vorzusehen und bildet gleichzeitig ein zentrales Kriterium zur Bewertung bestehender Ansätze.

Berücksichtigung von Informationsklassen

Um eine möglichst feingranulare Quantifizierung der Vollständigkeit zu schaffen, sollen neben individuellen Prozessschritten auch individuelle Informationsklassen analysiert werden. Die hierfür notwendige Grundlage, die *Berücksichtigung von ursachenbezogenen Informationsklassen* bei der Identifikation von Fehlereinflussgrößen, bildet eine weitere zentrale Anforderung an die zu entwickelnde Bewertungsmethodik.

3.1.4 Anforderungen an die Quantifizierung der Vollständigkeit

In Bezug auf den Untersuchungsschwerpunkt der *Quantifizierung der Vollständigkeit von Daten bzw. Informationen* werden die folgenden Anforderungen definiert:

Granularität der Bewertung

Um möglichst zielgerichtet Optimierungspotenziale in Bezug auf die Datenbasis identifizieren zu können, wird eine hohe *Granularität der Bewertung* angestrebt. Durch die Bewertung auf verschiedenen Betrachtungsebenen mit unterschiedlichem Verdichtungsgrad sollen Aussagen über die Informationsvollständigkeit von einzelnen Attributen bis hin zur ganzen Produktionskette getroffen werden können.

Grad der Formalisierung

Um eine hohe Transparenz und Vergleichbarkeit der Bewertung zu erzielen, wird ein hoher *Formalisierungsgrad* der Bewertung angestrebt. Diese Formalisierung kann z. B. in Form fester Bewertungsschemata in der Methodik verankert werden. Hierdurch wird ebenfalls eine hohe Anwendungsneutralität in den Fokus gestellt und damit der Anspruch an eine größtmögliche Flexibilität in der Anwendung und damit Unabhängigkeit von durchführenden Akteuren.

Ableitung von Optimierungsempfehlungen

Um die Bewertung für die inhaltliche Verbesserung einer Datenbasis i. S. einer Vervollständigung von Informationen nutzbar zu machen, ist eine systematische *Ableitung von Optimierungsempfehlungen* anzustreben. Die Integration einer solchen methodengeleiteten Funktion bildet dementsprechend ein weiteres zentrales Kriterium zur Bewertung bestehender Ansätze.

3.2 Informationsmodellierung im Produktionskontext

Im folgenden Abschnitt werden die für diese Arbeit relevanten, mit der Modellierung von Informationen und Informationsflüssen im Produktionskontext verwandten Forschungstheorien und -ansätze vorgestellt und bewertet. In Kapitel 3.2.1 werden zunächst die bestehenden Ansätze zur Informationsmodellierung diskutiert. Anschließend werden diese Ansätze auf Basis der formulierten übergeordneten und individuellen Anforderungen des Untersuchungsschwerpunkts in Kapitel 3.2.2 qualitativ bewertet und hinsichtlich ihres Beitrags zur Zielstellung dieser Arbeit diskutiert.

3.2.1 Vorstellung verschiedener Modellierungsansätze

Wertstromanalyse 4.0 nach Meudt et al. (Meudt et al. 2017, S. 413 ff.; Meudt et al. 2016, S. 319 ff.)

Meudt et al. erweitern die konventionelle *Wertstromanalyse* um Aspekte der Datenspeicherung, -nutzung und -übertragung mit dem Ziel, informationslogistische Verschwendungen aufzudecken und Prozesse zu stabilisieren (Meudt et al. 2016, S. 319 f.; Meudt et al. 2017, S. 414). Dabei beschreiben die ersten vier Schritte des standardisierten mehrschrittigen Vorgehens die Abbildung des erweiterten Wertstroms. Auf die klassische Wertstromanalyse im ersten Schritt folgt die Auflistung von analogen und digitalen Speichermedien der Prozessinformationen sowie die Richtung des Informationsflusses im zweiten Schritt. Darauf folgt die Verknüpfung von Kennzahlen und Informationen mit ebenjenen Speichermedien im dritten sowie die Ergänzung und Verknüpfung der Nutzungsart im vierten Schritt. Das Ergebnis dieses Vorgehens ist exemplarisch in Abbildung 3.2 dargestellt. Die Identifikation informationslogistischer Verschwendung sowie deren Optimierung erfolgt im Rahmen von Schritt 5 und 6, welche an dieser Stelle nicht detaillierter ausgeführt werden sollen. (Meudt et al. 2016, S. 320 f.; Meudt et al. 2017, S. 415 f.)

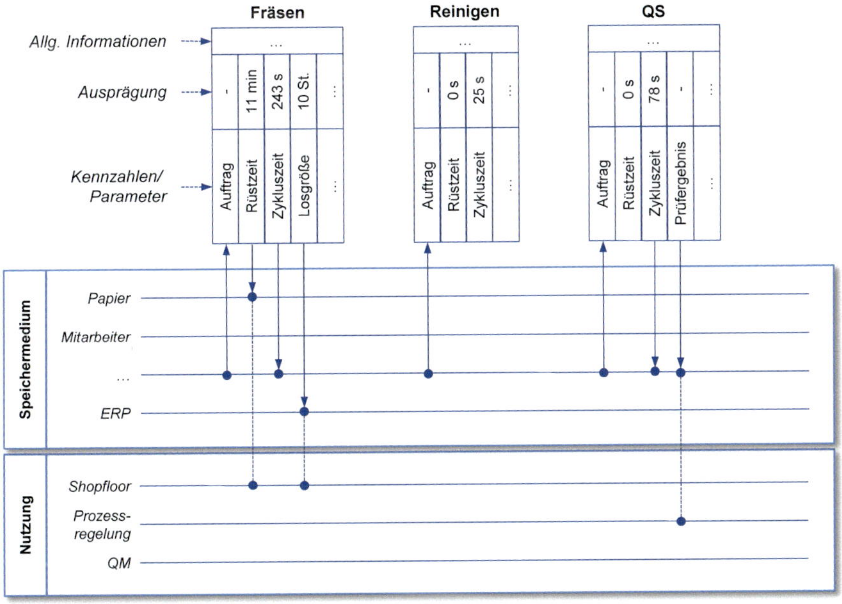

Abbildung 3.2: Exemplarische Abbildung der Wertstromanalyse 4.0 i. A. a. MEUDT ET AL. (Meudt et al. 2017, S. 415)

Prozessmodellierung und -analyse im Kontext von Industrie 4.0 nach LEWIN ET AL. (Lewin et al. 2017, S. 3957 ff.)

Im Rahmen verschiedener Forschungsansätze erfolgen Weiterentwicklungen und Ergänzungen, welche auf dem Vorgehen der Wertstromanalyse 4.0 nach MEUDT ET AL. aufbauen. Hierbei ist insbesondere die Arbeit von LEWIN ET AL. zu nennen, im Zuge derer die bestehende Darstellung um weitere Informationen ergänzt wird. Diese umfassen neben dem Grad der Informationsverarbeitung auch die Art der Informationsübertragung sowie Probleme mit den Daten oder deren Zugänglichkeit. Darüber hinaus werden die Anwendung von Datenverarbeitungssystemen, rein technische Schnittstellen sowie Mensch-Maschine-Schnittstellen berücksichtigt und in der Wertstromabbildung entsprechend dargestellt. In Abhängigkeit von der Informationsflussrichtung sprechen LEWIN ET AL. von Informationsquellen und -senken. (Lewin et al. 2017, S. 3959 f.)

Erweiterte Wertstromanalyse nach BUSERT UND FAY (Busert und Fay 2019, S. 54 ff.)

Basierend auf den Wertstrommodellen nach MEUDT ET AL. und LEWIN ET AL. beziehen BUSERT UND FAY zusätzlich die Relationen zwischen Informationen und Aspekte der Datenqualität in ihre Betrachtung mit ein (Busert und Fay 2019, S. 54). Das beschriebene Vorgehen zur Abbildung des erweiterten Wertstroms lässt sich in den folgenden Schritten zusammenfassen: Nach der klassischen Wertstromanalyse der Materialflüsse erfolgt die Untergliederung des Modells in die drei horizontalen Teilbereiche *Prozess*, *Daten/Informationen* und *Informationsverarbeitung*. Daraufhin werden den einzelnen Informationsströmen die jeweiligen Datenerfassungssysteme und Speichermedien zugeordnet. Abschließend wird das Modell um die Datenqualitätsdimensionen Granularität, Aktualität und Genauigkeit erweitert. Die entsprechende Visualisierung der erweiterten Wertstromanalyse ist in Abbildung 3.3 exemplarisch dargestellt. (Busert und Fay 2019, S. 55 ff.)

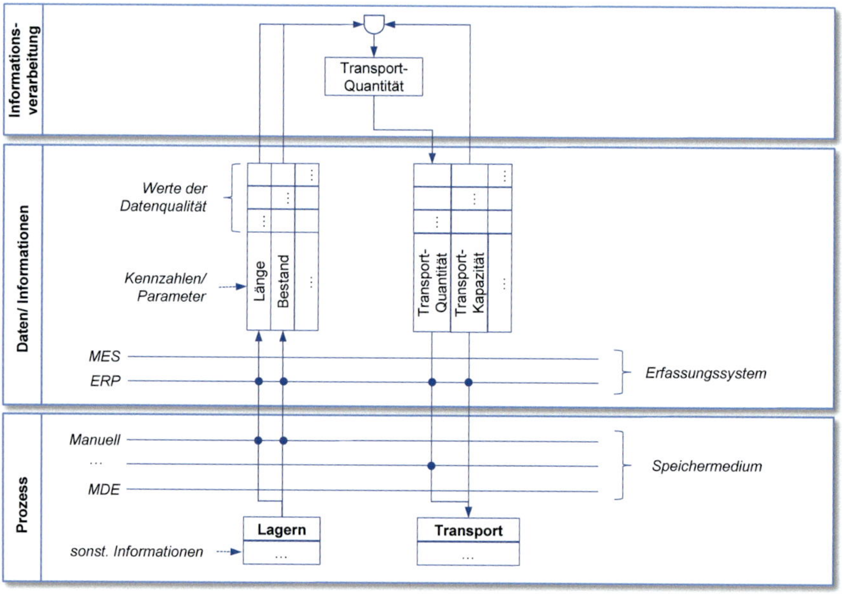

Abbildung 3.3: Erweiterte Wertstromanalyse i. A. a. BUSERT UND FAY (Busert und Fay 2019, S. 58)

Erweiterte Wertstromanalyse nach MARTIN ET AL. (Martin et al. 2020, S. 371 ff.)

MARTIN ET AL. stellen eine Erweiterung der bereits genannten Modellierungsansätze nach MEUDT ET AL. und LEWIN ET AL. vor, um intelligente Fertigungslösungen hinsichtlich ihres Wertes für bestehende Fertigungssysteme und -prozesse bewertbar zu machen (Martin et al.

2020, S. 371). Analog zur klassischen Wertstromanalyse wird der bestehende Wertstrom inklusive prozessschrittspezifischer Charakteristika und Kennzahlen erfasst, allerdings nur innerhalb der funktionalen Dimensionen *Zeit, Qualität, Flexibilität* und *Energie*. Anschließend wird dieser um die vier Teilbereiche *Messungen, Datenerfassung, Cyber-Welt* und *Feedback* ergänzt. Abschließend werden alle Informationsflüsse im Zusammenhang mit dem Fertigungsprozess durch zielgerichtete Pfeile ergänzt. Dabei kennzeichnen ausgefüllte Boxen Informationsquellen, während leere Boxen Informationssenken repräsentieren. (Martin et al. 2020, S. 373 f.)

Modellierung von Informationsströmen nach ROH ET AL. (Roh et al. 2019, S. 1 ff.)

Um Beeinträchtigungen der Leistungsfähigkeit und Effizienz von Produktionssystemen durch Informationsmängel vorzubeugen, beschreiben ROH ET AL. einen strukturierten Ansatz zur Modellierung, Analyse und Verbesserung von Informationsströmen (Roh et al. 2019, S. 1). Zunächst wird der zugrundeliegende Wertstrom inklusive der Supportprozesse erfasst und modelliert. Anschließend erfolgt unter Einsatz von Interviews mit den Prozessverantwortlichen die Aufnahme des Informationsflusses. Im Fokus stehen die Dimensionen Informationsgehalt, -herkunft und -ziel, -medium sowie der Status der Abfrage, der Echtzeitübertragung und der Automatisierungsgrad. In der Folge wird der ermittelte Informationsfluss zwischen den einzelnen Informationsträgern abgebildet. Abschließend erfolgt die Evaluation des Informationsflusses auf Basis definierter Bewertungskriterien. (Roh et al. 2019, S. 5 f.)

Metamodell für Produktionsdaten nach CRAMER ET AL. (Cramer et al. 2021, S. 586 ff.)

Bei der Datenaggregation entlang der Produktionskette gehen noch vor der Anwendung von Data Analytics Methoden häufig begleitende Metainformationen von entscheidender Bedeutung verloren. Mit dem Ziel, diesem Defizit zu begegnen stellen CRAMER ET AL. in ihrer Arbeit ein flexibles und prozessunabhängiges Metamodell (MMPD) zur effizienten Datenintegration für mehrstufige Herstellungsprozesse vor.

Das produktorientierte Modell vereint Prozess- und Metadaten, um ihre wechselseitigen Beziehungen innerhalb des Herstellungsprozesses zu reflektieren. Der durch die Metainformationen zur Verfügung gestellte Kontext soll die automatisierte Datenanalyse für Anwendungen zur Qualitätsprognose in einem unternehmensübergreifenden Umfeld ermöglichen. Das Metamodell wird entsprechend Abbildung 3.4 im Format eines UML-Klassendiagramms vorgestellt und verfügt über 16 Informationsklassen, welche primär über Assoziationen verknüpft sind. (Cramer et al. 2021, S. 586 ff.)

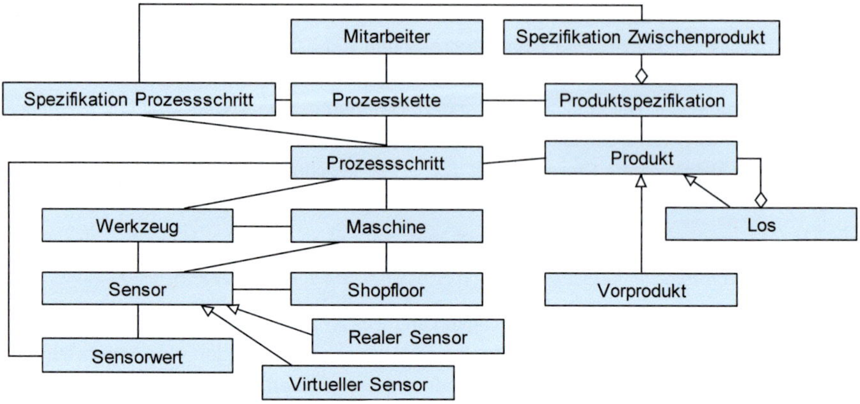

Abbildung 3.4: Klassendiagramm des MMPD i. A. a. CRAMER ET AL. (Cramer et al. 2021, S. 588)

Informationsmodellierung für das Variantenmanagement nach DANTAN ET AL. (Dantan et al. 2008, S. 107 ff.)

DANTAN ET AL. formalisieren in einem Informationsmodell die kausalen Zusammenhänge zwischen den Schlüsselmerkmalen eines Fertigungsprozesses (MPKCs) und den Schlüsselmerkmalen des gefertigten Produkts. Das übergeordnete Ziel ist die strategische Wiederverwendung von Unternehmenswissen in Bezug auf die Kausalitäten um z. B. ein bestimmtes Qualitätsniveau gewährleisten zu können. Die identifizierten Merkmale wie Produkt- und Prozesscharakteristika und ihre Beziehungen werden ebenfalls in einem Klassendiagramm dargestellt. (Dantan et al. 2008, S. 107 ff.)

Metamodell von Produktionssystemen nach REHM ET AL. (Rehm et al. 2010, S. 1 ff.)

REHM ET AL. liefern einen Beitrag zur Schaffung einer effizienten und flexibel einsetzbaren Simulationsumgebung für die Planung logistischer Prozesse und Produktionssysteme. Im Zentrum der diesbezüglich geschaffenen informationstechnischen Architektur steht ein Metamodell zur methodischen Unterstützung der deskriptiven Abbildung und Modellierung diskreter Prozesse einschließlich der gegenseitigen Abhängigkeiten. Die strukturelle Abbildung des Metamodells der Produktionsdomäne erfolgt im Rahmen eines Klassendiagramms mit 19 Informationsklassen. Diese umfassen u. a. die Klassen Prozess, Maschine, Mitarbeiter und Werkstück. (Rehm et al. 2010, S. 1 ff.)

Informationsmodellierung des Fertigungsprozesses nach YANG ET AL. (Yang et al. 2018, S. 1579 ff.; Yang et al. 2016, S. 332 ff.)

Die Autoren bezeichnen die Informationsintegration und -interoperabilität zwischen verschiedenen Softwaresystemen als elementar für eine intelligente fertigungstechnische Umsetzung sowie das Produktlebenszyklusmanagement. Mit dem Ziel diese Interoperabilität zu verbessern stellen YANG ET AL. eine Methodik zur Verwendung von Metamodellen als Grundlage für die Informationsmodellierung des Fertigungsprozesses vor. Das entwickelte „Manufacturing Process Information Metamodel“ (MPIMM), welches aus Objektklassen, Beziehungsklassen und Beziehungen besteht, definiert die Informationen und Beziehungen von Prozessen, Bearbeitungen, Ressourcen und gefertigten Produkten. Das MPIMM wird als UML-Klassendiagramm strukturiert, wobei die Semantik der Prozesselemente und ihrer Attribute unter Bezugnahme auf die Prozessspezifikationssprache definiert wird. (Yang et al. 2018, S. 1579 ff.; Yang et al. 2016, S. 332 ff.)

3.2.2 Zwischenfazit

Im Folgenden werden die Ansätze zur Modellierung von Informationen im Produktionskontext hinsichtlich ihres Beitrags zur Zielstellung dieser Arbeit analysiert und qualitativ bewertet. Die Grundlage der Bewertung bilden die in Kapitel 3.1.1 formulierten übergeordneten Anforderungen sowie die in Kapitel 3.1.2 beschriebenen individuellen Anforderungen des Untersuchungsschwerpunkts, welche sich auf die Modellierung produktionsspezifischer Informationen als Teil der Lösungshypothese beziehen.

Wie in Tabelle 3.1 dargestellt wird der *Produktionsprozess* teilweise im Betrachtungsbereich der vorgestellten Ansätze abgebildet. So tangiert der Betrachtungsbereich der Ansätze zur erweiterten Wertstromanalyse den Produktionsprozess zwar, richtet den Betrachtungsfokus jedoch nicht auf die vollumfängliche Abbildung von ebenjenem. Die teilweise abstrakteren Ansätze zur Informationsmodellierung weisen dagegen eine stärkere Ausrichtung auf die Abbildung von Objekten des Produktionsprozesses auf.

Hinsichtlich des Betrachtungsobjektes *Betriebsdaten* lässt sich festhalten, dass die in den vorgestellten Ansätzen modellierten Informationen zu großen Teilen auf den erfassten Betriebsdaten basieren, diese aber nicht das primäre Betrachtungsobjekt darstellen.

In Bezug auf den Analysefokus dieser Arbeit, die *Vollständigkeit von Informationen*, bestehen ansatzübergreifend große Defizite in der Erfüllung der Anforderung. So wird die Vollständigkeit der erfassten Informationen in den Ansätzen zur erweiterten Wertstromanalyse marginal mitbetrachtet, andere Ansätze sehen von einer Berücksichtigung ab.

Ein ähnliches Bild zeichnet sich für den Analysekontext der *Fehlerprädiktion*. Auch wenn teilweise Informationen modelliert werden, welche über Relevanz für die Fehlerprädiktion verfügen, stellt diese nicht den primären Analysekontext dar. Die Ausnahme bildet der Ansatz nach CRAMER ET AL., dessen Zielstellung die Befähigung zur datenbasierten Qualitätsprognose in einem unternehmensübergreifenden Umfeld ist (Cramer et al. 2021, S. 586 ff.).

Hinsichtlich der *Interpretierbarkeit* erweisen sich der Ansatz zur Wertstromanalyse 4.0 nach MEUDT ET AL. sowie die darauf aufbauenden Ansätze als besonders leicht interpretierbar für Anwender ohne ausgeprägte informationstechnische Vorkenntnisse (Meudt et al. 2017, S. 413 ff.). Begründet ist dies durch den direkten Prozessbezug der Visualisierung und dem damit verbundenen geringen Abstraktionsgrad.

Auch in Bezug auf die *Spezifikation der Datenquellen* weisen die Ansätze zur erweiterten Wertstromanalyse einen höheren Erfüllungsgrad auf. Defizite liegen jedoch im geringen Detaillierungsgrad, mit welchem die Datenquellen bei der Modellierung berücksichtigt werden.

Tabelle 3.1: Vergleich bestehender wissenschaftlicher Ansätze zur Informationsmodellierung im Produktionskontext

	Übergeordnete Anforderungen				Individuelle Anforderungen	
	Produktionsprozess	Betriebsdaten	Vollständigkeit von Informationen	Fehlerprädiktion	Interpretierbarkeit	Spezifikation der Datenquellen
BUSERT UND FAY ('19)	◑	◕	◔	○	◕	◑
CRAMER ET AL. ('21)	◕	◕	○	●	◑	○
DANTAN ET AL. ('08)	◑	◑	○	◔	◔	○
LEWIN ET AL. ('17)	◑	◕	◔	◔	●	◑
MARTIN ET AL. ('20)	◑	◕	◔	◔	●	◑
MEUDT ET AL. ('16)	◑	◕	◔	◔	●	◑
REHM ET AL. ('10)	◕	◑	○	◔	◑	○
ROH ET AL. ('19)	◑	◑	◔	○	◕	◑
YANG ET AL. ('18)	◕	◕	○	◔	◑	◔

Legende

nicht erfüllt ○ ←——→ ● vollumfänglich erfüllt

3.3 Identifikation von Fehlereinflussgrößen

Im folgenden Abschnitt werden die für diese Arbeit relevanten, mit der Identifikation von Fehlereinflussgrößen verwandten Ansätze vorgestellt und bewertet. Hierzu werden in Kapitel 3.3.1 diagnostische Methoden der Fehlerursachenanalyse vorgestellt, bei welcher ausgehend von einem Fehlerbild einer Kausalverkettung nachgegangen wird, um potenzielle Fehlerursachen bzw. -einflussgrößen aufzudecken. Anschließend werden diese Ansätze auf Basis der formulierten übergeordneten und individuellen Anforderungen des Untersuchungsschwerpunkts in Kapitel 3.3.2 qualitativ bewertet und hinsichtlich ihres Beitrags zur Zielstellung dieser Arbeit diskutiert.

3.3.1 Diagnostische Methoden der Fehlerursachenanalyse

Ursache-Wirkungs-Diagramm nach ISHIKAWA (Ishikawa 1989, S. 229 f.)

Als eine der gängigsten Methoden sind das *Ursache-Wirkungs-Diagramm* nach KAORU ISHIKAWA zu nennen (Ishikawa 1989, 229 f.). Aufgrund des optischen Eindrucks, welcher infolge des strukturierten Aufbaus entsteht, wird das Ursache-Wirkungs-Diagramm häufig auch als Fischgräten-Diagramm bezeichnet. Im Rahmen der Methode werden Haupt- und Nebenursachen eines Fehlers (oder einer Fehlerfolge) strukturiert erfasst und visualisiert (Schmidt 2009, S. 312). Dementsprechend liegen in der Regel viele mögliche Ursachen vor, die zu einem Fehler führen können (Schmitt und Pfeifer 2015, S. 522). Abbildung 3.5 veranschaulicht ein beispielhaftes Ursache-Wirkungs-Diagramm, welches bereits durch die klassischen Haupteinflussgrößen in der Produktionstechnik, wie Material, Mensch, Maschine etc., ergänzt wurde.

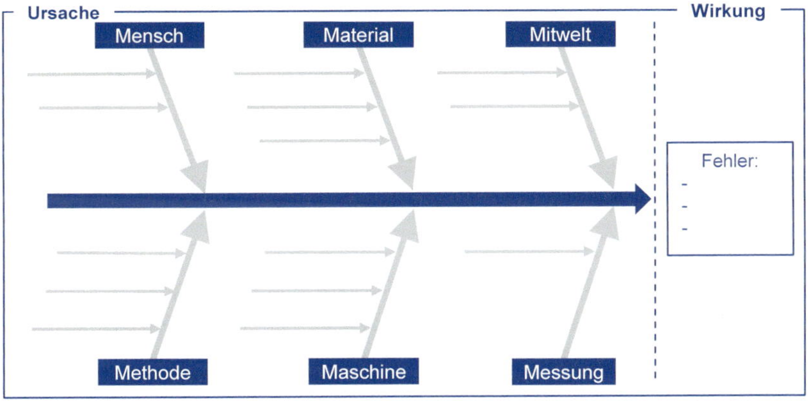

Abbildung 3.5: Beispielhaftes Ursache-Wirkungs-Diagramm

Cause-and-Effect-Matrix

Darauf aufbauend bietet die *C&E-Matrix* (engl. Cause-and-Effect-Matrix) eine strukturierte Vorgehensweise, welche zusätzlich bei der Priorisierung der (potenziellen) Relevanz von Prozesseinflussgrößen helfen kann (Breyfogle 2003, S. 356). Auf Basis des Erfahrungswissens ausgewählter Teilnehmer erfolgt die Priorisierung der Inputvariablen nach deren Wichtigkeit in Bezug auf die Zielgröße (z. B. Fehler oder Fehlerfolge) und damit auf den Output des Prozesses (Breyfogle 2003, S. 356; Melzer 2015, 152 f.). Das Ergebnis der C&E-Matrix wird anschließend häufig als Basis für die darauffolgende Datenerhebung genutzt (Melzer 2015, S. 152). Zur Erstellung der in Abbildung 3.6 dargestellten C&E-Matrix beschreibt Breyfogle das folgende Vorgehen (Breyfogle 2003, S. 356 f.):

1. Horizontale Auflistung der für den Kunden wichtigsten Outputvariablen des Prozesses.
2. Zuweisung von Prioritätsnummern für jede Outputvariable, wobei höhere Nummern eine höhere Priorität repräsentieren (z. B. Werte von 1 bis 10).
3. Vertikale Auflistung aller relevanten Inputvariablen des Prozesses, welche über einen potenziellen Einfluss auf die Outputvariablen verfügen.
4. Expertenbasierte Einschätzung (Konsens) bezüglich der Effektstärke von Inputvariablen auf die Outputvariablen (z. B. mittels der Stufen 0, 1, 3 und 9).
5. Ermittlung des Ergebnisses für jede Inputvariable, indem die Outputpriorität mit der Effektstärke multipliziert und anschließend diese Produkte addiert werden.

6. Die Inputvariablen werden anhand der Ergebnisse und/oder des Prozentsatzes der Gesamtberechnung priorisiert.

Beispielprozess		Outputvariablen				
		Output 1	Output 2	Output 3	Kundenanforderungen	
		3	2	9	Priorität	
Prozessschritt	**Inputvariablen**	**Effektstärke Input / Output**			**Ergebnis**	**Prozentsatz**
Schritt 1	**Input 1.1**	1	2	1	**16**	**6,4 %**
Schritt 1	**Input 1.2**	2	9	9	**105**	**42,0 %**
Schritt 2	**Input 2**	5	4	2	**41**	**16,4 %**
Schritt 3	**Input 3**	0	3	1	**15**	**6,0 %**
Schritt 4	**Input 4.1**	2	9	3	**51**	**20,4 %**
Schritt 4	**Input 4.2**	3	2	1	**22**	**8,8 %**
				Summe	**250**	**100 %**

Abbildung 3.6: Exemplarische Anwendung der C&E-Matrix

Multiple Cause Diagram

Die Methode des *Multiple Cause Diagram* ist ein weiterentwickeltes Verfahren zur Identifikation der Hauptursachen von Problemstellungen, welches auf dem Causal Loop Diagramm aus dem Bereich der System Dynamics basiert (Sterman 2000). Während das Ishikawa-Diagramm streng hierarchisch top-down einzelne Ursache-Wirkungsbeziehungen analysiert, erlaubt das Verfahren sowohl Wechsel- als auch Zirkelbeziehungen. Von der Formulierung des Problems bzw. Fehlers ausgehend werden primäre Ursachen benannt und um das Problemfeld herum notiert und mit Pfeilen verbunden. Im Zuge des weiteren Vorgehens werden dann sowohl weitere, tiefer liegende Ursachen hinzugefügt als auch weitere Einflüsse zwischen den Elementen identifiziert und visualisiert. (Burge 2013, S. 1 ff.)

5-W-Methode nach TOYODA SAKICHI (Ōno und Bodek 2008)

Die *5-W-Methode* (engl. 5-Why-Method) beschreibt eine systematische Vorgehensweise des Qualitätsmanagements zur Bestimmung von Ursache-Wirkungs-Beziehungen. Durch Anwendung der fünf „Warum?“ Fragen soll die zugrundeliegende elementare Ursache eines Fehlers bestimmt werden (vgl. Kapitel 2.3.3). Die Anzahl der Nachfragen („Warum?“) ist nicht auf fünf begrenzt. Es wird so lange nachgehakt, bis die elementare Fehlerursache eindeutig identifiziert ist und nicht mehr weiter aufteilbar ist. Eine Möglichkeit dies zu überprüfen ist die umgekehrte Formulierung des Kausalzusammenhangs. (Serrat 2017, S. 308 f.; Fantin 2014)

Fehlermöglichkeits- und einflussanalyse

Die FMEA (engl. Failure Mode and Effects Analysis) ist eine vor allem in der Automobilindustrie weit verbreitete analytische Methode, mittels derer potenzielle Fehler bereits vor ihrem Auftreten ermittelt, deren Risiken bewertet und deren Ursachen durch geeignete Maßnahmen präventiv abgestellt werden können (McDermott et al. 2009, S. 1; Deutsche Gesellschaft für Qualität 2012, S. 19). Nach Definition eines einheitlichen Standards für die Durchführung der FMEA durch die AIAG und den VDA umfasst das Vorgehen die insgesamt sieben Schritte

Planung und Vorbereitung, Strukturanalyse, Funktionsanalyse, Fehleranalyse, Risikoanalyse, Optimierung und Ergebnisdokumentation (AIAG und VDA 2019) Im Kontext dieser Arbeit ist insbesondere die sog. Prozess-FMEA zu nennen, deren Fokus auf der Analyse potenzieller Fehlerursachen in Fertigungs- und Montageprozessen liegt (Deutsche Gesellschaft für Qualität 2012, S. 42). Durch diese wird auf Basis von Expertenwissen der kausale Zusammenhang zwischen dem Fehler (Produktmerkmal) und der Fehlerursache (Prozessparameter) analysiert und qualitativ bewertet.

Fehlerbaumanalyse

Die Fehlerbaumanalyse (engl. Fault Tree Analysis – FTA) beschreibt ein methodisches Werkzeug zur systematischen Identifikation möglicher Ursachen eines unerwünschten Ereignisses, wie dem Ausfall eines Systems oder dem Auftreten eines Fehlers. Im qualitativen Teil der FTA werden ausgehend von einem definierten Systemzustand (z. B. Systemausfall) in einem Top-Down Ansatz alle Ereigniskombinationen bis zu den zugehörigen Basisereignissen identifiziert, welche zu ebenjenem Systemzustand führen. Durch die Modellierung der Ereigniskombinationen wird eine Baumstruktur (Fault Tree) unter Verwendung logischer Verknüpfungen geschaffen. Im darauffolgenden quantitativen Teil der FTA werden die identifizierten Basisereignisse mit Eintrittswahrscheinlichkeiten belegt und nachfolgend für die Verzweigungen der Baumstruktur sowie das sog. Top-Event (der definierte Systemzustand) berechnet. Sowohl dem qualitativen als auch dem quantitativen Teil der FTA liegt entsprechendes Expertenwissen zugrunde. (Bertsche und Lechner 2004, S. 160 ff.; Edler et al. 2015, S. 17 ff.)

Cause and Effect Chains Analysis

Die *Cause and Effect Chains Analysis (CECA)* bezeichnet ein Werkzeug zur Aufdeckung von zugrundeliegenden Kernproblemen im Rahmen von TRIZ, einer auf der Theorie der erfinderischen Problemlösung basierenden Methodik. Ähnlich der Fehlerbaumanalyse wird im Rahmen der CECA ein Top-Down Ansatz verfolgt, um die Hauptursachen eines definierten Ereignisses (z. B. Auftreten eines Fehlers) zu identifizieren. (Abramov 2015, S. 290 ff.; Cameron 2010, S. 4)

Das systematische Vorgehen sieht die Platzierung des Zielproblems in einer sog. Ereignis-Box vor. Ausgehend von dieser Box werden mittels Funktionsanalysen, Ablaufanalysen und Brainstormings mögliche Ursachen für den Eintritt dieses Ereignisses ermittelt. Hierdurch werden deduktiv weitere Ereignis-Boxen abgeleitet. Für jede Box wird das Verfahren bis zur Identifikation der Hauptursachen angewendet, wobei die logischen Verknüpfungen UND und ODER eingesetzt werden. (Dobrusskin 2016, S. 222; Abramov 2015, S. 290 f.) Nach ABRAMOV bestehen die Vorteile der CECA gegenüber einer klassischen Fehlerursachenanalyse (z.B. mit Hilfe eines Fehlerbaums) u. a. in einer flexibleren Auflösung der Analyse sowie der Fähigkeit „versteckte Ursachen" zu identifizieren (Abramov 2015, S. 293).

Root Conflict Analysis

Die von SOUCHKOV entwickelte *Root Conflict Analysis (RCA+)* zielt darauf ab, die Ursachenanalyse nach CECA um die Möglichkeit zu erweitern, Widersprüche innerhalb der Modellierung zu formulieren (Dobrusskin 2016, S. 222). Dabei ist das Top-Down Vorgehen bei der

Anwendung der RCA+ größtenteils analog zur Anwendung der CECA. Während sich ein Großteil der Techniken zur Ursachenanalyse auf die Frage nach dem „Warum?“ stützt, wird im Rahmen der RCA+ die Frage "Was ist eine Ursache (für die unerwünschte Wirkung)?", oder "Was verursacht (die unerwünschte Wirkung)?" gewählt, um Mehrdeutigkeiten zu vermeiden (Souchkov 2017, S. 12). Die RCA+ zielt zur Modellierung der Realität ausschließlich auf die Ermittlung physikalischer Ursachen ab (Souchkov 2017, S. 12). In Bezug auf die grafische Darstellung besteht die Erweiterung gegenüber der CECA darin, dass die Ereignis-Boxen zusätzlich eine wertende Einordnung erhalten. Alle negativen Ursachen werden mit einem Minuszeichen (-) und alle positiven Wirkungen mit einem Pluszeichen (+) gekennzeichnet. Ursachen, die sowohl positive als auch negative Auswirkungen haben, werden als Widersprüche mit einem kombinierten Plus-Minus-Zeichen (+/-) gekennzeichnet. (Souchkov 2005, S. 4)

3.3.2 Zwischenfazit

Die vorgestellten diagnostischen Methoden zur systematischen Identifikation von Fehlereinflussgrößen werden im Folgenden hinsichtlich ihres Beitrags zur Zielstellung dieser Arbeit analysiert und qualitativ bewertet. Die Grundlage der Bewertung bilden die in Kapitel 3.1.1 formulierten übergeordneten Anforderungen sowie die in Kapitel 3.1.3 beschriebenen individuellen Anforderungen des Untersuchungsschwerpunkts, welche sich auf die Identifikation von Fehlereinflussgrößen als Teil der Lösungshypothese beziehen.

Wie in Tabelle 3.2 dargestellt ist der Betrachtungsbereich des mehrheitlichen Teils der Ansätze nicht explizit auf den *Produktionsprozess* ausgerichtet. Ausnahmen bilden das Ishikawa-Diagramm, die C&E-Matrix und die (Prozess-)FMEA, deren Einsatz in der Praxis überwiegend unter Betrachtung eines Produktionsprozesses erfolgt.

Der bewussten Auswahl der vorgestellten Ansätze entsprechend spielen *Betriebsdaten* als Betrachtungsobjekt keine Rolle, was sich bei der Analyse im geringen Erfüllungsgrad der Anforderung widerspiegelt.

Ein ähnliches Bild zeichnet die Untersuchung der Ansätze hinsichtlich der *Vollständigkeit von Informationen*. Zwar zielen die vorgestellten Methoden auf eine möglichst vollständige Betrachtung potenzieller Fehlereinflussgrößen, die Vollständigkeit der relevanten Informationen bilden jedoch nicht den eigentlichen Analysefokus.

Hinsichtlich des Analysekontexts der *Fehlerprädiktion* weisen die untersuchten Ansätze ebenfalls übergreifend einen geringen Erfüllungsgrad auf. So eignen sich die im Zuge der Methodenanwendung identifizierten Fehlereinflussgrößen neben der Prävention durch geeignete Maßnahmen als Basis für die Datenauswahl und prädiktive Modellierung. Diese bildet aber nicht den eigentlichen Analysekontext ab.

Aufgrund der gezielten Auswahl weisen alle vorgestellten diagnostischen Methoden einen hohen Erfüllungsgrad hinsichtlich der *Nutzung von Wissen* im Allgemeinen und fehlerbezogenem Expertenwissen im Besonderen auf. Die Nutzung von Expertenwissen zur Identifikation potenzieller Fehlereinflussgrößen und die damit verbundene Formalisierung ebenjenes Wissens bilden damit das zentrale Element der vorgestellten Ansätze.

Darüber hinaus bestehen große Unterschiede in der Fähigkeit der Methoden, die identifizierten potentiellen Einflussgrößen mit einer entsprechenden *Gewichtung* zu versehen. Die C&E-Matrix erlaubt dem Anwender die quantitative Priorisierung der Einflussgrößen in Bezug auf deren Relevanz für die Zielgröße (z. B. Fehler oder Fehlerfolge) (Breyfogle 2003, S. 356 f.). Hervorzuheben ist darüber hinaus die (Prozess-)FMEA, im Rahmen derer Entdeckungsfähigkeit und Auftretenswahrscheinlichkeit der Fehlerursache bewertet werden. Zuletzt ist die Fehlerbaumanalyse zu nennen, in deren quantitativem Teil identifizierte Basisereignisse mit Eintrittswahrscheinlichkeiten belegt und somit einer Gewichtung unterzogen werden (Bertsche und Lechner 2004, S. 160 ff.).

Die Funktionalität zur Gruppierung von Einflussgrößen im Sinne von ursachenbezogenen *Informationsklassen* ist im Rahmen der vorgestellten Methoden unterschiedlich stark ausgeprägt. Hauptsächlich erfolgt jedoch eine Unterscheidung in Haupt- und Nebenursachen und damit keine detailliertere Gruppierung in kontextbezogene Informationsklassen.

Tabelle 3.2: Vergleich der vorgestellten diagnostischen Methoden zur Identifikation von Fehlereinflussgrößen

	Übergeordnete Anforderungen					Individuelle Anforderungen	
	Produktionsprozess	Betriebsdaten	Vollständigkeit von Informationen	Fehlerprädiktion	Nutzung Expertenwissen	Gewichtung	Informationsklassen
5-Why-Methode	◔	○	◔	○	●	○	○
C&E-Matrix	◕	○	◔	◔	●	◕	◔
Cause and Effect Chains Analysis	◔	○	◔	◔	●	◔	◑
Fehlerbaumanalyse	◔	○	◔	◑	●	◕	◑
Fehlermöglichkeits- und einflussanalyse	◕	○	◔	◑	●	◑	◑
Ishikawa-Diagramm	◕	○	◔	◔	●	○	◑
Multiple Cause Diagram	◔	○	◔	◔	●	◔	◔
Root Conflict Analysis	◔	○	◔	◔	●	◑	◑

Legende

nicht erfüllt ○ ←——→ ● vollumfänglich erfüllt

3.4 Quantifizierung der Vollständigkeit von Daten

Wie einleitend in Kapitel 2.1.5 beschrieben lässt sich Daten- bzw. Informationsqualität als Obermenge von Datenqualitätsmerkmalen (sog. Dimensionen) verstehen, zu deren Evaluierung Metriken benötigt werden. Diese Metriken beinhalten messbare Größen, mittels derer eine quantitative Aussage über die Datenqualität getroffen werden kann. (Hildebrand et al. 2015, S. 88) Für die im Rahmen dieser Arbeit fokussierte kontextbezogene Dimension der *Vollständigkeit* existieren eine Vielzahl unterschiedlicher und teilweise aufeinander aufbauender Metriken. Nachfolgend wird in Kapitel 3.4.1 ein Auszug relevanter Metriken zur Quantifizierung der Vollständigkeit von Daten und der darin enthaltenen Informationen vorgestellt. Anschließend erfolgt im Rahmen des Zwischenfazits in Kapitel 3.4.2 eine qualitative Bewertung dieser Auswahl auf Basis der übergeordneten und individuellen Anforderungen des Untersuchungsschwerpunkts.

3.4.1 Vorstellung von Metriken zur Bewertung der Vollständigkeit

Bewertung der Vollständigkeit nach Bobrowski et al. (Bobrowski et al. 1999)

Im Rahmen ihrer Arbeit nutzen Bobrowski et al. die Applikation traditioneller Software-Metriken nach dem Prinzip der Goal Question Metric (GQM) zur Bestimmung der Datenqualität. Hierzu werden charakteristische Dimensionen der Datenqualität in *direkt* und *indirekt* messbare Dimensionen aufgeteilt. Zur Bewertung der Vollständigkeit eines definierten Datensatzes erhält jeder Nutzer ein Datenerfassungsformular. In diesem hält der Nutzer alle Informationen fest, welche er im gegebenen Kontext für relevant hält. Anschließend wird die Datenbank dahingehend geprüft, ob die vorliegenden Daten die relevanten Informationen enthalten. (Bobrowski et al. 1999, S. 117 ff.)

Auf dieser Basis wird die prozentuale Vollständigkeit wie folgt quantifiziert (Bobrowski et al. 1999, S. 121):

$$\frac{Anzahl\ der\ nicht\ in\ der\ Datenbank\ gespeicherten\ Daten \times 100}{Anzahl\ der\ relevanten\ Daten} \tag{3.1}$$

Bewertung der Vollständigkeit nach Hinrichs (Hinrichs 2002)

Metriken zur Quantifizierung der Vollständigkeit nach Hinrichs sind auf ein Intervall]0,1] normiert und wurden zur besseren Skalierbarkeit im Kontext von Data Warehousing-Systemen für vier unterschiedliche Granularitätsebenen entwickelt. Dabei bauen Metriken der Attributwert-, Tupel-, Relationen- und Datenbankebene nach dem Bottom-up Prinzip aufeinander auf. Dem liegt die Bewertung der Vollständigkeit „über das (Nicht-)Vorhandensein eines semantisch von unbekannt (Null) abweichenden Wertes pro Tupelattribut" zu Grunde. (Hinrichs 2002, S. 69 ff.)

Demnach wird auf Attributebene mit w als Attributwert folgende Metrik definiert (Hinrichs 2002, S. 76):

$$Q_{Vollst.}(w) := \begin{cases} 0 & falls\ w = NULL\ oder\ w\ zu\ NULL\ (semantisch)\ \ddot{a}quivalent \\ 1 & sonst \end{cases} \tag{3.2}$$

Darauf aufbauend werden die Metriken für die Tupelebene ($Q_{Voll.}(t)$), die Relationenebene ($Q_{Voll.}(T)$) und die Datenbankebene ($Q_{Voll.}(D)$) gebildet. Dabei sei t ein Tupel mit Attributwerten $t.A_1, \ldots, t.A_n$ für Attribute $A_1, \ldots, A_n$, T sei eine (nicht-leere) Relation und D sei eine Datenbank. Die von einem Domänenexperten zu bestimmende relative Wichtigkeit g_j ist als Parameter der Metrik zu verstehen, der in Abhängigkeit des Anwendungsfalls zu spezifizieren ist: (Hinrichs 2002, S. 76 f.)

$$Q_{Voll.}(t) := \frac{\sum_{j=1}^{n} Q_{Voll}(t.A_j)g_j}{\sum_{j=1}^{n} g_j} \tag{3.3}$$

$$Q_{Voll.}(T) := \frac{\sum_{i=1}^{|T|} Q_{Voll.}(t_i)}{|T|} \tag{3.4}$$

$$Q_{Voll.}(D) := \frac{\sum_{K=1}^{p} Q_{Voll.}(T_k)}{p} \tag{3.5}$$

Bewertung der Vollständigkeit nach SCANNAPIECO ET AL. (Scannapieco et al. 2005)

SCANNAPIECO ET AL. geben in ihrer Arbeit einen Überblick über verschiedene mehrdimensionale Bewertungsansätze in Bezug auf die Datenqualität (Scannapieco et al. 2005, S. 6). Im Zuge dessen wird die Dimension der Vollständigkeit definiert und eine entsprechende Metrik vorgestellt. Ähnlich wie Hinrichs verfolgen die Autoren einen Bewertungsansatz der verschiedene Granularitätsebenen berücksichtigt, welche sich jedoch in ihrem Aufbau unterscheiden. Demnach lässt sich die Vollständigkeit in Wert-, Attribut-, Tupel- und Relationen-Vollständigkeit untergliedern. Diese sind nach SCANNAPIECO ET AL. wie folgt spezifiziert: (Scannapieco et al. 2005, S. 8)

- *Wert-Vollständigkeit:* Erfassen des Auftretens von Nullwerten für einige Attribute von Tupeln.
- *Tupel-Vollständigkeit:* Charakterisieren der Vollständigkeit eines ganzen Tupels in Bezug auf die Werte aller Attribute.
- *Attribut-Vollständigkeit:* Messen der Anzahl an Nullwerten eines Attributs in einer Relation.
- *Relationen-Vollständigkeit:* Erfassen des Auftretens von Nullwerten in der gesamten Relation.

Bewertung der Vollständigkeit nach BLAKE UND MANGIAMELI (Blake und Mangiameli 2011)

Ebenfalls mit Bezug auf Data Warehousing-Systeme als Ausgangspunkt für Data Mining Operationen untersuchten BLAKE UND MANGIAMELI im Kontext einer Studie u. a. die DQ-Dimension der Vollständigkeit (Blake und Mangiameli 2011, S. 1). Hierbei wird ein Wert als unvollständig bezeichnet, wenn … (Blake und Mangiameli 2011, S. 4):

- ... dieser einen in der realen Welt unbekannten Wert darstellt.
- ... dieser einen fehlenden Wert darstellt.
- ... es sich um einen Wert handelt, der noch in einer Datenbank eingepflegt werden muss.

Ein unvollständiger Dateneintrag wird dann mit dem Wert „Null“ gekennzeichnet. Die Anzahl der Tupel mit Nullwerten wird als M_T bezeichnet, während die Gesamtzahl der Tupel als N_K bezeichnet wird. Die Metrik zur Bewertung der Vollständigkeit K demnach wie folgt definiert: (Blake und Mangiameli 2011, S. 4)

$$K = 1 - \frac{M_T}{N_K} \tag{3.6}$$

Bewertung der Vollständigkeit nach ZHANG ET AL. (Zhang et al. 2019)

Basierend auf der Theorie der Semiotik sowie den Dimensionen der Datenqualität entwickelten ZHANG ET AL. einen Ansatz zur Identifikation von Datenqualitätsproblemen (Zhang et al. 2019, S. 575). In Bezug auf die Bewertung der DQ-Dimension Vollständigkeit unterscheiden die Autoren zwischen obligatorischen (*mandatory*) und optionalen (*optional*) Attributen (Zhang et al. 2019, S. 578):

- *Vollständigkeit obligatorischer Attribute*: Die Attribute, die für eine vollständige Darstellung einer Entität der realen Welt erforderlich sind, müssen Werte enthalten und können nicht „Null“ sein.
- *Vollständigkeit optionaler Attribute*: Optionale Attribute sollten keine ungültigen „Null“-Werte enthalten.

Um die Vollständigkeit obligatorischer Attribute zu bestimmen, werden diese folglich alle auf „Null“-Werte geprüft. Die Untersuchung bezüglich der Vollständigkeit optionaler Attribute bezieht sich auf die Identifizierung von „Null“-Werten für alle Attribute, die im vorhergehenden Schritt nicht überprüft wurden. (Zhang et al. 2019, S. 586)

Bewertung der Vollständigkeit nach PIPINO ET AL. (Pipino et al. 2002)

Aufbauend auf den DQ-Dimensionen nach WANG UND STRONG definieren PIPINO ET AL. grundlegende Prinzipien, die Organisationen bei der Entwicklung nutzbarer Metriken zur Bewertung der Datenqualität unterstützen sollen (Pipino et al. 2002, S. 211). In diesem Kontext wird die DQ-Dimension der Vollständigkeit aus drei unterschiedlichen Perspektiven betrachtet, was wiederum zu unterschiedlichen abstrakten Metriken führt (Pipino et al. 2002, S. 213):

- *Schema-Vollständigkeit*: Grad, zu welchem Entitäten und Attribute im Schema nicht fehlen
- *Spalten-Vollständigkeit*: Grad, zu welchem Werte in einer Tabellenspalte nicht fehlen
- *Populations-Vollständigkeit:* Grad, zu welchem Werte zu relevanten Informationen nicht fehlen

Unabhängig vom Abstraktionslevel lässt sich die Vollständigkeit für alle drei Metriken wie folgt berechnen (Pipino et al. 2002, S. 213):

$$1 - \frac{Anzahl\ unvollständiger\ Items}{Gesamtzahl\ der\ Items} \tag{3.7}$$

Bewertung der Vollständigkeit nach SERHANI ET AL. (Serhani et al. 2016)

In ihrer Arbeit stellen SERHANI ET AL. einen hybriden Ansatz zur Qualitätsbewertung entlang der „Big Data Value Chain" vor. Unter Berücksichtigung des Fokus auf große Datenmengen („Big Data") umfasst dieser neben der Bewertung der Datenqualität selbst auch die Bewertung der Prozessqualität, mit welcher die Daten verarbeitet werden. (Serhani et al. 2016, S. 418) In Bezug auf die Datenqualität definieren die Autoren die Vollständigkeit ($CMPM_a$) als das Verhältnis der Anzahl der Leer- oder „Null"-Werte zur Gesamtzahl der Werte (Serhani et al. 2016, S. 420):

$$CMPMa = \frac{numOfEmptyValues}{totalValues} \tag{3.8}$$

Bewertung der Vollständigkeit nach EICKELMANN ET AL. (Eickelmann et al. 2019)

EICKELMANN ET AL. stellen im Rahmen ihrer Arbeit ein Bewertungsmodell zur Analyse der Datenreife vor. Ziel ist die Herleitung eines Reifegrads der Datenqualität für die Anwendung maschineller Lernverfahren in der industriellen Produktion. (Eickelmann et al. 2019, S. 29) Zu den definierten Kriterien gehört u. a. die Bewertung der Vollständigkeit des Datensatzes, durch welche evaluiert wird „inwieweit alle relevanten und potenziell vorhandenen Merkmale aufgenommen werden" (Eickelmann et al. 2019, S. 31).

Die Einstufung des Reifegrads der Vollständigkeit erfolgt kontextbezogen in Abhängigkeit des jeweiligen Anwendungsfalls anhand der folgenden Bewertungsdimensionen (Eickelmann et al. 2019, S. 30):

- *Reifegradstufe 1:* Einseitige und unvollständige Erfassung von Merkmalen
- *Reifegradstufe 2:* Erfassung wesentlicher Merkmale
- *Reifegradstufe 3:* Erfassung der als relevant geltenden Merkmale
- *Reifegradstufe 4:* Erfassung aller relevanten und (un-)beeinflussbaren Merkmale

Bewertung der Vollständigkeit nach SCHLEGEL ET AL. (Schlegel et al. 2020)

Im Rahmen ihres Forschungsansatzes entwickelten SCHLEGEL ET AL. eine siebenphasige Methodik zur Bewertung der Dateneignung für die Fehlerprognose in verketteten Produktionsschritten. Neben den Kriterien Relevanz, Umfang, Zugänglichkeit und Interpretierbarkeit wird die Vollständigkeit der verfügbaren Datenbasis bewertet. *(Schlegel et al. 2020, S. 170 ff.)*

Im Zuge dieser Vollständigkeitsbewertung werden vorhandene Daten auf das Vorhandensein zuvor identifizierter potenzieller Fehlereinflussgrößen bzw. hierzu korrespondierender Variablen geprüft. Dabei wird die Bewertung der Vollständigkeit für jeden individuellen Prozessschritt

$Q_{complete}(S_j)$ der Produktionskette über die gemittelte Vollständigkeit der relevanten Variablen $Q_{complete}(I_i)$ vorgenommen (Schlegel et al. 2020, S. 178):

$$Q_{complete}(I_i) := \begin{cases} 1 & falls\ korrespondierende\ Werte\ erfasst\ werden \\ 0 & sonst. \end{cases} \tag{3.9}$$

$$Q_{complete}(S_j) := \frac{\sum_{i=1}^{n} Q_{Complete}(I_i)}{n} \tag{3.10}$$

Neben der Bewertung der Vollständigkeit der erfassten Daten in Bezug auf einzelne Prozessschritte wird im Rahmen der Methodik auch geprüft, ob sich die erfassten Fehlerdaten eindeutig zu individuellen Produktinstanzen zuordnen lassen (Schlegel et al. 2020, S. 179).

3.4.2 Zwischenfazit

Im Folgenden werden die vorgestellten Metriken zur Quantifizierung der Vollständigkeit von Daten hinsichtlich ihres Beitrags zur Zielstellung dieser Arbeit analysiert und qualitativ bewertet. Die Grundlage der Bewertung bilden die in Kapitel 3.1.1 formulierten übergeordneten Anforderungen sowie die in Kapitel 3.1.4 beschriebenen individuellen Anforderungen des Untersuchungsschwerpunkts, welche sich auf Quantifizierung der Vollständigkeit der in Betriebsdaten erfassten Informationen als Teil der Lösungshypothese beziehen.

Wie in Tabelle 3.3 dargestellt, steht der *Produktionsprozess* im Großteil der Ansätze nicht im Fokus des Betrachtungsbereichs. Neben dem Ansatz nach EICKELMANN ET AL. bildet vor allem der Ansatz nach SCHLEGEL ET AL. die Ausnahme in Bezug auf dieses Bewertungskriterium. So ist die Vollständigkeitsbewertung explizit in eine mehrphasige Methodik eingebettet, welcher die Datenbewertung entlang der Produktionskette zugrunde liegt (Schlegel et al. 2020).

Ein ähnliches Bild zeichnet die Untersuchung der Ansätze hinsichtlich des Betrachtungsobjekts der *Betriebsdaten*. Es wird deutlich, dass ein Großteil der Ansätze generische Bewertungsschemata vorgeben, welche einen domänenübergreifenden Charakter aufweisen. Einen expliziten Fokus auf Daten aus der industriellen Produktion als Teil von Betriebsdaten setzen nur EICKELMANN ET AL. sowie SCHLEGEL ET AL. (Eickelmann et al. 2019; Schlegel et al. 2020).

Aufgrund der gezielten Auswahl weisen alle vorgestellten Metriken einen hohen Erfüllungsgrad hinsichtlich des Analysefokus, der *Vollständigkeit von Informationen* auf. Kleinere Unterschiede sind darin begründet, dass ein Teil der Ansätze neben der formalen Vollständigkeit der Daten auch die Vollständigkeit der im Anwendungskontext relevanten Informationen berücksichtigen.

Hinsichtlich des Analysekontexts der *Fehlerprädiktion* sind die untersuchten Ansätze größtenteils mit einem geringen Erfüllungsgrad zu bewerten. Ausnahmen bilden erneut die Ansätze nach EICKELMANN ET AL. sowie SCHLEGEL ET AL.. Insbesondere letzterer legt die Fehlerprädiktion explizit als Analysekontext fest und unterscheidet sich damit grundlegend von deutlich breiter anwendbaren Metriken (Schlegel et al. 2020).

Darüber hinaus bestehen große Unterschiede in Bezug auf die *Bewertungsgranularität* der beschriebenen Metriken. Es ist festzuhalten, dass die vorgestellten Metriken auch bei der Berücksichtigung mehrerer Granularitätsebenen (HINRICHS, SCANNAPIECO ET AL.) ihrem generischen Charakter entsprechend maximal die Datenbankebene einbeziehen. Eine Integration der Prozessebene oder kontextspezifischer Informationen findet größtenteils nicht statt.

Hinsichtlich des *Formalisierungsgrads* sind ebenfalls stark unterschiedliche Ausprägungen des Erfüllungsgrads zu beobachten, wobei der Ansatz nach HINRICHS hervorzuheben ist. Im Kontext dieser Arbeit ist eine entsprechende Formalisierung unerlässlich, um eine hohe Anwendungsneutralität sicherzustellen und so dem Anspruch größtmöglicher Flexibilität in der Anwendung gerecht zu werden.

Über alle vorgestellten Ansätze hinweg ist außerdem zu beobachten, dass eine systematische *Ableitung von Optimierungsempfehlungen* auf Basis der Bewertung allenfalls in Ansätzen integriert ist. Entsprechend groß ist das übergreifende Defizit in Bezug auf diese Anforderung.

Tabelle 3.3: Vergleich der vorgestellten Metriken zur Bewertung der Vollständigkeit

	Übergeordnete Anforderungen				Individuelle Anforderungen		
	Produktionsprozess	Betriebsdaten	Vollständigkeit von Informationen	Fehlerprädiktion	Bewertungsgranularität	Formalisierungsgrad	Optimierungsempfehlungen
BLAKE UND MANGIAMELI ('11)	○	○	◕	◑	◔	◔	○
BOBROWSKI ET AL. ('99)	○	○	●	◔	◔	◔	○
EICKELMANN ET AL. ('19)	◑	◕	●	◑	◔	◔	○
HINRICHS ('02)	◔	○	◕	◔	◕	◕	◔
PIPINO ET AL. ('05)	○	○	●	◔	◑	◔	◔
SCANNAPIECO ET AL. ('05)	○	○	◕	◔	◕	◑	○
SERHANI ET AL. ('16)	○	○	◕	◑	◔	◔	◔
SCHLEGEL ET AL. ('20)	●	◕	●	●	◔	◑	◔
ZHANG ET AL. ('19)	○	○	●	◔	◔	◔	○

Legende
nicht erfüllt ○ ←——→ ● vollumfänglich erfüllt

Bei der zusammenfassenden Betrachtung der individuellen Bewertungen in Tabelle 3.3 fällt auf, dass der Ansatz von SCHLEGEL ET AL. einen hohen Überdeckungsgrad mit den übergeordneten Anforderungen und damit der Zielstellung dieser Arbeit aufweist (Schlegel et al.

2020). Vor diesem Hintergrund soll der kontextspezifische Bewertungsansatz als wesentliche Vorarbeit für diese Arbeit dienen, dessen Forschungsdefizite im anschließenden Kapitel 3.5 weiter expliziert werden.

3.5 Zwischenfazit zum Stand der Erkenntnisse und Reflexion

Neben dem in Kapitel 1.1 aufgezeigten Defizit aus der Praxis demonstriert die Identifikation von Theoriedefiziten in der Wissenschaft den Handlungsbedarf zur Entwicklung einer Methodik zur Bewertung und Optimierung der Vollständigkeit von in Betriebsdaten erfassten Informationen im Kontext der Fehlerprädiktion. Hierzu wurden auf Basis der handlungsleitenden Forschungsfrage und dem in der Zielstellung explizierten Vorverständnis des Autors in Kapitel 3.1 spezifische inhaltliche Anforderungen an die Bewertungsmethodik aufgestellt. Diese wurden untergliedert in übergeordnete Anforderungen des Untersuchungsbereichs sowie individuelle Anforderungen der Untersuchungsschwerpunkte und dienen als Bewertungskriterien für die im Kontext der Arbeit relevanten Ansätze. Der Erfüllungsgrad der untersuchten Ansätze in Bezug auf diese Kriterien wurde in den Kapiteln 3.2, 3.3 und 3.4 qualitativ bewertet. Im Folgenden wird zusammenfassend das resultierende Theoriedefizit beschrieben.

Die Untersuchung bestehender wissenschaftlicher Arbeiten zur Informationsmodellierung im Produktionskontext in Kapitel 3.2 zeigt, dass der *Produktionsprozess* nur teilweise im Betrachtungsbereich der vorgestellten Ansätze liegt. Erfasste *Betriebsdaten* bilden zwar häufig die Basis für modellierte Informationen, bilden aber gleichzeitig nicht das primäre Betrachtungsobjekt. Hinsichtlich der *Vollständigkeit von Informationen* bestehen ansatzübergreifend große Defizite, da diese keine oder eine sehr untergeordnete Rolle im Analysefokus einnimmt. Ein ähnliches Bild zeichnet das Kriterium der *Fehlerprädiktion,* welche nicht den primären Analysekontext der untersuchten Ansätze bildet. Hinsichtlich der *Interpretierbarkeit* erweisen sich Ansätze der Wertstromanalyse 4.0 aufgrund des direkten Prozessbezugs der Visualisierung und dem damit verbundenen geringen Abstraktionsgrad als besonders leicht interpretierbar für Anwender. Dies gilt es im Zuge der Entwicklung der Bewertungsmethodik zu berücksichtigen. Auch in Bezug auf die *Spezifikation der Datenquellen* weisen die Ansätze zur erweiterten Wertstromanalyse einen im direkten Vergleich höheren Erfüllungsgrad auf. Defizite liegen jedoch im geringen Detaillierungsgrad, mit welchem die Datenquellen bei der Modellierung berücksichtigt werden.

Die Analyse diagnostischer Methoden zur Fehlerursachenanalyse in Kapitel 3.3 zeigt, dass der Betrachtungsbereich des mehrheitlichen Teils der Ansätze nicht explizit auf den *Produktionsprozess* ausgerichtet ist. Darüber hinaus bestehen methodenübergreifend große Defizite in Bezug auf die Anforderungen *Betrachtungsobjekt Betriebsdaten*, *Analysefokus Vollständigkeit von Informationen* und *Analysekontext Fehlerprädiktion*, was sich in einem entsprechend niedrigen Erfüllungsgrad widerspiegelt. Aufgrund der gezielten Auswahl weisen alle vorgestellten diagnostischen Methoden einen hohen Erfüllungsgrad hinsichtlich der *Nutzung von Wissen* im Allgemeinen und fehlerbezogenem Expertenwissen im Besonderen auf. Hinsichtlich der Fähigkeit der Methoden, die identifizierten potentiellen Einflussgrößen mit einer entsprechenden *Gewichtung* zu versehen bestehen große Unterschiede im Erfüllungsgrad. Ebenfalls unterschiedlich stark ausgeprägt ist die Funktionalität zur Gruppierung von Einflussgrößen im Sinne von ursachenbezogenen *Informationsklassen*. Defizite liegen vor allem im Detaillierungsgrad der Klassifizierung.

Im Zuge des Vergleichs bestehender Metriken zur Bewertung der kontextbezogenen DQ-Dimension der Vollständigkeit in Kapitel 3.4 wird deutlich, dass ein Großteil der Ansätze generische Bewertungsschemata vorgeben, welche einen domänenübergreifenden Charakter aufweisen. Mit Ausnahme der Arbeiten von EICKELMANN ET AL. sowie SCHLEGEL ET AL. fokussieren die untersuchten Ansätze weder den Betrachtungsbereich *Produktionsprozess* noch das Betrachtungsobjekt *Betriebsdaten* (Eickelmann et al. 2019; Schlegel et al. 2020). Aufgrund der gezielten Auswahl weisen alle vorgestellten Metriken einen hohen Erfüllungsgrad hinsichtlich des Analysefokus, der *Vollständigkeit von Informationen* auf. Auch hinsichtlich des Analysekontexts legt der Ansatz nach SCHLEGEL ET AL. sich explizit auf die *Fehlerprädiktion* fest und unterscheidet sich damit grundlegend von deutlich breiter anwendbaren Metriken (Schlegel et al. 2020). In Bezug auf die Kriterien *Bewertungsgranularität* und *Formalisierungsgrad* bestehen deutliche Unterschiede im Erfüllungsgrad. So beinhalten der Großteil der untersuchten Ansätze weder eine feingranulare Bewertung noch werden detaillierte Bewertungsschemata definiert. Über alle vorgestellten Ansätze hinweg wird beobachtet, dass in Bezug auf eine systematische *Ableitung von Optimierungsempfehlungen* auf Basis der Bewertung ein deutliches Forschungsdefizit besteht.

Zusammenfassend ist festzustellen, dass aktuell keine ganzheitliche Methodik zur Bewertung und Optimierung der Vollständigkeit von in Betriebsdaten erfassten Informationen im Kontext der Fehlerprädiktion identifiziert werden kann. Bestehende Ansätze innerhalb der Untersuchungsschwerpunkte der zweiten Ebene des heuristischen Bezugsrahmens erfüllen die formulierten Anforderungen nicht oder nur teilweise. Hervorzuheben ist aufgrund seines hohen Erfüllungsgrads in Bezug auf die übergeordneten Anforderungen sowie seines methodischen Charakters der kontextspezifische Bewertungsansatz nach SCHLEGEL ET AL. (Schlegel et al. 2020). Dessen Defizite in Bewertungsgranularität, Formalisierungsgrad und insbesondere der Ableitung von Optimierungsempfehlungen werden in der weiteren Ausarbeitung adressiert. Aufbauend auf dem identifizierten Forschungs- und Praxisdefizit erfolgt im kommenden Kapitel die Konzeption des Grobkonzepts der zu entwickelnden Bewertungsmethodik.

4 Konzeption der Bewertungsmethodik

Dem Forschungsprozess nach ULRICH zufolge als wichtiger Schritt hin zur Gesamtzielsetzung dieser Arbeit erfolgt im Rahmen von Kapitel 4 die Ausarbeitung des Grobkonzeptes der Bewertungsmethodik (Ulrich und Hill 1976a, S. 348). Hierzu werden in Kapitel 4.1 die erforderlichen modelltheoretischen und methodischen Grundlagen gelegt. Den Ausgangspunkt für das Grobkonzept bildet neben den in Kapitel 3.1 formulierten Anforderungen an die Methodik die Identifikation des Ziels und des Betrachtungsgegenstands in Kapitel 4.2. Darauf aufbauend werden in Kapitel 4.3 das Grobkonzept für die zu entwickelnde Methodik abgeleitet und die wesentlichen Module näher erläutert. Abschließend erfolgt in Kapitel 4.4 ein Zwischenfazit zur Konzeption der Bewertungsmethodik.

4.1 Modelltheoretische und methodische Grundlagen

Zum Begriff der Methodik findet sich in der Literatur eine Vielzahl an Definitionen. Diese reichen von der Beschreibung dieser als Wissenschaft von den Verfahrensweisen der Wissenschaften bin hin zum Verständnis als Lehre von wissenschaftlichen Methoden (Löhr-Richter 1993, S. 40; Müller 1990). Im Rahmen dieser Arbeit wird die Begriffsdefinition nach JENKE für die Methodikentwicklung zugrunde gelegt, nach welcher sich eine Methodik aus Methoden und einer Systematik zusammensetzt (vgl. Abbildung 4.1) (Jenke 2007, S. 25 ff.).

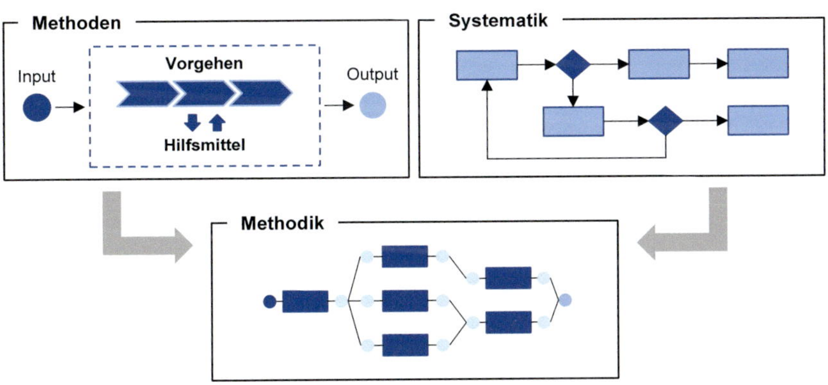

Abbildung 4.1: Methodikverständnis i. A. a. JENKE (Jenke 2007, S. 25 ff.)

Eine Systematik beschreibt die übergeordnete, regelbasierte Gliederung einer Vorgehensweise zur Anwendung von Methoden in Form einer Entscheidungslogik (Roderburg 2013, S. 35). Vom griechischen Begriff „méthodos“ („auf dem Weg zu etwas hin“) abgeleitet, ist eine Methode als ein systematisches Verfahren zu verstehen, das zur Erlangung von wissenschaftlichen Ergebnissen dient (Löhr-Richter 1993, S. 40). Hierbei wird aus einem Input, der z. B. in Form von Informationen vorliegen kann, unter dem Einsatz von unterstützenden Werkzeugen ein Output generiert (Jenke 2007, S. 25).

Die Grundlage für eine geeignete Methodenauswahl und -ausgestaltung bilden Modelle (Laufenberg 1996, S. 6). Modelle sind laut VDI-Richtlinie 3633 „eine vereinfachte Nachbildung eines geplanten oder existierenden Systems mit seinen Prozessen in einem anderen begrifflichen oder gegenständlichen System“ (Richtlinie 3633, S. 11). Sie verringern somit die Komplexität des zu betrachtenden Systems durch die Darstellung einzelner, für ein Untersuchungsziel relevanter Aspekte des Gesamtzusammenhangs (Patzak 1982, S. 307).

Modelle lassen sich durch sogenannte Modellmerkmale charakterisieren. STACHOWIAK beschreibt drei Hauptmerkmale von Modellen. Das *Abbildungsmerkmal* besagt, dass natürliche oder künstliche Originale durch Modelle abgebildet bzw. repräsentiert werden. Das *Verkürzungsmerkmal* besagt, dass Modelle i. d. R. nicht alle Attribute des Originals vollumfänglich abbilden, sondern diejenigen, welche für den Nutzer von Relevanz sind. Das *pragmatische Merkmal* besagt, dass Modelle „ihren Originalen nicht per se eindeutig zugeordnet sind“ (Stachowiak 1973, S. 132). Modelle schaffen demnach Ersatz für bestimmte Subjekte, innerhalb definierter Zeitrahmen und unter Einschränkung auf bestimmte Verfahren und Handlungsweisen. (Stachowiak 1973, 131 ff.)

Im Hinblick auf den jeweiligen Verwendungszweck lassen sich Modelle nach PATZAK in vier aufeinander aufbauende Modelltypen unterscheiden (Patzak 1982, S. 313 ff.):

- *Beschreibungsmodelle* bauen auf der Erfassung von Phänomenen auf und bilden vorgefundene Zustände ab. Sie liefern keine unmittelbare Auskunft bezüglich der Voraussetzungen für die Gültigkeit der beschriebenen Zustände oder die zugrundeliegenden Wirkungszusammenhänge.
- *Erklärungsmodelle* formulieren allgemeingültige Wirkzusammenhänge in Form von Thesen, welche in quantitativer oder qualitativer Form Erklärungen für das Auftreten bestimmter Zustände geben.
- *Vorhersagemodelle* liefern, aufbauend auf Erklärungsmodellen, Prognosen über zukünftige Systemzustände und zukünftiges Systemverhalten.
- *Entscheidungsmodelle* sind Kalkülmodelle und geben Handlungsempfehlungen auf Basis vorgegebener Zielsetzungen ab. Sie enthalten Zielsetzung, Nutzenfunktionen, Randbedingungen und explizite Entscheidungsvariablen.

Im Regelfall sind für zu untersuchende Sachverhalte keine unmittelbar anwendbaren Modelle zu finden. Im Rahmen der Modellbildung gilt es daher möglichst strukturähnliche Modelle auszuwählen, um sie im Anschluss zu adaptieren und zu ergänzen bzw. zu vervollständigen. (Patzak 1982, S. 315)

4.1.1 Allgemeine formale Anforderungen an die Methodik

Neben den in Kapitel 3.1 formulierten spezifischen Anforderungen an die zu entwickelnde Methodik werden nachfolgend allgemeine formale Anforderungen benannt, die bei der Konzeption und Detaillierung der zu erarbeitenden Methodik zu berücksichtigen sind. Die Strukturierung der zu erfüllenden allgemeinen Anforderungskriterien kann anhand von zwei Sichtweisen erfolgen. Aus Anwenderperspektive umfassen die Anforderungen insbesondere Kriterien hinsichtlich der Durchführbarkeit und Praxistauglichkeit der zu entwickelnden Methodik. Dagegen beziehen sich Anforderungen aus Prozesssicht primär auf die Generierung zugrundeliegender Modelle sowie die Möglichkeit zur Bewertung. Abbildung 4.2 schafft einen Überblick über die allgemeinen Anforderungskriterien. (Sudhoff 2008, S. 70 f.; Martini 1995, S. 42 f.)

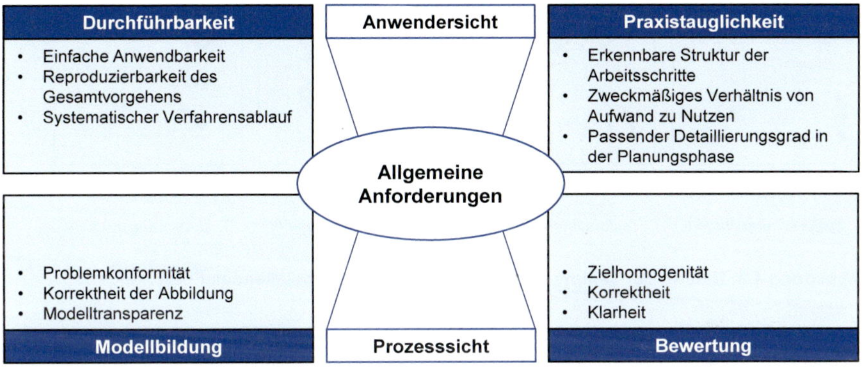

Abbildung 4.2: Allgemeine Anforderungen an die Methodik i. A. a. SCHIFFER (Schiffer 2013, S. 37)

Bei detaillierter Betrachtung der Anforderungen wird deutlich, dass die Kriterien der beiden Sichtweisen teilweise miteinander in Konflikt stehen. Dies wird z. B. durch das Spannungsfeld zwischen einem repräsentativen, realitätsnahen Modell und einem geringen Aufwand i. S. d. Praxistauglichkeit deutlich. Im Hinblick auf diese Arbeit stellt somit die zu entwickelnde Methodik einschließlich der enthaltenen Modelle einen Kompromiss dar, bei dem zwischen größtmöglicher Realitätsnähe und damit Aussagekraft und dem Aufwand für Erstellung bzw. Anwendung abgewogen werden muss (Patzak 1982, S. 309 f.).

4.2 Ziel und Gegenstand der Bewertungsmethodik

Nach ERLENSPIEL bedarf es vor der Konzeption der Methodik der Ausarbeitung einer klaren Zielstellung in Form des identifizierten Handlungsbedarfs (Kapitel 4.2.1) sowie des angestrebten Nutzenpotenzials (Kapitel 4.2.2) (Ehrlenspiel und Meerkamm 2017, S. 142). Abschließend werden in Kapitel 4.2.3 getroffene Annahmen und Einschränkungen des Betrachtungsbereichs in Bezug auf die zu entwickelnde Methodik erläutert.

4.2.1 Identifizierter Handlungsbedarf

Aus dem in Kapitel 1.1 dargelegten Praxisdefizit und dem in Kapitel 3.5 aufgezeigten Theoriedefizit resultiert ein konkreter Handlungsbedarf. Dieser wurde in Kapitel 1.2 in Form der handlungsleitendenden Forschungsfrage *„Können durch eine methodische Bewertung der Vollständigkeit der in Betriebsdaten erfassten Informationen Empfehlungen abgeleitet werden, die zur Verbesserung der Dateneignung für die Fehlerprädiktion beitragen?"* bereits formuliert. Die darauf aufbauenden Teilforschungsfragen werden im Folgenden weiter expliziert (vgl. Abbildung 4.3).

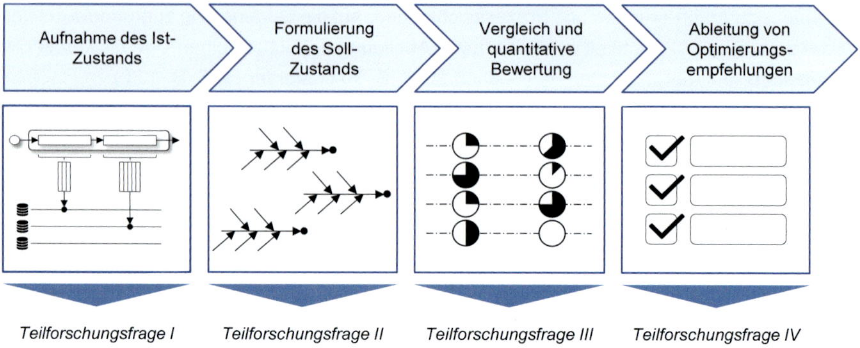

Abbildung 4.3: Beitrag der Teilforschungsfragen zur handlungsleitenden Forschungsfrage

Zur Beantwortung der übergeordneten Forschungsfrage ist eine quantitative Bewertungsmethodik zu entwickeln. Für diese Bewertung gilt es im Rahmen der Arbeit zunächst einen Vergleich zwischen einem zu definierenden Soll-Zustand und dem realen Ist-Zustand in Bezug auf die Verfügbarkeit relevanter Informationen durchzuführen. Im ersten Schritt ist es daher notwendig, als Grundlage für diesen Vergleich einen geeigneten Ordnungsrahmen für die Aufnahme des Ist-Zustandes zu schaffen. Dieser Ordnungsrahmen soll sowohl die Beschreibung der zu untersuchenden Produktionskette selbst als auch die damit verknüpfte Erhebung und Modellierung systemseitig erfasster Informationen beinhalten. Im Zuge der Modellierung ist insbesondere auf die Interpretierbarkeit durch den Anwender sowie die Spezifikation der Datenquellen zu achten. Entsprechend lässt sich folgende erste Teilforschungsfrage aufstellen:

„Wie können die entlang der Produktionskette erfassten Informationen im Kontext der Fehlerprädiktion systematisch erhoben und modelliert werden?"

Nach der erfolgten Aufnahme des Ist-Zustands ist für den angestrebten Vergleich die Ermittlung des Soll-Zustands der Verfügbarkeit relevanter Informationen erforderlich. Hierfür gilt es im Rahmen der Arbeit potenzielle Fehlereinflussgrößen auf Basis von explizitem und implizitem Wissen zu identifizieren und so zu definieren, welche Informationen in der Datenbasis für die Fehlerprädiktion enthalten sein sollen. In den spezifischen inhaltlichen Anforderungen an die Methodik wurde neben der Bedeutung der Wissensnutzung sowie der Berücksichtigung ursachenbezogener Informationsklassen insbesondere die Möglichkeit zur Gewichtung der potenziellen Einflussgrößen als zentrale Anforderung benannt. Allerdings erfüllt keiner der existierenden Ansätze zur Identifikation von Fehlereinflussgrößen die genannten Anforderungen in der notwendigen Tiefe und Breite. Entsprechend gilt es im Rahmen der vorliegenden Arbeit folgende zweite Teilforschungsfrage zu beantworten:

„Wie können potenzielle Fehlereinflussgrößen entlang der Produktionskette auf Basis von explizitem und implizitem Wissen identifiziert und gewichtet werden?"

Nach Aufnahme des Soll- und Formulierung des Ist-Zustands gilt es im Rahmen der zu entwickelnden Methodik den Vergleich zwischen den Zuständen durchzuführen und zu einem quantifizierbaren Ergebnis zu kommen. Hierfür bedarf es der Definition einer zugrundeliegenden Metrik um so eine quantitative Bewertung der Vollständigkeit zu realisieren. In vergleichbaren Arbeiten wurden verschiedene Ansätze entwickelt, welche größtenteils generische Bewertungsschemata mit domänenübergreifendem Charakter aufweisen. Als kontextbezogene Dimension der Datenqualität bedarf es für die Vollständigkeit jedoch der Entwicklung einer kontextbezogenen Metrik, welche im Rahmen dieser Arbeit auf den Analysekontext der Fehlerprädiktion ausgerichtet ist. Den formulierten Anforderungen entsprechend ist bei der Entwicklung der Metrik insbesondere auf eine hohe Granularität und Formalisierung der Bewertung zu achten. Aus diesem Handlungsbedarf lässt sich folgende dritte Teilforschungsfrage ableiten:

„Wie kann die Vollständigkeit der in Betriebsdaten erfassten Informationen im Kontext der Fehlerprädiktion quantitativ bewertet werden?“

Zur Beantwortung der übergeordneten Forschungsfrage reicht eine reine Quantifizierung der Vollständigkeit nicht aus. Es gilt im Rahmen der Arbeit abschließend ein Modell zur Entscheidungsunterstützung zu konzipieren und in die Methodik zu integrieren, um auf Basis der Bewertung Empfehlungen zur Optimierung der Vollständigkeit und damit der kontextbezogenen Informations- bzw. Datenerfassung abzuleiten. Der Anwender der Methodik soll hierdurch befähigt werden, die Verfügbarkeit der für die Fehlerprädiktion relevanten Informationen in den erfassten Betriebsdaten zu steigern und so zur Verbesserung der Dateneignung für die Fehlerprädiktion beizutragen. Aus diesem Handlungsbedarf lässt sich die folgende vierte Teilforschungsfrage formulieren:

„Wie können auf Basis der Bewertung Empfehlungen zur Optimierung der Vollständigkeit abgeleitet werden, deren Umsetzung zur Verbesserung der Dateneignung für die Fehlerprädiktion beitragen?“

4.2.2 Angestrebte Nutzenpotenziale der Methodik

Nach Pümpin ist der Begriff des Nutzenpotenzials definiert als „eine in der Umwelt, im Markt oder in der Unternehmung latent oder effektiv vorhandene Konstellation, die durch Aktivitäten der Unternehmung zum Vorteil aller Bezugsgruppen erschlossen werden kann“ (Pümpin 1992, S. 47). Das Erschließen von Nutzenpotenzialen ermöglicht es Unternehmen Vorteile gegenüber dem Wettbewerb und somit eine gesteigerte Wettbewerbsfähigkeit zu erlangen (Pümpin und Amann 2005, S. 25 ff.).

Im Zentrum dessen steht die Produktivität als Maß für die internationale Wettbewerbsfähigkeit von einzelnen Geschäftsbereichen und ganzen Unternehmen. Produktivität dient in diesem Kontext der Beschreibung der Leistungsfähigkeit von Prozessen. (Nonn 2009, S. 24) Dies gilt in besonderem Maße für den Bereich des präventiven Fehlermanagements, welcher Unternehmensaktivitäten mit dem Ziel der Vorbeugung der Fehlerentstehung und damit der Steigerung der Produktivität umfasst. Einen innovativen Ansatz zur Verbesserung des präventiven Fehlermanagements stellt die Integration von datenbasierten Modellen zur Fehlerprädiktion in das Produktionssystem dar. Im Kontext dieser Arbeit sollen so folgende *mittelbare Nutzenpotenziale* zur Vermeidung von Ausschuss und Nacharbeit gehoben werden:

- Identifikation und Eliminierung von potenziell fehlerhaften Produkten in frühen Phasen der Produktions- und damit Wertschöpfungskette.
- Adaption von Fertigungsparametern nachgelagerter Produktionsschritte zur Korrektur potenziell fehlerhafter Produkte.

Der Erfolg des Erschließens dieser Nutzenpotenziale hängt zu einem großen Teil von der Güte der eingesetzten prädiktiven Modelle und der zugrundeliegenden Datenbasis ab. Die im Rahmen dieser Arbeit zu entwickelnde Methodik setzt an der Optimierung der Vollständigkeit dieser Datenbasis an. Durch die kontextspezifische quantitative Bewertung der Vollständigkeit relevanter Informationen in der Datenbasis sollen inhaltliche Schwachstellen in der Datenbasis identifiziert und Handlungsempfehlungen zur Optimierung abgeleitet werden. Demzufolge wird die Erschließung der folgenden *unmittelbaren Nutzenpotenziale* im Rahmen dieser Arbeit angestrebt:

- Erkenntnisse in Bezug auf Informationsdefizite entlang der Produktionskette
- Erkenntnisse in Bezug auf die Art der Informationsdefizite (Informationsklassen)
- Ableitung von Handlungsempfehlungen zur Optimierung der Vollständigkeit von Informationen in der Datenbasis

Einen zusammenfassenden Überblick der im Rahmen der Arbeit fokussierten Nutzenpotenziale gibt Abbildung 4.4.

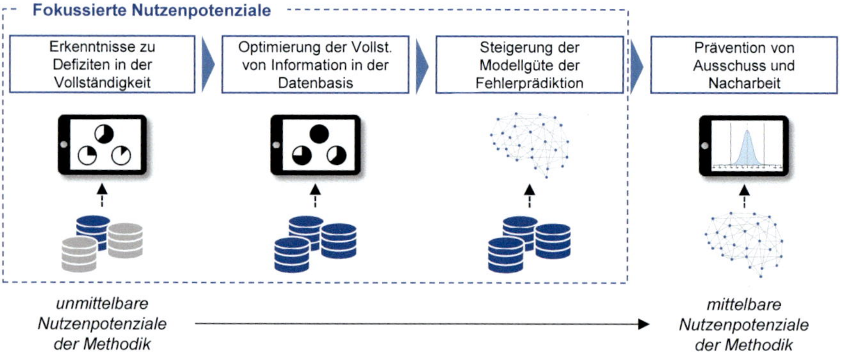

Abbildung 4.4: Fokussierte Nutzenpotenziale der Methodik

4.2.3 Annahmen und Einschränkungen

Um eine erfolgreiche Anwendung der Methodik sicherzustellen, wird im Folgenden ein Betrachtungsrahmen geschaffen, innerhalb dessen die diesbezüglichen Voraussetzungen definiert werden. Im Zuge dessen werden Annahmen getroffen, welche der Methodik zugrunde liegen. Darüber hinaus werden Einschränkungen hinsichtlich der Anwendbarkeit der Methodik aufgezeigt.

- *Ausgangssituation*: Die Ausgangssituation bildet die diskrete Fertigung eines physischen Produkts. Informationen bezüglich der Prozessabläufe liegen z. B. in Form von Prozessdokumentationen vor. Es werden auftrags- und ressourcenbezogene Betriebsdaten entlang der Produktionskette erhoben.
- *Expertenwissen*: In Bezug auf die Prozessabläufe, die eingesetzten Fertigungstechnologien sowie die informationstechnische Infrastruktur kann auf Expertenwissen im Unternehmen zurückgegriffen werden. Neben der Integration von Domänenexperten kann dieses Expertenwissen durch bereits bestehende Dokumentation und Datenbasen ergänzt werden.
- *Tabellarisch strukturierte Daten*: Die Aufnahme, Bewertung und Analyse von Daten wird im Rahmen der Methodik auf tabellarisch strukturierte Daten eingegrenzt, welche primär zeilen- und spaltenorientierten relationalen Datenbanken entstammen. Insbesondere werden unstrukturierte Daten wie Präsentation, Videos, Audiodaten, aufgezeichnete Sprache oder Bilder nicht berücksichtigt.
- *Dimensionen der Datenqualität*: Unabhängig vom Erfüllungsgrad der kontextbezogenen DQ-Dimension der Vollständigkeit wird die Erfüllung der intrinsischen, repräsentativen und zugangsbezogenen Dimensionen der Datenqualität vorausgesetzt und entsprechend nicht tiefergehend untersucht (vgl. Abbildung 2.4). Dies schließt u. a. die Zugänglichkeit, Plausibilität und Genauigkeit der Daten ein.
- *Aktualität der Daten*: Die Anforderung an Informationssysteme die relevanten Betriebsdaten innerhalb einer vorgegebenen Zeitspanne verfügbar zu machen, ergibt sich primär bei der späteren Operationalisierung prädiktiver Modelle in Produktivsystemen. Dementsprechend werden solche Echtzeitforderungen im Rahmen der zu entwickelnden Methodik ausgeklammert.
- *Umfang der Daten*: Es wird ein für die prädiktive Modellierung ausreichender Umfang der Datenbasis vorausgesetzt. Dies betrifft insbesondere die Menge an verfügbaren historischen Daten (ausreichender Zeitraum und Häufigkeit der Aufzeichnung) mit einer ausreichenden Menge an n.i.O. Instanzen. Die langfristige Speicherung der erfassten Daten wird damit explizit von der Untersuchung ausgeklammert bzw. als gegeben angenommen.
- *Implementierung von Maßnahmen*: Die praktische Implementierung von Maßnahmen, welche sich aus modellbasierten Empfehlungen zur Optimierung der Vollständigkeit der Datenbasis ableiten, wird bei der Entwicklung der Methodik nicht berücksichtigt. Dies begründet sich insbesondere in der hohen Individualität der Betriebsdatenerfassung in unterschiedlichen Anwendungsfällen.

4.3 Grobkonzept der Bewertungsmethodik

Der Aufbau des Grobkonzeptes für die Methodik zur Vollständigkeitsbewertung folgt dem übergeordneten Ziel, einen Ordnungsrahmen für die anschließende Detaillierung der übergeordneten Module zu schaffen. Auf Basis des identifizierten Handlungsbedarfs (Kapitel 4.2.1) erfolgt unter Berücksichtigung der formalen und inhaltlichen Anforderungen die Entwicklung des Grobkonzeptes in vier übergeordneten und aufeinanderfolgenden Modulen (vgl. Abbildung 4.5): Zuerst gilt es im Sinne einer Ist-Aufnahme sowohl die Beschreibung der zu untersuchenden Prozesse der Produktionskette als auch die damit verknüpfte Aufnahme und Klassifizierung vorhandener Informationen zu realisieren (Kapitel 4.3.1). Als Basis für die Durchführung eines Soll-Ist-Vergleichs wird im nächsten Schritt durch die Identifikation und Gewichtung potenzieller Fehlereinflussgrößen auf Basis von explizitem und implizitem Wissen der fallspezifische Soll-Zustand formuliert (Kapitel 4.3.2). Hierauf folgen die Durchführung des Vergleichs und damit die Quantifizierung der Vollständigkeit der in den Betriebsdaten erfassten Informationen im Kontext der Fehlerprädiktion auf Basis einer zu definierenden Metrik (Kapitel 4.3.3). Abschließend sollen auf Basis der Bewertung modellbasiert Empfehlungen zur Optimierung der Vollständigkeit und damit der Informations- bzw. Datenerfassung abgeleitet werden, die zur Verbesserung der Dateneignung für die Fehlerprädiktion beitragen (Kapitel 4.3.4).

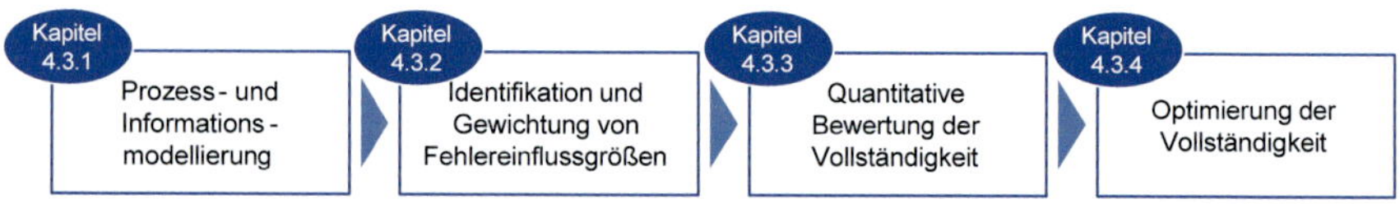

Abbildung 4.5: Grobkonzept der Methodik

4.3.1 Modul I: Prozess- und Informationsmodellierung

Wie einleitend beschrieben gilt es im ersten Modul im Sinne der Erfassung des Status quo sowohl die Aufnahme und Modellierung relevanter Prozesse der Produktionskette als auch die damit verknüpfte Aufnahme und Klassifizierung systemseitig erfasster Informationen zu realisieren. Das Modul lässt sich wiederum in die in Abbildung 4.6 dargestellten Schritte untergliedern.

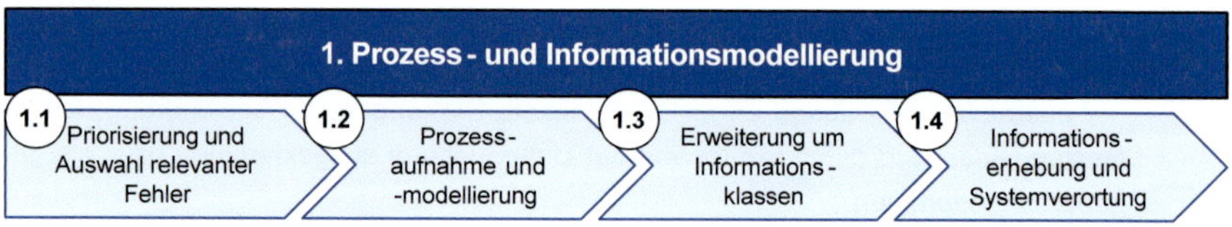

Abbildung 4.6: Schritte in Modul I

Hierzu erfolgt zunächst eine methodengeleitete Priorisierung und Auswahl relevanter Fehler. Ausgehend hiervon findet eine kontextabhängige Eingrenzung des zu untersuchenden Teilbereichs der Produktionskette und damit der zu beschreibenden Prozesse statt. Relevante Faktoren bei dieser Eingrenzung sind neben einer Komplexitätsreduktion vor allem die Sicherstellung der Zugänglichkeit zu entsprechender Prozessdokumentation und Expertenwissen. Nach Auswahl einer geeigneten Modellierungssprache erfolgt der Aufbau eines initialen Beschreibungsmodells in Form der Prozessaufnahme und -modellierung als Basis für die nächsten

Schritte. Anschließend erfolgt die Erweiterung des Beschreibungsmodells um Informationsklassen. Dabei wird eine übergeordnete Unterteilung der Informationen in fehler- und ursachenbezogene Informationsklassen vollzogen. Abschließend geschieht die Erhebung, Verknüpfung und entsprechende Klassifizierung von Informationen, welche in produktionsnah operierenden Informationssystemen entlang der Produktionskette erfasst werden. In diesem Zuge wird das entwickelte Beschreibungsmodell auch um die Verortung der erhobenen Informationen in den Daten der häufig heterogenen Systemlandschaft erweitert. Begründet ist dies insbesondere durch die Notwendigkeit einer späteren Datenextraktion als Grundlage für die Vollständigkeitsbewertung.

4.3.2 Modul II: Identifikation und Gewichtung potenzieller Fehlereinflussgrößen

In Modul II wird das übergeordnete Ziel verfolgt, basierend auf explizitem und implizitem Wissen zu ermitteln, welche Informationen für die Fehlerprädiktion in der Datenbasis enthalten sein sollen. Die hierfür notwendige Identifikation und Gewichtung potenzieller Fehlereinflussgrößen erfolgt in gemäß Abbildung 4.7 in zwei Schritten.

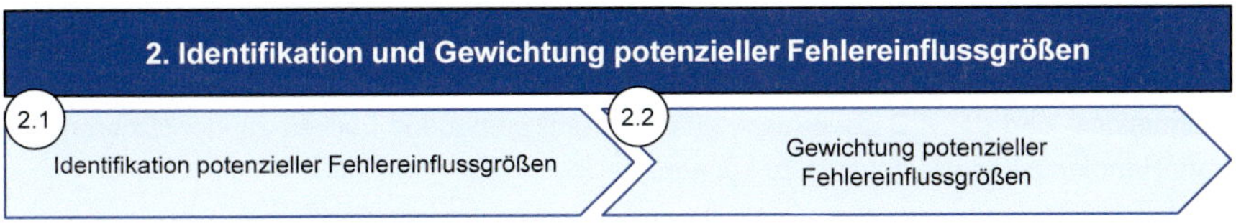

Abbildung 4.7: Schritte in Modul II

Im zweiten Modul gilt es im nächsten Schritt potenzielle Fehlereinflussgrößen entlang des definierten Betrachtungsbereichs der Produktionskette auf Basis von explizitem und implizitem Wissen zu identifizieren. Dabei findet die Richtung der Wirkzusammenhänge (+/-) keine Berücksichtigung bei der Formulierung dieses stark vereinfachten Erklärungsmodells. Abschließend erfolgt die Erweiterung des Erklärungsmodells um eine quantitative Gewichtung der Einflussgrößen. Es ist an dieser Stelle hervorzuheben, dass sowohl die Identifikation als auch die Gewichtung potenzieller Fehlereinflussgrößen unabhängig von den in Modul I erfassten Informationen erfolgt. Die Grundlage hierfür bilden primär die Erhebung und der Transfer von Wissen, welches in Unternehmen vorliegt.

4.3.3 Modul III: Quantitative Bewertung der Vollständigkeit

Nach der Beschreibung des fallspezifischen Status quo (Modul I) sowie der wissensbasierten Identifikation und Gewichtung potenzieller Fehlereinflussgrößen (Modul II) gilt es im dritten Modul auf dieser Basis eine quantitative Vollständigkeitsbewertung der in den Daten erfassten Informationen durchzuführen. Diese erfolgt gemäß Abbildung 4.8 in vier Schritten.

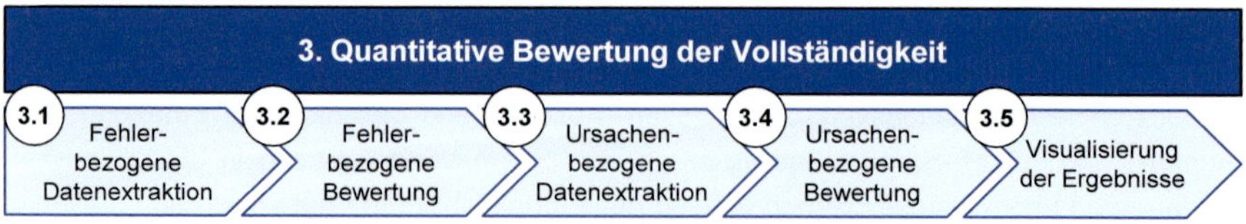

Abbildung 4.8: Schritte in Modul III

Zunächst erfolgt eine fehlerbezogene Extraktion der Betriebsdaten aus bestehenden Informationssystemen in der Produktion, indem auf Basis der Auswahl relevanter Fehler (Schritt 1.1) die korrespondierenden fehlerbezogenen Daten gezielt extrahiert werden. Anschließend wird unter Einsatz einer hierfür zu entwickelnden Metrik die Vollständigkeit der fehlerbezogenen Daten im Kontext der Fehlerprädiktion quantitativ bewertet. Gemäß den formulierten Anforderungen zeichnet sich diese Metrik insbesondere durch eine hohe Granularität ihrer Bewertung und einen hohen Formalisierungsgrad aus. Ausgehend von den in Modul II erhobenen potenziellen Fehlereinflussgrößen erfolgt in Schritt 3.1 eine umfangreichere ursachenbezogene Extraktion der Betriebsdaten. Durch Anwendung einer zweiten hierfür zu entwickelnden kontextspezifischen Metrik erfolgt anschließend die Bewertung der Vollständigkeit von ursachenbezogenen Daten. Abschließend wird Modul III durch eine Visualisierung ebenjener Bewertungen komplettiert. Übergeordnetes Ziel ist die Steigerung der Transparenz im Hinblick auf die Informations- und damit Datenerfassung, um darauf aufbauend Lücken zu identifizieren und erste Handlungsbedarfe ableiten zu können.

4.3.4 Modul IV: Optimierung der Vollständigkeit

Aufbauend auf der in Modul III durchgeführten quantitativen Vollständigkeitsbewertung werden in Modul IV modellbasiert konkrete Handlungsempfehlungen zur Optimierung der Vollständigkeit der erfassten Informationen abgeleitet. Das Vorgehen zur Optimierung gliedert sich gemäß Abbildung 4.9 in vier übergeordnete Schritte.

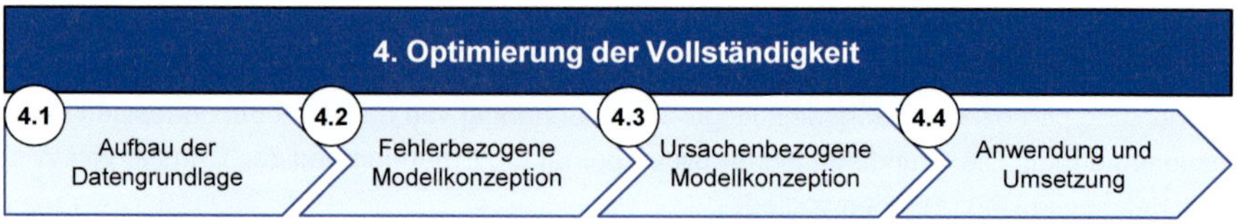

Abbildung 4.9: Schritte in Modul IV

Im ersten Schritt erfolgt der Aufbau der hierfür notwendigen Datengrundlage, in welcher die zuvor extrahierten Daten und gewonnenen Erkenntnisse konsolidiert sowie verknüpfungsrelevante Metainformationen hinterlegt werden. Darauf aufbauend folgt die Konzeption eines Entscheidungsmodells mit dem Ziel, mögliche Handlungsalternativen zu identifizieren und priorisierte Empfehlungen zur Optimierung der Vollständigkeit fehlerbezogener Größen ableiten zu können. Analog dazu umfasst der darauffolgende Schritt die Konzeption eines Modells zur Optimierung der ursachenbezogenen Vollständigkeit. Abschließend werden die konzeptionierten Entscheidungsmodelle angewendet und ausgegebene Empfehlungen umgesetzt. Die Umsetzung von Empfehlungen erfolgt dabei nicht nachgelagert, sondern wird in einem iterativen Prozess eng mit der Modellanwendung verzahnt.

4.4 Zwischenfazit

Für die Konzeption einer Methodik zur Bewertung der Vollständigkeit von in Betriebsdaten erfassten Informationen im Kontext der Fehlerprädiktion wurden zunächst in Kapitel 4.1 modelltheoretische und methodische Grundlagen gelegt. Daran anschließend wurde in Kapitel 4.2 auf Basis des identifizierten Theorie- und Praxisdefizits ein konkreter Handlungsbedarf abgeleitet und in Form von Teilforschungsfragen expliziert. Die Konkretisierung der Zielstellung erfolgte anschließend durch Ergänzung der unmittelbaren und mittelbaren angestrebten Nutzenpotenziale der Methodik. Darüber hinaus wurden Annahmen getroffen, welche dem Einsatz der Methodik zugrunde liegen, sowie Einschränkungen hinsichtlich der Anwendbarkeit der Methodik aufgezeigt. Aufbauend auf diesen Vorüberlegungen konnte in Kapitel 4.3 unter Berücksichtigung der formalen und inhaltlichen Anforderungen das Grobkonzept der Bewertungsmethodik entwickelt werden. Im Kern dieser Methodik steht die Bewertung der Vollständigkeit der in Betriebsdaten erfassten Informationen auf unterschiedlichen Granularitätsebenen sowie die darauf aufbauende Optimierung ebenjener Informationsverfügbarkeit in der Datenbasis. Um dies zu realisieren, wurden vier übergeordnete und aufeinanderfolgende Module der Methodik konzeptioniert und in mehreren Schritten expliziert. Deren weitere Detaillierung ist Gegenstand des nachfolgenden Kapitels 5.

5 Detaillierung der Bewertungsmethodik

Aufbauend auf dem in Kapitel 4 beschriebenen Grobkonzept der Bewertungsmethodik erfolgt in Kapitel 5 die Ausdetaillierung der skizzierten Module. Wie in Abbildung 5.1 dargestellt, sind diese ebenfalls strukturgebend für den Aufbau dieses Kapitels.

Dementsprechend wird zunächst das Modul zur Prozess- und Informationsmodellierung inklusive des zugrundeliegenden Beschreibungsmodells vorgestellt (Kapitel 5.1). Darauf folgt in Kapitel 5.2 die Ausdetaillierung des zweiten Moduls zur Identifikation und Gewichtung von Fehlereinflussgrößen im Sinne eines Erklärungsmodells. In Kapitel 5.3 erfolgt die detaillierte Beschreibung der quantitativen Vollständigkeitsbewertung einschließlich der hierfür entwickelten Metriken bevor in Kapitel 5.4 die modellgestützte Ableitung von Optimierungsempfehlungen ausgeführt wird. Abschließend wird in Kapitel 5.5 ein Zwischenfazit gezogen und die Methodik kritisch reflektiert.

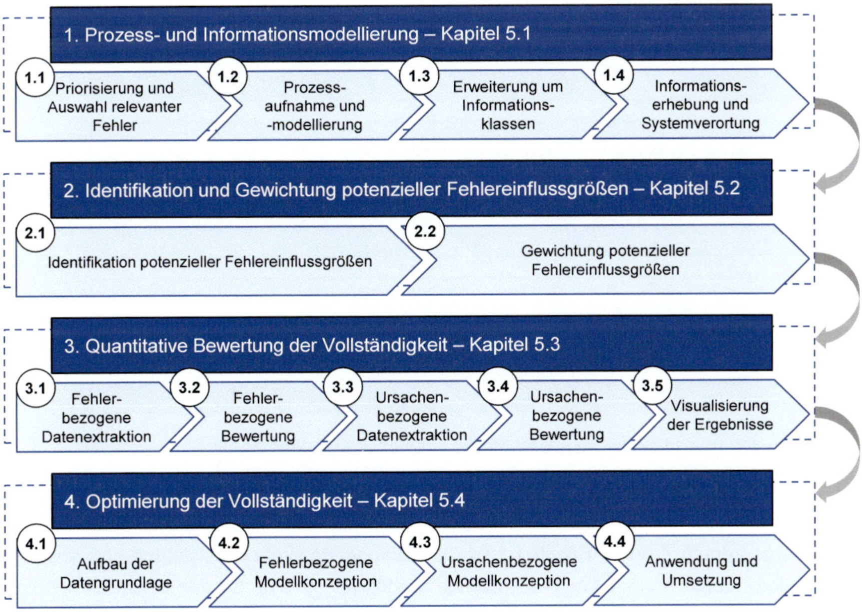

Abbildung 5.1: Überblick der Bewertungsmethodik und ihrer Module

---

Für ein besseres Verständnis des Lesers werden einzelne Schritte der beschriebenen Module im Weiteren am Beispiel einer Getriebewellenfertigung exemplarisch angewendet und die Teilergebnisse dargestellt. Als Ausgangsbasis dient eine konventionelle Produktionskette bei der Getriebewellenfertigung, welche aus den Prozessschritten Schmieden, Drehen, Bohren, Abwälzfräsen, Wärmebehandlung, Schleifen und Festigkeitsstrahlen besteht.

5.1 Prozess- und Informationsmodellierung

Bezugnehmend auf die erste Teilforschungsfrage wird im ersten Modul eine Teilmethodik zur Modellierung relevanter Prozesse der Produktionskette sowie die damit verknüpfte Aufnahme und Klassifizierung systemseitig erfasster Informationen entwickelt. Zentraler Bestandteil ist die Entwicklung eines Beschreibungsmodells, welches die genannten Inhalte abbildet. Die im Zuge dieser Teilmethodik entworfenen und in Abbildung 5.2 dargestellten Schritte 1.1 bis 1.4 werden in den folgenden Unterkapiteln detaillierter beschrieben.

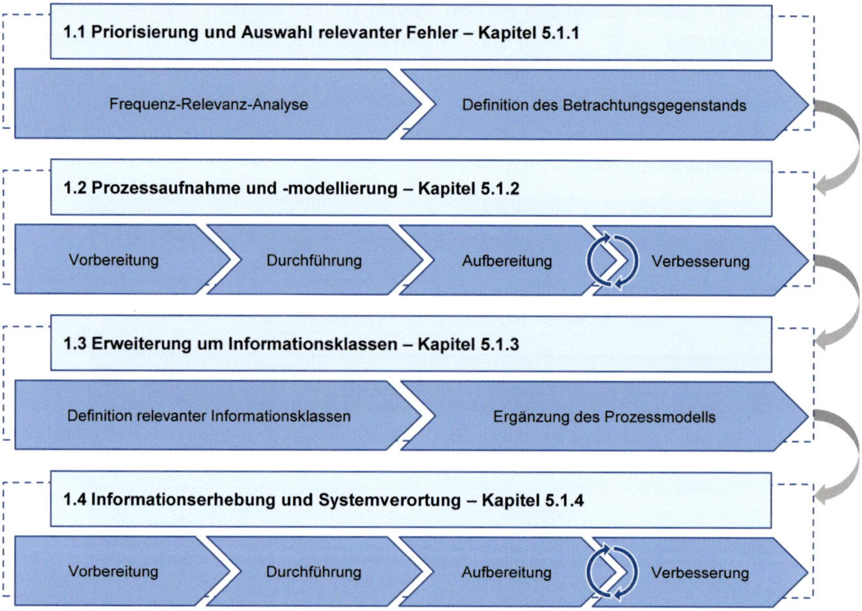

Abbildung 5.2: Überblick der im ersten Modul entwickelten Teilmethodik

5.1.1 Priorisierung und Auswahl relevanter Fehler

Das übergeordnete Ziel von Schritt 1.1 ist die methodengeleitete Priorisierung und Auswahl von Fehlern, deren nähere Analyse im Sinne prädiktiver Modelle für das Unternehmen von besonderem Interesse ist. Die Auswahl dieser Fehler bildet die Grundlage für die nachfolgende kontextabhängige Eingrenzung des Betrachtungsbereichs der Produktionskette (vgl. Kapitel 5.1.2) und damit für die Bewertung der Vollständigkeit in ihrer Gesamtheit. Die in Abbildung 5.3 dargestellten Teilschritte werden im Folgenden näher beschrieben.

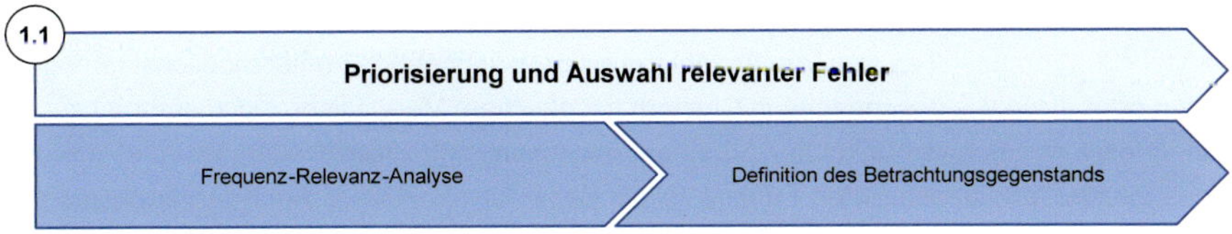

Abbildung 5.3: Abfolge der Teilschritte in Schritt 1.1 der Methodik

Frequenz-Relevanz-Analyse

Die Priorisierung und Auswahl der zu betrachtenden Fehler erfolgt in Anlehnung an die Methode der Frequenz-Relevanz-Analyse für Probleme (FRAP). Als Weiterentwicklung der Problem-Detecting- Methode entstammt diese ursprünglich dem Qualitätsmanagement für Dienstleistungen und basiert auf der Annahme, dass die Dringlichkeit der Fehlerbearbeitung neben der Bedeutsamkeit der Fehler von der Fehlerhäufigkeit abhängig ist. (Stauss und Seidel 2014, 286 f.; Bruhn 2008, 184 f.)

Hierzu werden alle *entlang der Produktionskette auftretenden Fehler* erfasst. Anschließend wird für die gesammelten Fehler über einen definierten Zeitraum sowohl die *Fehlerhäufigkeit als auch die Relevanz der individuellen Fehler quantifiziert*. Letzteres lässt sich beispielsweise durch Ermittlung der entstehenden Fehlerkosten realisieren (DIN EN ISO 9004:2018, S. 8). Die sich anschließende *Auswertung* erfolgt anhand der in Abbildung 5.4 exemplarisch dargestellten zweidimensionalen Matrix mit verschiedenen, in Skalenwerten verdichteten, Fehlerrelevanz- und Fehlerhäufigkeitswerten (Bruhn 2008, S. 185).

Unter Berücksichtigung der jeweils fallspezifischen Randbedingungen erfolgt die *Auswahl von ein oder mehreren Fehlern* des ersten Quadranten (vgl. Abbildung 5.4).

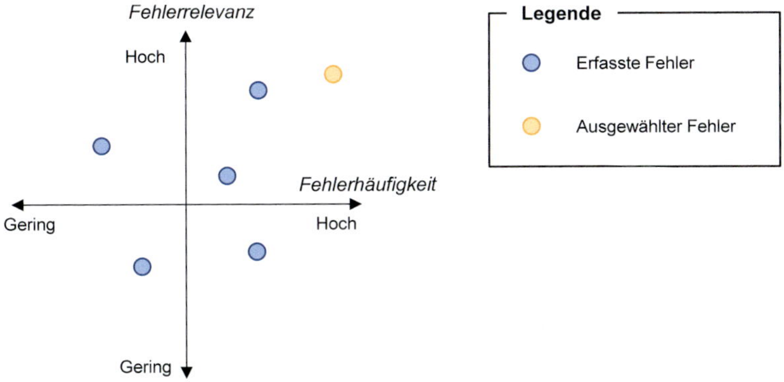

Abbildung 5.4: Auswertung der Frequenz-Relevanz-Analyse i. A. a. Bruhn (Bruhn 2008, S. 185)

In Anlehnung an die klassische Anwendung der Frequenz-Relevanz-Analyse können diese Fehler ähnlichkeitsbasiert in Clustern zusammengefasst werden, wobei sich insbesondere das *betroffene Produkt- bzw. Prüfmerkmal als Ähnlichkeitskriterium* eignet (Bruhn 2008, S. 185).

Im Hinblick auf die formalen Anforderungen der Durchführbarkeit und Praxistauglichkeit (vgl. Kapitel 4.1.1) empfiehlt es sich, die Anzahl der zu untersuchenden Fehler möglichst gering zu halten oder diese wie beschrieben in Clustern mit gleichem Merkmalsbezug zusammenzufassen. Infolge des Schwerpunkts der Arbeit auf der binomialen Klassifikation wird die Auswahl eines als relevant identifizierten Fehlers F_0 als Basis für die weitere Analyse vorausgesetzt. Die Vollständigkeitsbewertung der Datenbasis erfolgt damit im Folgenden fehlerindividuell.

Definition des Betrachtungsgegenstands

Im Rahmen dieser Arbeit wurde der Begriff des Fehlers in Anlehnung an die Qualitätsnorm DIN EN ISO 9000:2015 als *„Nichterfüllung einer Anforderung"* definiert (DIN EN ISO 9000:2015-11, S. 15). Zu den expliziten Anforderungen gehört u. a. die in der Spezifikation festgehaltene Beschaffenheit verschiedener Produktmerkmale.

Ausgehend von der Auswahl des zu untersuchenden Fehlers bzw. Fehlerclusters sowie des korrespondierenden Prüfmerkmals wird erhoben, in *welchem Prozessschritt* der Produktionskette die Prüfung ebenjener Prüfmerkmal(e) erfolgt (nachfolgend als „Qualitätsprüfung" bezeichnet). Abschließend wird in Vorbereitung auf die Prozessaufnahme und -modellierung festgelegt, *welche Produktvariante* und damit welche Route innerhalb der Produktionskette Teil der weiteren Betrachtung ist.

Im Rahmen des Beispiels der Getriebewellenfertigung wird das Überschreiten der Koaxialitätstoleranz der Längsachse der Bohrung für den späteren Einsatz als relevanter und häufiger Fehler F_0 identifiziert und für die weitere Untersuchung ausgewählt. Dieser Fehler liegt vor, wenn die Achse der tolerierten Bohrung nicht innerhalb eines zur Bezugsachse des Zylinders A koaxialen Zylinders von Ø0,03 mm liegt (vgl. Abbildung 5.5).

Zur Prüfung der Koaxialität wird mittels taktiler Prüfung die maximale Abweichung A_{max} von der Bezugsachse ermittelt und anschließend das entscheidende Prüfmerkmal der tatsächlichen Koaxialität Koax = 2 x A_{max} berechnet. In der Produktionskette erfolgt diese Qualitätsprüfung im Anschluss an den Prozessschritt „Bohren" und ist damit maßgeblich für den im nächsten Schritt zu definierenden Betrachtungsbereich.

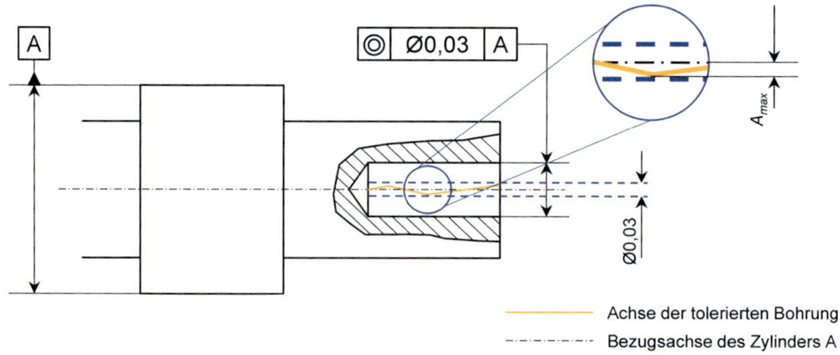

Abbildung 5.5: Betrachteter Fehler im Beispiel der Getriebewellenfertigung

---

5.1.2 Prozessaufnahme und -modellierung

Im Rahmen von Schritt 1.2, der Prozessaufnahme und -modellierung, wird das übergeordnete Ziel verfolgt, Transparenz über den Ist-Zustand des zu betrachtenden Ausschnitts der Produktionskette zu schaffen. Darüber hinaus wird hiermit die Grundlage für ein umfangreicheres Beschreibungsmodell des Ist-Zustands gelegt, welche über die reine Prozessbeschreibung hinausgeht.

Die wesentliche Unterscheidung zwischen den Begrifflichkeiten der Prozessaufnahme und der Prozessmodellierung liegt darin, dass im Rahmen der Prozessaufnahme mittels verschiedener Techniken der Ablauf des Prozesses ermittelt wird, während die Prozessmodellierung die (visuelle) Aufbereitung des Prozesses umfasst. Wie in der Praxis häufig der Fall, ist der Übergang zwischen den beiden Schritten auch im Rahmen der entwickelten Methodik fließend. Darüber hinaus ist für die praktische Durchführung der unterstützende und häufig kombinierte Einsatz verschiedener Methoden wie Dokumentenanalyse, Beobachtung und Interviews sinnvoll. (Przybysz und Duckwitz 2014, S. 5)

Nachfolgend wird die in Abbildung 5.6 dargestellte Abfolge von Teilschritten in Schritt 1.2 der Methodik weiter expliziert.

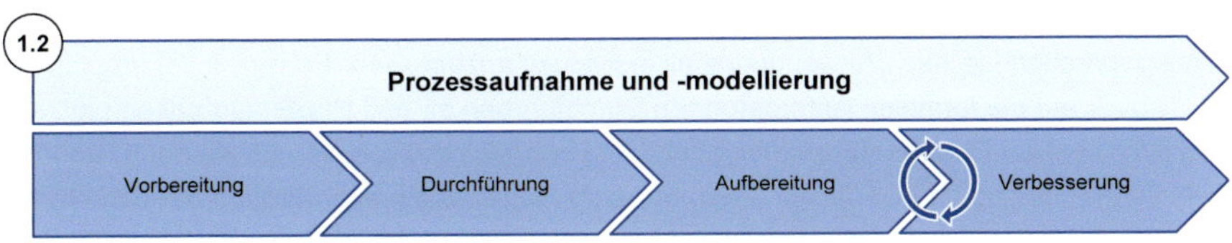

Abbildung 5.6: Abfolge der Teilschritte in Schritt 1.2 der Methodik

Vorbereitung

Im Rahmen der inhaltlichen Vorbereitung erfolgt zunächst die Akquise und erste Sichtung bestehender Dokumentation zur ausgewählten Produktvariante sowie den korrespondierenden Produktionsprozessen. Auf Basis dessen wird darauffolgend der *Betrachtungsbereich der Produktionskette eingegrenzt*. Dies dient der Konzentration auf die wesentlichen Produktionsprozesse bzw. deren Aktivitäten, welche einen Einfluss auf die Qualität der Produktvariante im Allgemeinen und die Ausprägung des betreffenden Prüfmerkmals im Besonderen haben.

Wie in Abbildung 5.7 dargestellt, erfolgt die vertikale Eingrenzung des Betrachtungsbereichs basierend auf dem Prozessfluss der ausgewählten Produktvariante. Während die horizontale Eingrenzung zur rechten Seite abhängig von der Position der Qualitätsprüfung ist, basiert die Eingrenzung zur linken Seite auf der Zugehörigkeit der entsprechenden Prozesse zum Unternehmen und damit der Zugänglichkeit zu Informationen.

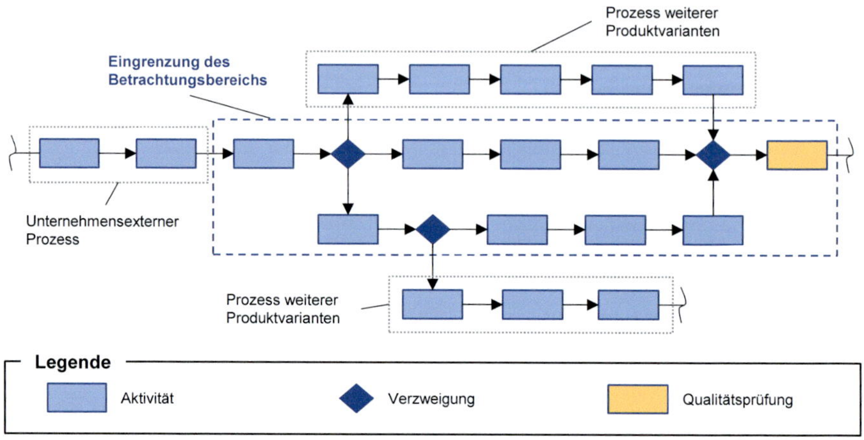

Abbildung 5.7: Eingegrenzter Betrachtungsbereich der Produktionskette

Nach Eingrenzung des Betrachtungsbereichs gilt es den erforderlichen *Detaillierungsgrad der Prozessaufnahme und -modellierung festzulegen*. Dieser ist stark kontextspezifisch und ist dementsprechend je nach Anwendungsfall individuell anzupassen. Prinzipiell sei empfohlen, im Hinblick auf die formalen Anforderungen Durchführbarkeit und Praxistauglichkeit (vgl. Kapitel 4.1.1) bei der Prozessmodellierung auf der *fachlich-konzeptionellen Ebene* nach GEHRING zu bleiben (Gehring und Gadatsch 1999, S. 1). Im Gegensatz hierzu wird auf der darunterliegenden *operativen Ebene* eine so detaillierte Spezifizierung von Arbeitsschritten unter Berücksichtigung personeller sowie technologischer Ressourcen angestrebt, dass ein ganz oder teilweise automatisierter Geschäftsprozess im Sinne eines Workflows möglich ist (Gehring und Gadatsch 1999, S. 3). Dies ist jedoch vor dem Hintergrund dieser Arbeit nicht zielführend.

Im Anschluss an die inhaltliche Vorbereitung wird *Zeit und Ort der Prozessaufnahme festgelegt* (Przybysz und Duckwitz 2014, S. 5). Parallel dazu erfolgt die *Auswahl der Interviewpartner*, welche neben der Analyse bestehender Dokumentation als Hauptinformationsquelle bei der Prozessaufnahme dienen. Diese Auswahl geschieht auf Grundlage der folgenden Kriterien (Gläser und Laudel 2010, S. 117):

- Sie müssen über die relevanten Informationen verfügen.
- Sie müssen präzise Informationen geben können.
- Sie müssen zum Interview bereit sein.
- Sie müssen im gesteckten Zeitplan verfügbar und erreichbar sein.

Die Interviewpartner werden somit als Experten behandelt, welche Informationen zum interessierenden Ausschnitt der Produktionskette beitragen können. Im Rahmen von Befragungen, die Unternehmen und seine Prozesse betreffen, können Experten als diejenigen Personen verstanden werden, die über ein ausgesprochen hohes Fachwissen über die relevanten Teilbereiche verfügen. Typischerweise stellt die Basis dieses Fachwissens eine langjähre Berufserfahrung sowie Unternehmenszugehörigkeit dar. In Abhängigkeit von der Unternehmensgröße können Experten auf unterschiedlichen Hierarchiestufen angesiedelt sein. (Bähring et al. 2008, S. 92 ff.)

Unter Berücksichtigung der in Kapitel 4.1 beschriebenen Modellmerkmale bedarf es für die Modellbildung der Auswahl einer geeigneten Modellierungsmethode (Stachowiak 1973, S. 159 ff.). Daher erfolgt im Rahmen der formalen Vorbereitung die *Auswahl einer geeigneten Modellierungssprache*. Aufgrund ihrer weiten Verbreitung, der Übersichtlichkeit und einfachen Semantik bietet sich die Verwendung der *Business Process Model and Notation (BPMN)* an, eine standardisierte grafische Modellierungssprache aus dem Bereich des Prozessmanagements (Freund und Rücker 2017, S. 7 f.). Diese ist in ihrer aktuellen Version *BPMN 2.0* von der Object Management Group (OMG) als Spezifikation und ISO-Standard publiziert (Object Management Group 2011; BS ISO/IEC 19510:2013). Für eine detaillierte Beschreibung der BPMN-Symbole, ihrer Bedeutung und den Kombinationsregeln sei an dieser Stelle auf weiterführende Literatur verwiesen (Freund et al. 2010, S. 21).

Zu den Kernelementen der Prozessbeschreibung mittels BPMN gehören Arbeitsschritte (*Aktivitäten*), welche teilweise jedoch nur unter bestimmten Bedingungen (*Gateways*) stattfinden. Darüber hinaus können *Ereignisse* entlang des Prozesses passieren. Diese drei Flussobjekte werden innerhalb eines *Pools* bzw. einer *Lane* über *Sequenzflüsse* und bei Überschreitung der Poolgrenzen über *Nachrichtenflüsse* miteinander verbunden. *Artefakte* kennzeichnen ergänzende Informationen, welche keinen direkten Einfluss auf die Reihenfolge der Flussobjekte haben und via *Assoziationen* mit diesen verbunden werden können. (Freund et al. 2010, S. 21)

Nach Auswahl der Modellierungssprache bzw. der Prozessnotation BMPN 2.0 gilt es die Vorbereitung mit der *Auswahl eines geeigneten Software-Tools* abzuschließen, welchem bei der Prozessaufnahme und -modellierung eine rein unterstützende Funktion zukommt. Demzufolge umfassen die Hauptkriterien bei der Auswahl primär eine hohe Benutzerfreundlichkeit, ein ausreichender Funktionsumfang zur Abbildung der BPMN-Elemente sowie die Exportierbarkeit des Ergebnisses in gängigen Formaten.

Durchführung

Im Anschluss an die inhaltliche und formale Vorbereitung folgt die Durchführung der Prozessaufnahme und -modellierung. Hierbei ist insbesondere in Zusammenhang mit der BPMN Notation die Perspektive des „Teilnehmers“ zu berücksichtigen, aus dessen Sicht der Prozessfluss modelliert wird (Freund et al. 2010, S. 22). Im Rahmen der zu entwickelnden Methodik erfolgt die Prozessaufnahme *produktzentriert*, d. h. aus der Perspektive des Produkts wird dem Prozessfluss durch die Fertigung gefolgt. Die dargestellten Lanes stellen verschiedene Produktionsstufen des betrachteten Produktionssystems dar.

Basierend auf bestehender Prozessdokumentation werden im Rahmen der Prozessaufnahme Experteninterviews dazu genutzt, ergänzendes Prozesswissen qualitativ zu erschließen. Nach KRUSE handelt es sich dabei um ein systematisierendes Experteninterview, bei dem faktisches Expertenwissen erhoben wird um (bestehende) Handlungsfelder zu systematisieren (Kruse et al. 2015, S. 187 f.). Auch im Kontext der Prozessaufnahme werden die Experteninterviews sinnvollerweise leitfadengestützt geführt, wobei der Leitfaden „unbürokratisch und flexibel" gehandhabt werden sollte (Gläser und Laudel 2010, S. 43; Meuser und Nagel 2009). An dieser Stelle sei auf eine breite Auswahl an bereits existierenden Leitfäden zur Prozessaufnahme verwiesen, wie sie z. B. das Mittelstand-Digital Netzwerk veröffentlicht (Thessel et al. 2015; Schönberger et al. 2015). Im Folgenden werden die wichtigsten Elemente bei der Durchführung der Prozessaufnahme kurz beschrieben (Przybysz und Duckwitz 2014, S. 6):

- Erfragen der für die Produktion erforderlichen Tätigkeiten
- Dokumentieren der Tätigkeiten als eigenständige Aktivitäten
- Erfragen des zeitlichen und logischen Ablaufs
- Platzieren der Aktivitäten im Prozessmodell
- Prüfen der Vorgänger/Nachfolger-Beziehungen

Am Ende einer erfolgreichen Durchführung existiert ein erster Entwurf des nach BPMN 2.0 spezifizierten Prozessmodells, welches den eingegrenzten Betrachtungsbereich der Produktionskette beschreibt.

Aufbereitung und Verbesserung

Als abschließender Schritt erfolgt im Rahmen der Prozessaufnahme und Modellierung die *Aufbereitung und weitere Ausdetaillierung* des in Abbildung 5.8 exemplarisch dargestellten Prozessmodells. Falls die entsprechenden Ressourcen verfügbar sind, empfiehlt es sich, das Prozessmodell durch weitere Experten im Unternehmen verifizieren zu lassen und so eine iterative Verbesserung zu realisieren.

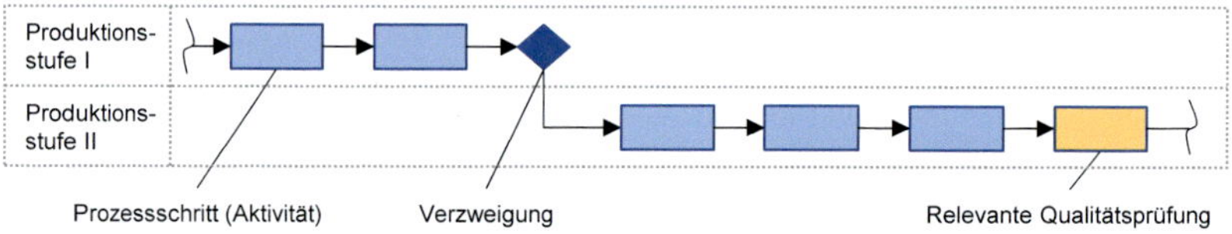

Abbildung 5.8: Exemplarisches Prozessmodell im Produktionskontext

---

Im Beispiel der Getriebewellenfertigung werden auf Basis des ausgewählten Fehlers F_0 die Prozessschritte identifiziert, welche für die Beschaffenheit des korrespondierenden Produkt- bzw. Prüfmerkmals relevant sind. Diese umfassen die Bearbeitungsschritte „Schmieden", „Drehen" und „Bohren" sowie die nachfolgende taktile Prüfung der Koaxialität. Wie in Abbildung 5.9 dargestellt wird ausgehend von der gesamten Produktionskette der Betrachtungsbereich auf diese Prozessschritte eingeschränkt und ein Prozessmodell als Grundlage für die weitere Informationsmodellierung formuliert.

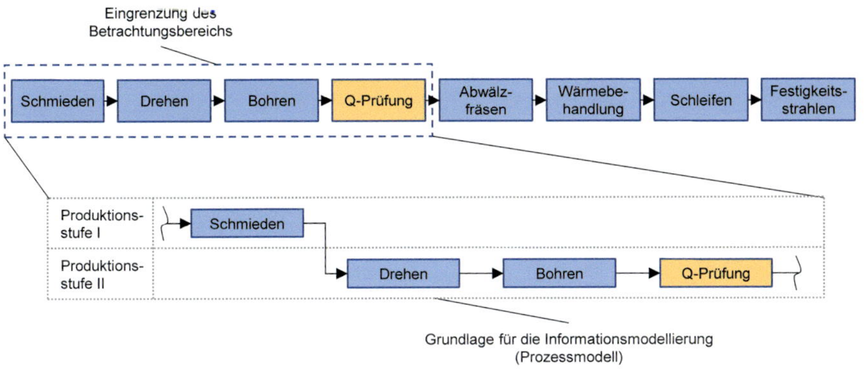

Abbildung 5.9: Betrachtungsbereich im Beispiel der Getriebewellenfertigung

5.1.3 Erweiterung um Informationsklassen

Ausgehend von diesem Beschreibungsmodell wird im Rahmen von Schritt 1.3 das Ziel verfolgt, das Prozessmodell um Informationsklassen zu erweitern, welche im Kontext der Fehlerprädiktion relevant sind. Durch die Klassifizierung von Informationen soll später eine möglichst transparente und feingranulare Bewertung der Vollständigkeit von Informationen ermöglicht werden, um so Schwachstellen in der Datenerfassung zu identifizieren. Die in Abbildung 5.10 dargestellten Teilschritte werden im Folgenden näher beschrieben.

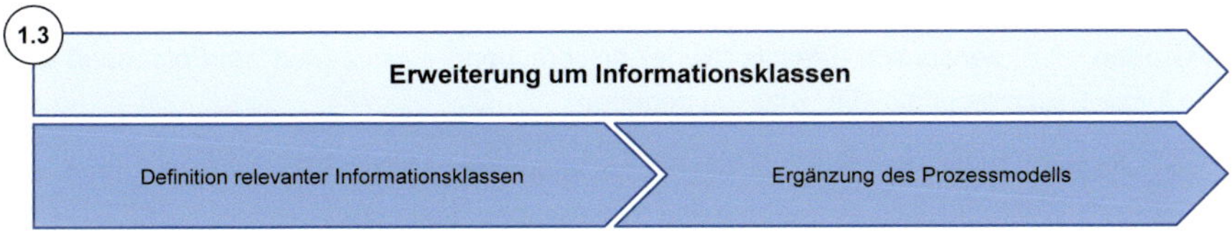

Abbildung 5.10: Abfolge der Teilschritte in Schritt 1.3 der Methodik

Definition relevanter Informationsklassen

Im ersten Teilschritt erfolgt zunächst die Definition der im Kontext der Arbeit *relevanten Informationsklassen.* Relevant sind in diesem Zusammenhang alle Informationen, welche in potenziellem Zusammenhang mit der Fehlerentstehung und -erfassung stehen. Hierzu wird auf dem in Kapitel 3.2.1 vorgestellten prozessunabhängigen Metamodell für Produktionsdaten nach CRAMER ET AL. aufgebaut, welches in Form eines UML-Klassendiagramms Prozess- und Metainformationen sowie deren wechselseitige Beziehungen in einem produktzentrierten Modell vereint (Cramer et al. 2021, S. 586 ff.). Gemäß den formulierten Anforderungen dieser Arbeit werden diese Informationsklassen in Anlehnung an die klassischen 6 M der Ursachenanalyse im Sinne der *Praxistauglichkeit* und *Interpretierbarkeit* wie folgt neu strukturiert und verdichtet (REFA 2015, S. 84). Die formale Beschreibung ebenjener Klassen ist unter Verwendung der Web Ontology Language (OWL) in Abbildung 5.11 dargestellt (W3C 2009).

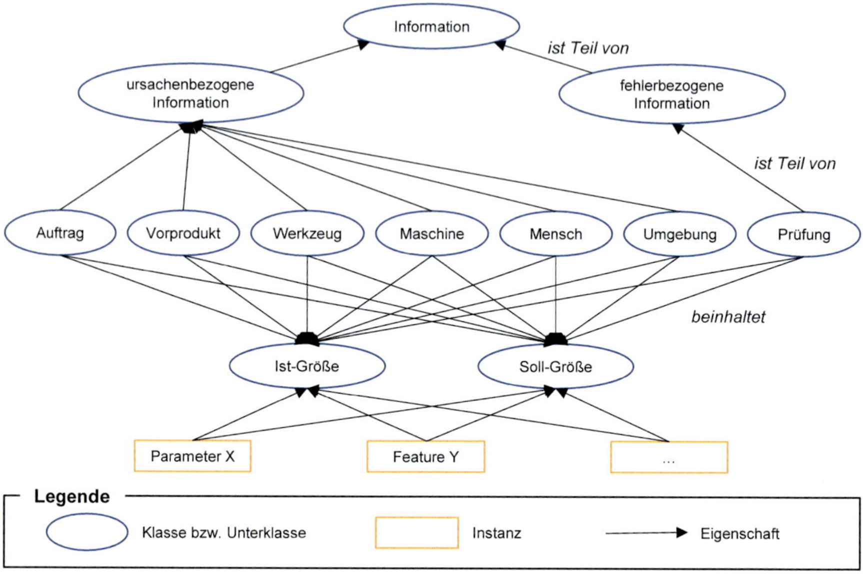

Abbildung 5.11: Ontologie der relevanten Informationen

Die hieraus entstehenden Informationsklassen gliedern sich entsprechend ihrer Darstellung in Abbildung 5.11 in ursachen- und fehlerbezogene Klassen. Diese Klassen dienen als Grundlage um erhobene Informationen zu Soll-Größen (z. B. Prozess- und Produktspezifikationen), Ist-Größen (z. B. sensorisch erfasste Werte) entsprechend einzuordnen. Im Folgenden wird eine kurze Beschreibung dieser Klassen gegeben:

- *Auftrag*: Beinhaltet auftragsspezifische Informationen zum Produktionsauftrag wie z. B. Auftragszeiten und allgemeine Prozessspezifikationen.
- *Vorprodukt*: Umfasst Informationen zu Rohstoffen, Halbzeugen und Komponenten wie z. B. deren Produktspezifikationen und sensorisch erfasste Produktmerkmale (Cramer et al. 2021, S. 588).
- *Maschine:* Beinhaltet maschinenbezogene Informationen wie z. B. die Maschinen-ID sowie Soll- und Ist-Maschinenparameter.
- *Werkzeug:* Enthält werkzeugspezifische Informationen, wie z. B. die Werkzeug-ID und die Ergebnisse von Verschleißmessungen.
- *Mensch:* Informationen zum Menschen (z. B. als Anlagenbediener) sind stark vom Automatisierungsgrad abhängig. So umfassen diese neben personenspezifischen Informationen (z. B. persönliche ID) auch Informationen zu manuell durchgeführten Arbeitsschritten.
- *Umgebung:* Umfasst umgebungsspezifische Informationen zu den auf dem Shop Floor herrschenden Bedingungen wie z. B. Temperatur, Druck und Vibrationen.
- *Prüfung:* Beinhaltet prüfungsspezifische Informationen zu den in Kapitel 5.1.1 priorisierten und ausgewählten Fehlern wie z. B. Messwerte und Produktspezifikationen.

An dieser Stelle sei darauf verwiesen, dass die im Rahmen der Ontologie formulierten Klassen keinen Anspruch auf Vollständigkeit oder Allgemeingültigkeit erheben und bei Notwendigkeit erweitert oder verkürzt werden können. Nichtsdestotrotz ist eine einheitliche Verwendung der Klassen im Sinne eines Standards vor dem Hintergrund der Vergleichbarkeit der Vollständigkeitsbewertung von verschiedenen Anwendungsfällen zu empfehlen.

Ergänzung des Prozessmodells

Im Anschluss erfolgt die Ergänzung des in Kapitel 5.1.2 erstellten Prozessmodells um die *relevanten Informationsklassen*. Dies dient zeitgleich als Arbeitsvorbereitung für die Informationserhebung des nachfolgenden Schrittes in Kapitel 5.1.4, indem die entsprechenden Visualisierungselemente eingeführt werden.

Ausgehend von dem in Abbildung 5.8 dargestellten exemplarischen Prozessmodell werden für die Erhebung erfasster Informationen sogenannte *Informationsboxen* zur zusammenfassenden Beschreibung der erfassten Informationen vorgehalten und unter der bisherigen grafischen Darstellung ergänzt. Darüber hinaus werden die definierten Informationsklassen in Form von parallelen horizontalen Linien hinzugefügt. Eine solche Visualisierung ist exemplarisch in Abbildung 5.12 dargestellt.

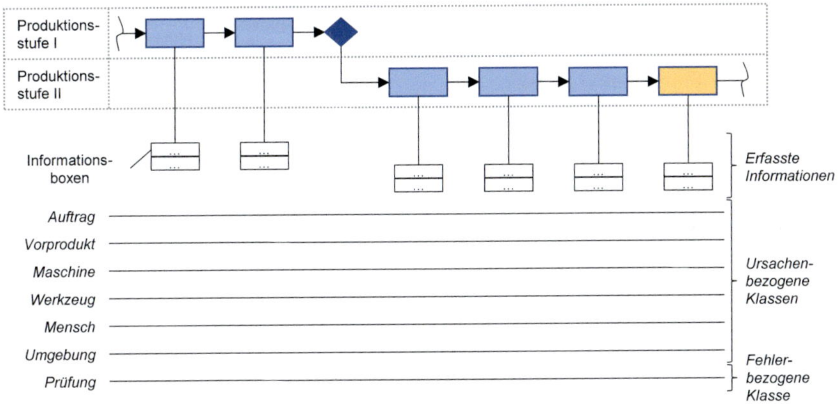

Abbildung 5.12: Erweitertes exemplarisches Prozessmodell

5.1.4 Informationserhebung und Systemverortung

Auf Basis des erweiterten Prozessmodells wird im Rahmen von Schritt 1.4 das Ziel verfolgt, die entlang der Produktionskette erfassten Informationen zu sichten, zu klassifizieren und den eingesetzten Informationssystemen in der Produktion zuzuordnen. Durch die damit einhergehende Visualisierung wird eine aussagekräftige Übersicht des Status quo der in den Betriebsdaten erfassten Informationen geschaffen. Diese dient als Grundlage für den anschließenden Vergleich mit dem zu formulierenden Soll-Zustand sowie die darauf aufbauende Bewertung der Vollständigkeit der in Betriebsdaten enthaltenen Informationen. Die in Abbildung 5.13 dargestellten Teilschritte werden im Folgenden weiter expliziert.

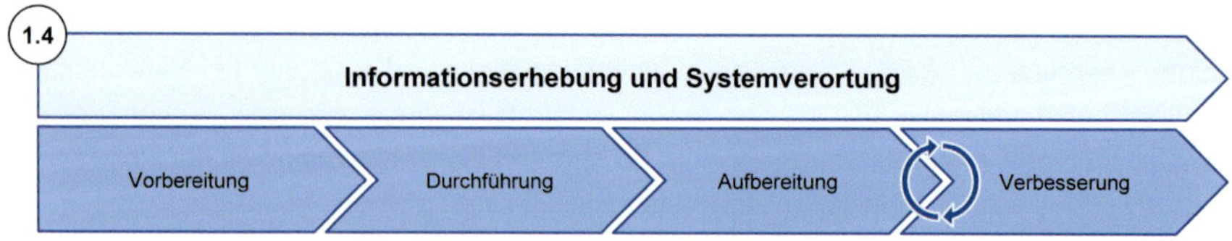

Abbildung 5.13: Abfolge der Teilschritte in Schritt 1.4 der Methodik

Vorbereitung

Im Rahmen der inhaltlichen Vorbereitung erfolgt zunächst die *Eingrenzung des Betrachtungsbereichs* der Informationserhebung. Dieser folgt unmittelbar aus der Eingrenzung des Betrachtungsbereichs der Produktionskette in Kapitel 5.1.2 sowie der Definition der relevanten Informationsklassen in Kapitel 5.1.3. Im Anschluss erfolgt eine *erste Analyse der produktionsnah operierenden Informationssysteme* (z. B. MES). Neben der Schaffung einer Übersicht der sich im Einsatz befindender Systeme schließt dies, sofern möglich, auch die *Extraktion von Datensätzen begrenzten Umfangs* aus ebenjenen Systemen ein. Des Weiteren ist der *Detaillierungsgrad der Informationserhebung festzulegen.* Um den Anforderungen Durchführbarkeit und Praxistauglichkeit (vgl. Kapitel 4.1.1) gerecht zu werden, wird hierfür ein geringer Detaillierungsgrad angesetzt. So wird neben der Zuordnung zu definierten Informationsklassen erhoben inwiefern es sich um Soll-Größen (z. B. Spezifikationen) oder Ist-Größen (z. B. sensorisch erfasste Informationen) handelt.

Analog zur Prozessaufnahme und -modellierung in Kapitel 5.1.2 erfolgt im Zuge der Vorbereitung zunächst die *Festlegung von Ort und Zeit* der Durchführung der Informationserhebung. Parallel dazu erfolgt die *Auswahl der Experten*, die neben der Prüfung von Datenbankdumps als ergänzende Informationsquelle bei der Informationserhebung dienen. Diese Auswahl geschieht auf Basis der in Kapitel 5.1.2 benannten Kriterien (Gläser und Laudel 2010, S. 117). Neben der Auswahl der Interviewpartner ist eine Entscheidung hinsichtlich der *Weiterverwendung des unterstützenden Software-Tools* zur Aufbereitung der Ergebnisse zu treffen.

Durchführung

Im Anschluss an die inhaltliche und formale Vorbereitung folgt die Durchführung der Informationserhebung und Systemverortung. Basierend auf dem bestehenden Prozessmodell wird vergleichbar zu Kapitel 5.1.2 die *Integration von Experten* dazu genutzt, ergänzendes Wissen zu den systemseitig erfassten Informationen qualitativ zu erschließen. Quantitativ gestützt wird dies durch die *Prüfung der extrahierten Datensätze*. Das zugrundeliegende Vorgehen der Informationserhebung und Systemverortung folgt dem Verlauf des formulierten Prozessmodells von links nach rechts und lässt sich für jeden individuellen Prozessschritt in folgende Teilschritte untergliedern:

- Erhebung der systemseitig erfassten Informationen (Soll-/Ist-Größen)
- Systemseitige Verortung der erfassten Informationen
- Verifizieren der Erfassung durch Prüfung der extrahierten Datensätze
- Einordnung in die definierten Informationsklassen

Aufbereitung und Vorbesserung

Vor dem Hintergrund der Zielstellung gilt es im Anschluss an die Durchführung die Ergebnisse in einer *aussagekräftigen und übersichtlichen Art und Weise aufzubereiten*. Hierzu werden ausgehend vom erweiterten exemplarischen Prozessmodell (Abbildung 5.12) im unteren Bereich der grafischen Darstellung weitere horizontale Linien eingeführt, welche die produktionsnahen operierenden Informationssysteme repräsentieren. Wie in Abbildung 5.14 beispielhaft dargestellt, werden anschließend die Informationsart (Soll-/Ist-Größen) *in Form von Informationsboxen in aggregierter Form dokumentiert*. Durch die Einführung vertikaler Verbindungslinien und die *Visualisierung entsprechender Knotenpunkte* werden die erhobenen Informationen klassifiziert. Dabei steht die angegebene Pfeilrichtung für die Richtung des Informationsflusses. Neben der Zuordnung zu den definierten Informationsklassen werden die Informationen durch weitere *vertikale Verbindungslinien in den Informationssystemen verortetet*. Im Rahmen dieser Systemverortung wird die Möglichkeit geschaffen, im Sinne einer gesteigerten Aussagekraft *Metainformationen* in Form der Bezeichnung der Datenquelle (z. B. Tabelle X in Datensatz Y) zu ergänzen.

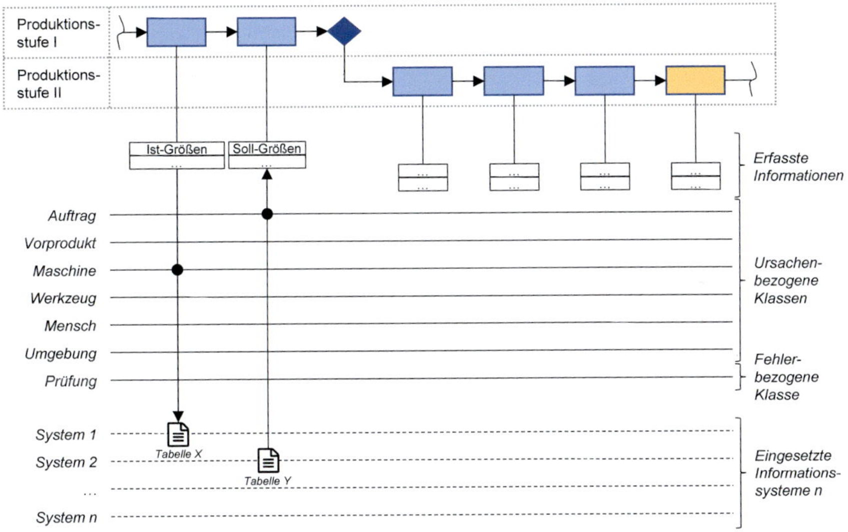

Abbildung 5.14: Exemplarisch aufbereitetes Prozessmodell mit erfassten Informationen

Nach der Aufbereitung der Ergebnisse in Form der beschriebenen Visualisierung (vgl. Abbildung 5.14) sei empfohlen, die Informationserhebung, -klassifizierung und Systemverortung durch geeignete Experten im Unternehmen verifizieren zu lassen und so eine iterative Verbesserung zu realisieren.

Anhand des Beispiels der Getriebewellenfertigung wird analog zum beschriebenen Vorgehen das um Informationsklassen erweiterte Prozessmodell mit den erhobenen Informationen befüllt und die entsprechende Systemverortung vollzogen. Die entlang des betrachteten Prozessausschnitts systemseitig erfassten Informationen lassen sich wie in Abbildung 5.15 dargestellt den Informationsklassen Auftrag, Vorprodukt, Maschine, Werkzeug und Prüfung zuordnen. Im Sinne der Praxistauglichkeit und der Darstellbarkeit werden diese Informationen in Form von Informationsboxen aggregiert. So umfassen beispielsweise „Soll-Größen" der Klasse „Vorprodukt" im Prozessschritt „Schmieden" eine Vielzahl produktspezifischer Informationen zum verwendeten Rohmaterial. Die relevanten Informationssysteme umfassen im Beispiel das ERP, das MES sowie die Datenbank der verwendeten Prüfsoftware.

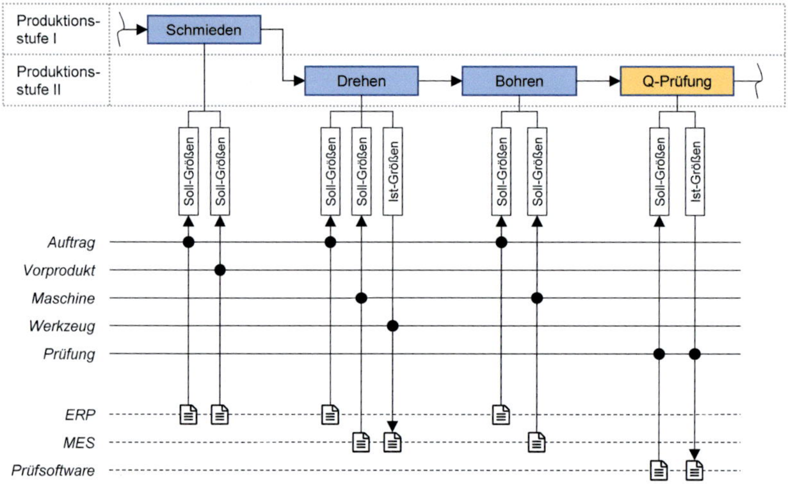

Abbildung 5.15: Prozess- und Informationsmodell im Beispiel der Getriebewellenfertigung

5.2 Identifikation und Gewichtung potenzieller Einflussgrößen

Unter Berücksichtigung der zweiten Teilforschungsfrage gilt es im zweiten Modul eine Teilmethodik zur Identifikation und Gewichtung potenzieller Fehlereinflussgrößen zu entwickeln. Im Mittelpunkt dessen steht die Wissenserhebung auf Basis von expliziten und impliziten Wissensquellen sowie die darauf aufbauende Entwicklung eines leicht interpretierbaren Erklärungsmodells. Die im Zuge dieser Teilmethodik entworfenen und in Abbildung 5.16 dargestellten Schritte 2.1 bis 2.2 werden in den folgenden Unterkapiteln detaillierter beschrieben.

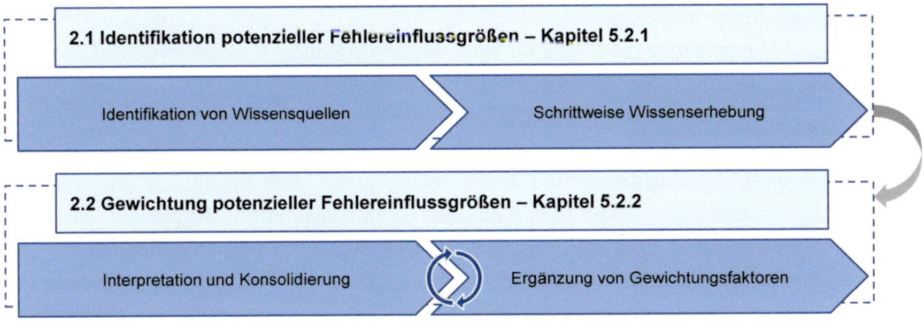

Abbildung 5.16: Überblick der im zweiten Modul entwickelten Teilmethodik

5.2.1 Identifikation potenzieller Fehlereinflussgrößen

Übergeordnetes Ziel von Schritt 2.1 ist die Identifikation potenzieller Fehlereinflussgrößen auf Basis von implizitem und explizitem Wissen zu den fallspezifischen Kausalzusammenhängen bei Fehlerereignissen. Dabei geht der Untersuchungsbereich über die in Kapitel 5.1 erhobenen Informationen hinaus und schließt insbesondere auch potenzielle Fehlereinflussgrößen ein, welche bis dato nicht in den erfassten Betriebsdaten enthalten sind. Von der Wissenserhebung ausgenommen sind sowohl die Identifikation der Effektrichtung potenzieller Fehlereinflussgrößen auf die Fehlerentstehung (+/-) als auch die Identifikationen der elementaren Fehlerursachen (engl. root cause). Die in Abbildung 5.17 dargestellten Teilschritte werden im Folgenden weiter expliziert.

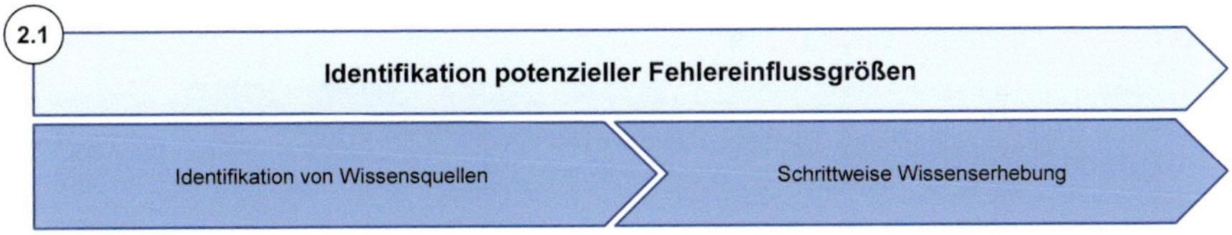

Abbildung 5.17: Abfolge der Teilschritte in Schritt 2.1 der Methodik

Identifikation von Wissensquellen

NONAKA UND TAKEUCHI unterscheiden allgemein zwischen zwei unterschiedlichen Arten von Wissen im Unternehmen, welche im Kontext von Fehlerereignissen ebenfalls auf Wissen zu kausalen Zusammenhängen anwendbar sind. Zu bestimmten Fehlerereignissen existieren Messprotokolle, Analyseergebnisse, mathematische Ausdrücke oder sonstige Dokumentationen vorangegangener Untersuchungen. Dies lässt sich als *explizites ursachenbezogenes Wissen* zusammenfassen. Darüber hinaus existiert im Unternehmen *implizites ursachenbezogenes Wissen* in Form von Know-how der Mitarbeiter, die beispielsweise bestimmte Erfahrungen im Rahmen der Prozessparametrierung oder Fehlerursachenanalyse gemacht haben. (Nonaka und Takeuchi 1995, S. 8; Nonaka et al. 2012, 23 ff.)

Im Rahmen von Schritt 2.1, der Identifikation potenzieller Fehlereinflussgrößen, gilt es demnach zunächst sowohl diese expliziten (Dokumentation) und impliziten ursachenbezogenen

Wissensquellen (Experten) zu identifizieren. Dabei ist je nach Unternehmen und Anwendungsfall in Bezug auf letztere eine hohe Schnittmenge mit den in Kapitel 5.1.2 involvierten Experten zu erwarten.

Schrittweise Wissenserhebung

Um Wissensquellen zu erschließen und für die nachfolgende Modellierung der kausalen Zusammenhänge nutzbar zu machen bedarf es nach SPRECKELSEN UND SPITZER der *Wissenserhebung* (Spreckelsen und Spitzer 2009, S. 209). Der Begriff der Wissenserhebung als Teil der Wissensakquisition entstammt dem Knowledge Engineering, was zusammenfassend für das systematische Vorgehen bei der Implementierung, Pflege und Wartung von Wissensbasen steht, häufig im Zusammenhang mit Expertensystemen (Karbach und Linster 1990; Spreckelsen und Spitzer 2009, S. 199).

In Anlehnung an die *Mining-View-Metapher* von SPRECKELSEN UND SPRITZER wird davon ausgegangen, dass *„Experten auf Anfrage benennen und äußern können, was sie wissen“* (Spreckelsen und Spitzer 2009, S. 201). Demzufolge dient die Wissenserhebung neben dem Transfer von explizit dokumentiertem Wissen primär dem *„Transfer von Wissen aus dem Kopf des Experten in die Wissensbank“* (Spreckelsen und Spitzer 2009, S. 201). Analog zur Prozessaufnahme (vgl. Kapitel 5.1.2) wird im Rahmen der entwickelten Methodik hierfür der Einsatz von Interviewtechniken wie dem systematisierenden Experteninterview empfohlen (Bachelier 2004, S. 7 f.; Kruse et al. 2015, S. 187 f.).

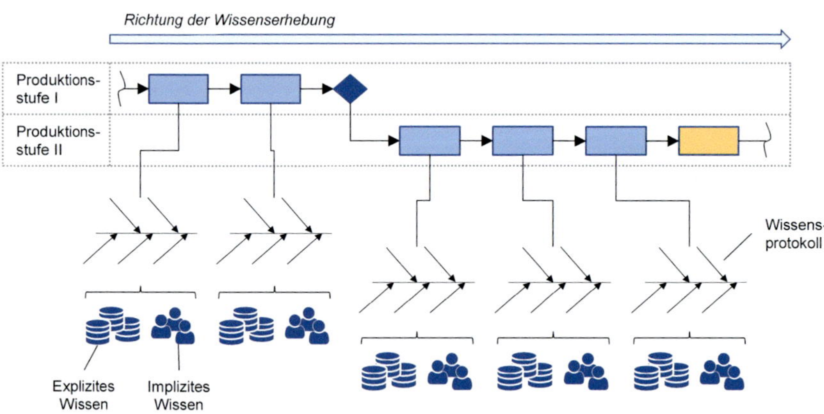

Abbildung 5.18: Schrittweise Erhebung von explizitem und implizitem Wissen

Dabei wird das in Abbildung 5.18 dargestellte *schrittweise Vorgehen* verfolgt, mittels welchem für jeden Prozessschritt im Betrachtungsbereich potenzielle Fehlereinflussgrößen für jede der ursachenbezogenen Informationsklassen erhoben wird. Vor dem Hintergrund der Vollständigkeitsbewertung sind die folgenden ergänzenden Informationen zu potenziellen Fehlereinflussgrößen zu erheben:

- *Fehler:* Vermerk des ausgewählten Fehlers (vgl. Kapitel 5.1.1)
- *Prozessschritt:* Zuordnung des betreffenden Prozessschritts (z. B. Pressen)
- *Informationsklasse:* Zuordnung der ursachenbezogenen Klasse (z. B. Maschine)
- *Informationsart:* Deklaration als Ist- oder Soll-Größe
- *Einflussgröße:* Bezeichnung der potenziellen Einflussgröße (z. B. Pumpendruck)
- *Variablentyp:* Auswahl des Variablentyps (kategorisch vs. numerisch)

Parallel zur Wissenserhebung erfolgt die Dokumentation in Form von sogenannten *Wissensprotokollen*, welche sich im vorliegenden Fall z. B. durch das in Kapitel 3.3.1 vorgestellte Ursache-Wirkungs-Diagramm realisieren lassen (Bachelier 2004, S. 7; Karbach und Linster 1990; Ishikawa 1989, S. 229 f.).

5.2.2 Gewichtung potenzieller Fehlereinflussgrößen

Nachdem im vorangegangenen Schritt explizites und implizites Wissen zu potenziellen Fehlereinflussgrößen erhoben und dokumentiert wurden, gilt es in Schritt 2.2 neben der Konsolidierung des Wissens durch die Ergänzung von expertenbasierten Gewichtungsfaktoren die Effektstärke dieser Einflussgrößen abzubilden. Das so geschaffene leicht interpretierbare Erklärungsmodell formuliert kausale Zusammenhänge in Form von quantitativen Thesen, welche Erklärungen für das Auftreten des ausgewählten Fehlers geben (Patzak 1982, S. 313 ff.). Die in Abbildung 5.19 dargestellten eng verknüpften Teilschritte werden im Folgenden näher beschrieben.

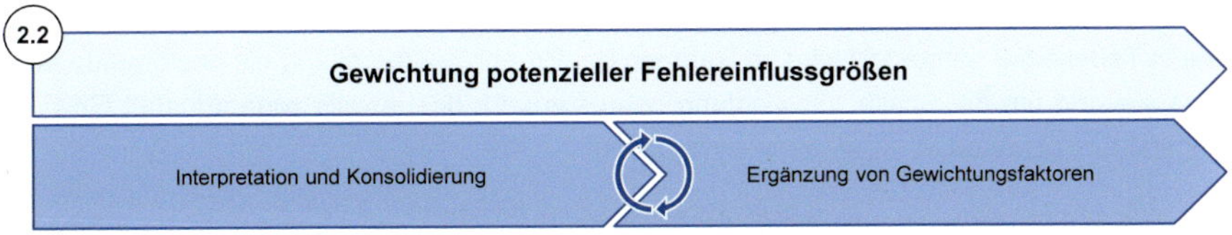

Abbildung 5.19: Abfolge der Teilschritte in Schritt 2.2 der Methodik

Interpretation und Konsolidierung

Zunächst werden im Rahmen der Interpretation und Konsolidierung die Wissensprotokolle *gesichtet, selektiert, aggregiert* und dem Format von Tabelle 5.1 entsprechend aufbereitet. Bei der Schaffung dieses konzeptionellen Modells werden zudem Inkonsistenzen und Überdeckungen zwischen den Wissensprotokollen identifiziert. (Bachelier 2004, S. 7)

Tabelle 5.1: Exemplarisch aufbereitete Dokumentation der Wissenserhebung

Fehler	Prozess-schritt	Informations-klasse	Informations-art	Einfluss-größe	Variablen-typ
F_0	Schritt 1	Maschine	Soll-Größe	Parameter x	Numerisch
F_0	Schritt 1	Maschine	Soll-Größe	Parameter y	Numerisch
...	...	...	...	...	...

Ergänzung von Gewichtungsfaktoren

In Anlehnung an die in Kapitel 3.3.1 beschriebene C&E-Matrix erfolgt die Priorisierung der identifizierten und aufbereiteten potenziellen Fehlereinflussgrößen nach deren Wichtigkeit in Bezug auf die Zielgröße (Breyfogle 2003, S. 356; Melzer 2015, 152 f.). Grundlage ist wiederum die expertenbasierte Einschätzung (Konsens) bezüglich der Effektstärke von Einflussgrößen auf die Zielgröße, also das Auftreten des ausgewählten Fehlers. Hierdurch wird das Erklärungsmodell um kausale Zusammenhänge erweitert, welche für Experten und Ersteller gleichermaßen interpretierbar sind (Bachelier 2004, S. 11).

Die Bewertung dieser Effektstärke geschieht durch die Einführung eines Gewichtungsfaktors *w*, welcher in Anlehnung an das Quality Function Deployment einer logarithmischen Skala mit den Stufen 0, 1, 3 und 9 folgt (Ficalora 2010, S. 196). Durch den Verzicht auf die Verwendung einer linearen Skala wird so die Aussagekraft der resultierenden Bewertung erhöht:

- $w = 0$: kein Einfluss auf das Auftreten des Fehlers
- $w = 1$: geringer oder unbekannter Einfluss auf das Auftreten des Fehlers
- $w = 3$: mittlerer Einfluss auf das Auftreten des Fehlers
- $w = 9$: hoher Einfluss auf das Auftreten des Fehlers

Die Ergänzung der Gewichtungsfaktoren dient zeitgleich zur Überprüfung der Relevanz der erhobenen Informationen. Werden potenzielle Fehlereinflussgrößen nach Einschätzung der Experten mit dem Gewichtungsfaktor $w = 0$ versehen, so finden diese keine weitere Berücksichtigung in der nachfolgenden Bewertung der Vollständigkeit in Kapitel 5.3.

Wie in Tabelle 5.2 dargestellt wird im Rahmen der Ergebnisaufbereitung die bestehende Matrixdarstellung um die Spalte „Gewichtung“ zum Vermerk des jeweils zugeordneten Gewichtungsfaktors erweitert.

Tabelle 5.2: Erweiterte Dokumentation der Wissenserhebung

Fehler	Prozess-schritt	Informations-klasse	Informations-art	Einfluss-größe	Variablen-typ	Gewichtung
F_0	Schritt 1	Maschine	Soll-Größe	Parameter x	Numerisch	3
F_0	Schritt 1	Maschine	Soll-Größe	Parameter y	Numerisch	9
...	...	...	...	...	...	...

Im Rahmen des Beispiels der Getriebewellenfertigung werden analog zum beschriebenen Vorgehen für die Prozessschritte „Schmieden“, „Drehen“ und Bohren“ potenzielle Fehlereinflussgrößen für den Fehler F_0 (Überschreiten der Koaxialitätstoleranz) identifiziert und gewichtet. Neben Erkenntnissen zu kausalen Zusammenhängen aus Vorversuchen fließt das implizite Wissen von Prozessexperten mit ein. Je Prozessschritt sind in Tabelle 5.3 potenzielle Fehlereinflussgrößen sowie deren Gewichtung auszugsweise dargestellt.

Tabelle 5.3: Dokumentation der Wissenserhebung im Beispiel der Getriebewellenfertigung

Fehler	Prozess-schritt	Informations-klasse	Informations-art	Einfluss-größe	Variablen-typ	Gewichtung
F_0	Schmieden	Maschine	Ist-Größe	Temperatur	Numerisch	3
F_0	Schmieden	Maschine	Ist-Größe	Dauer	Numerisch	1
F_0	Schmieden	Maschine	Ist-Größe	Druck	Numerisch	1
...	...	...	...	...	...	...
F_0	Drehen	Maschine	Soll-Größe	Vorschub	Numerisch	9
F_0	Drehen	Werkzeug	Ist-Größe	Einsatzdauer	Numerisch	3
...	....	...	...	...	...	...
F_0	Bohren	Maschine	Soll-Größe	Drehzahl	Numerisch	9
F_0	Bohren	Maschine	Soll-Größe	Vorschub	Numerisch	9
F_0	Bohren	Werkzeug	Ist-Größe	Einsatzdauer	Numerisch	9
...	...	...	...	...	...	...

5.3 Quantitative Bewertung der Vollständigkeit

Nach der fallspezifischen Prozess- und Informationsmodellierung (Modul I) sowie der wissensbasierten Identifikation potenzieller Fehlereinflussgrößen (Modul II) gilt es bezugnehmend auf die dritte Teilforschungsfrage auf dieser Basis eine quantitative Vollständigkeitsbewertung der systemseitig erfassten Informationen durchzuführen. Dies erfolgt gemäß Abbildung 5.20 sowohl für fehler- als auch ursachenbezogene Daten im Rahmen der Schritte *Datenextraktion* und anschließende *Bewertung*. Hierbei erfolgt die fehlerbezogene Datenextraktion und Bewertung zuerst, sodass im Falle signifikanter Unvollständigkeit von einer weiteren ressourcenintensiven Durchführung der Methodik für ursachenbezogene Daten abgesehen werden kann.

Für die kommenden Ausführungen ist die in Kapitel 4.3.3 getroffene Annahme bzw. Einschränkung zu berücksichtigen, nach welcher im Rahmen der Methodik ausschließlich tabellarisch strukturierte Daten aus primär zeilen- und spaltenorientierten relationalen Datenbanken berücksichtigt werden. Für die reine Bewertung ist es unerheblich, ob die Betriebsdaten in unterschiedlichen heterogenen Datenquellen vorliegen oder ob diese bereits im Sinne eines Data Lake oder Data Warehouse zusammengeführt wurden. Allerdings hat der Grad der bereits erfolgten Datenvorverarbeitung und -integration erheblichen Einfluss auf den erforderlichen Ressourceneinsatz bei der Anwendung der Methodik.

Die im Zuge der Teilmethodik entwickelten Schritte 3.1 bis 3.5 werden in den folgenden Unterkapiteln weiter expliziert.

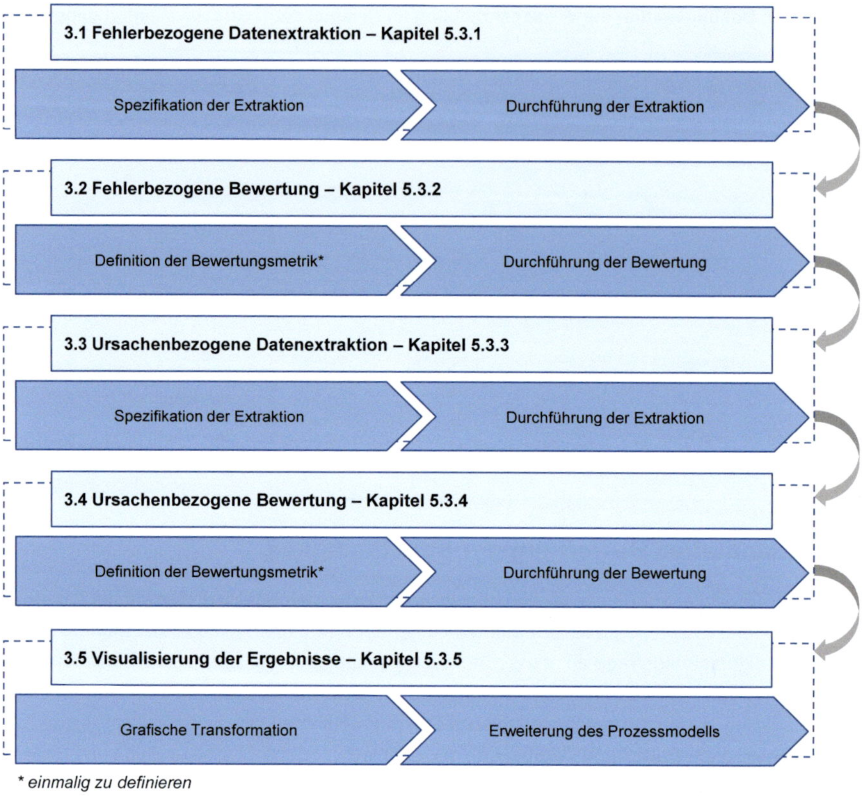

Abbildung 5.20: Überblick der im dritten Modul entwickelten Teilmethodik

5.3.1 Fehlerbezogene Datenextraktion

Zunächst erfolgt im Rahmen von Schritt 3.1 eine fehlerbezogene Extraktion der Betriebsdaten aus bestehenden Informationssystemen in der Produktion, indem auf Basis der Auswahl relevanter Fehler (vgl. Kapitel 5.1.1) die korrespondierenden fehlerbezogenen Daten gezielt extrahiert werden. Ziel ist es, die Datengrundlage für die darauffolgende quantitative Bewertung der Vollständigkeit zu schaffen. An dieser Stelle sei betont, dass aufgrund der übergeordneten Zielstellung – der Bewertung der Vollständigkeit individueller Datensätze bzw. Tabellen – der Fokus dieses Methodikschritts primär auf der Datenextraktion selbst und nicht auf der in ETL-Prozessen üblichen nachfolgenden Transformation und dem Laden in eine Zieldatenbank liegt (Vossen 2008). Die in Abbildung 5.21 dargestellten Teilschritte werden im Folgenden näher beschrieben.

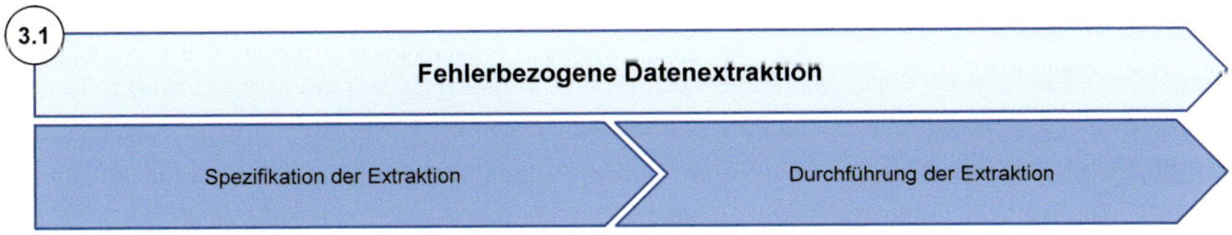

Abbildung 5.21: Abfolge der Teilschritte in Schritt 3.1 der Methodik

Spezifikation der Extraktion

Aus operationaler Sicht ist die Extraktion von Daten aus unterschiedlichen Informationssystemen abhängig von der Beschaffenheit dieser häufig heterogenen Datenquellen (Farkisch 2011, S. 60). Dies gilt es neben der Auswahl der zu extrahierenden Daten bei der *Spezifikation der Extraktion* zu berücksichtigen. Dementsprechend lässt sich die Spezifikation der fehlerbezogenen Datenextraktion in die folgenden Teilbereiche untergliedern, welche teilweise aus den vorangegangenen Schritten der entwickelten Methodik resultieren:

- *Qualitätsprüfung*: Spezifikation des Prozessschritts der fehlerrelevanten Qualitätsprüfung inklusive der zu prüfenden Produktmerkmale und damit der zu extrahierenden fehlerbezogenen Daten. (vgl. Kapitel 5.1.1 und 5.1.2)
- *Produktvariante*: Spezifikation der zu untersuchenden Produktvariante und damit der Eingrenzung der zu extrahierenden fehlerbezogenen Daten. (vgl. Kapitel 5.1.1)
- *Zeitraum:* Spezifikation des Bewertungszeitraums und damit des Umfangs der historischen fehlerbezogenen Daten.
- *Datenquelle(n)*: Spezifikation der Datenquelle(n), welche die in vorangegangenen Modulen identifizierten fehlerbezogenen Informationen enthalten (Informationsklasse „Prüfung"). (vgl. Kapitel 5.1.4)
- *Datenzugriff:* Spezifikation der Schnittstelle und damit der Art und Weise, mit welcher bei der Extraktion auf die Datenquellen bzw. Quellsysteme zugegriffen werden kann. Dieser Zugriff kann sowohl direkt über die Ebene der Anwendung bzw. des Datenbank Management Systems als auch indirekt über Import-Export-Mechanismen erfolgen. (Farkisch 2011, S. 61)
- *Arbeitsbereich*: Spezifikation des Arbeitsbereichs, in welchem die extrahierten Daten (zwischen-)gespeichert werden und damit des Orts, an welchem die Bewertung erfolgt.

Das exakte *Format* der extrahierten Datensätze wird an dieser Stelle nicht näher spezifiziert. Empfohlen wird jedoch die Verwendung gängiger Daten- bzw. Dateiformate (CSV, XLSX etc.). Je nach Umfang der historischen Daten bedingt die Extraktion den Transfer großer Datenvolumina, weshalb die Softwarekomponente zur Extraktion *strengen Performance-Anforderungen* genügen und eventuell auch *Mechanismen zur Datenkomprimierung* unterstützen soll (Farkisch 2011, S. 61).

Durchführung der Extraktion

Unter Berücksichtigung der Spezifikation erfolgt im nächsten Schritt die in Abbildung 5.22 dargestellte *anfragegesteuerte Extraktion* der fehlerbezogenen Daten aus den in Kapitel 5.1.4 identifizierten Datenquellen. Um eine übermäßige Auslastung der Netzinfrastruktur durch eine erhöhte Anzahl von Datentransfers zu vermeiden, können unterschiedliche Zeitpunkte zur Durchführung der Extraktion gewählt werden (Farkisch 2011, S. 61). Darüber hinaus gilt es bei der Extraktion die jeweilige Orientierung der verwendeten Datenbank zu berücksichtigen (vgl. Kapitel 2.1.4)

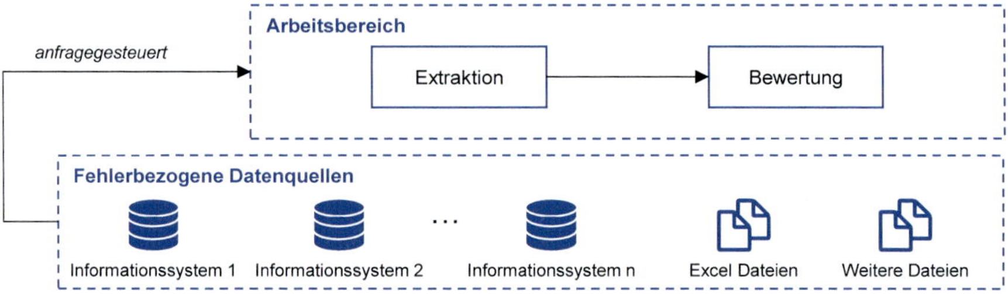

Abbildung 5.22: Anfragegesteuerte Extraktion fehlerbezogener Daten

Nach erfolgter Extraktion und (Zwischen-)Speicherung im Arbeitsbereich werden die tabellarischen Daten im nächsten Schritt in ihrem *Rohzustand* bewertet. Dementsprechend erfolgt an dieser Stelle keine weitere Transformation oder Bereinigung der extrahierten Daten.

Im Beispiel der Getriebewellenfertigung erfolgt die Extraktion der fehlerbezogenen Daten aus der Datenbank der verwendeten Prüfsoftware (vgl. Abbildung 5.23). Die extrahierte Tabelle umfasst die Spezifikation des Soll-Zustands des Prüfmerkmals (Koaxialitätstoleranz) sowie Informationen zum Ist-Zustand (tatsächliche Koaxialität) für jedes geprüfte Werkstück über einen definierten Zeitraum. Diese dient als Basis für die nachfolgende fehlerbezogene Bewertung.

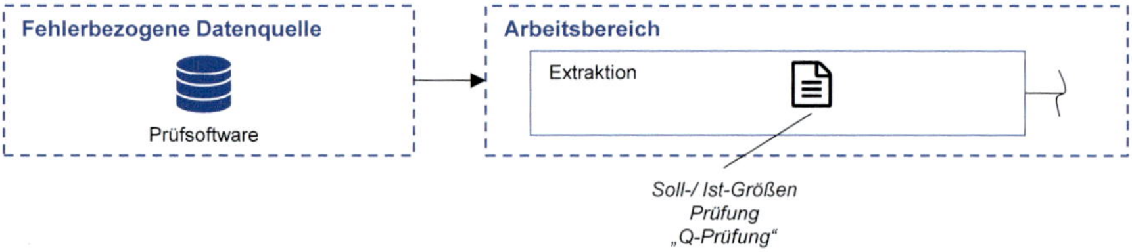

Abbildung 5.23: Extraktion fehlerbezogener Daten im Beispiel der Getriebewellenfertigung

---

5.3.2 Fehlerbezogene Bewertung

Im Rahmen von Schritt 3.2, der fehlerbezogenen Bewertung, wird das übergeordnete Ziel verfolgt, unter Einsatz einer hierfür zu entwickelnden Metrik die Vollständigkeit für fehlerbezogene Daten bzw. Informationen im Kontext der Fehlerprädiktion quantitativ zu bewerten. Gemäß den formulierten inhaltlichen Anforderungen zeichnet sich diese Metrik neben dem Formalisierungsgrad insbesondere durch eine hohe Granularität ihrer Bewertung aus und umfasst damit mehrere Bewertungsebenen. Die in Abbildung 5.24 dargestellten Teilschritte werden im Folgenden weiter ausdetailliert.

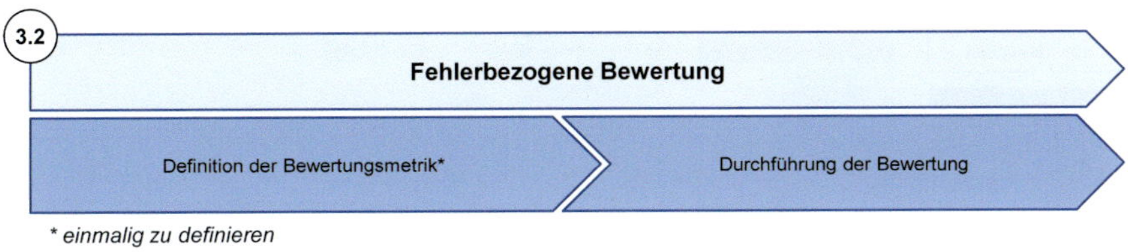

Abbildung 5.24: Abfolge der Teilschritte in Schritt 3.2 der Methodik

Definition der Bewertungsmetrik

Im Zuge der Definition bzw. Entwicklung der Bewertungsmetrik gilt es insbesondere die in Kapitel 3.1.4 benannten Anforderungen zu berücksichtigen. Neben der Spezialisierung auf die Domäne der Produktion sowie den Anwendungsfall der Fehlerprädiktion ist der Fokus vor allem auf eine *hohe Granularität und Formalisierung* der Bewertung zu legen. Ziel ist es, hierdurch eine hohe Transparenz hinsichtlich der Defizite in der Informations- bzw. Datenvollständigkeit sowie eine gute Vergleichbarkeit der individuellen Bewertungen zu schaffen.

Um diese Granularität und Formalisierung sicherzustellen basieren die Bewertungsebenen der entwickelten Metrik in Teilen auf dem in Kapitel 2.1.1 vorgestellten *relationalen Datenmodell*. Die Basis bildet die Bewertungsebene der *Attributvollständigkeit*, welche für jedes fehlerrelevante Prüfmerkmal unter Berücksichtigung der Wertvollständigkeit sowie der semantischen Interpretierbarkeit die Spaltenvollständigkeit quantifiziert. Darauf aufbauend folgt die Bewertungsebene der aggregierten *Tupelvollständigkeit* (2-Tupel), welche die Verknüpfbarkeit der Werte je Attribute mit den individuellen Produkten quantifiziert. Daran anschließend differenziert die *Informationsvollständigkeit* zwischen Ist- und Soll-Vollständigkeit (Informationsarten) und aggregiert damit die Tupelvollständigkeit von p relevanten Prüfmerkmalen. Ist- und Soll-Vollständigkeit werden weiter aggregiert und in der *Klassenvollständigkeit* für die Informationsklasse der *Prüfung* zusammengefasst (vergleichbar mit der Vollständigkeit der Relation). Abschließend erfolgt auf der Bewertungsebene der *Prozessschrittvollständigkeit* die Aggregation der Klassenvollständigkeiten, wobei für den Prozessschritt der *Qualitätsprüfung* ausschließlich die Klasse Prüfung von Relevanz ist.

Eine Zusammenfassung ebenjener Bewertungsebenen als Grundlage für die Entwicklung von Kennzahlen mit unterschiedlichem Aggregationsgrad zeigt Abbildung 5.25.

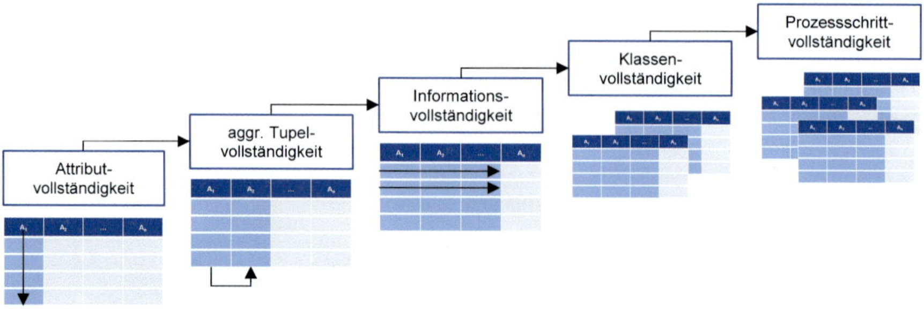

Abbildung 5.25: Übersicht der Bewertungsebenen

Nach HILDEBRAND beinhalten Metriken messbare Größen, mittels derer eine quantitative Aussage über die Datenqualität getroffen werden kann (Hildebrand et al. 2015, S. 88). Dieser Definition entsprechend wird im Folgenden die Berechnungsgrundlage zur fehlerbezogenen quantitativen Bewertung der Vollständigkeit der Daten vorgestellt. Dabei steht $Q_{f,Vollst.}(X)$ für die fehlerbezogene Vollständigkeit auf der jeweiligen Bewertungsebene X und kann Werte zwischen 0 (unvollständig) und 1 (vollständig) annehmen ($Q_{f,Vollst.}(X) \in [0, 1]$).

Die Grundlage hierfür bildet die *Wertvollständigkeit* $Q_{f,Vollst.}(W)$ einzelner Tabellenwerte, welche aufgrund ihrer geringen Aussagekraft formal nicht Teil der Bewertungsebenen ist. Diese Wertvollständigkeit ist gemäß Gl. (5.1) gegeben, falls der Wert semantisch von NULL abweicht.

$$Q_{f,Vollst.}(W) := \begin{cases} 0 & falls\ W = NULL\ oder\ W\ zu\ NULL\ \text{äquivalent} \\ 1 & sonst. \end{cases} \tag{5.1}$$

Die *Attributvollständigkeit* $Q_{f,Vollst.}(A)$ berechnet sich nach Gl. (5.2), wobei n_f die Anzahl der gefertigten Produkte im Betrachtungszeitraum und damit die maximale Anzahl an Werten pro Attribut (bzw. Spalte) bezeichnet. Die Attributvollständigkeit nimmt den Wert 0 an, falls die relevanten Informationen nicht erfasst werden oder die relevante Tabellenspalte semantisch nicht interpretierbar ist, z. B. durch eine fehlende oder unvollständige Spaltenbeschriftung (Kopfzeile).

$$Q_{f,Vollst.}(A) := \begin{cases} 0 & falls\ fehlend\ oder\ nicht\ interpretierbar \\ \frac{\sum_{i=1}^{n_f} Q_{f,Vollst.}(W)_i}{n_f} & sonst. \end{cases} \tag{5.2}$$

Bei der Bewertung der *Tupelvollständigkeit* $Q_{f,Vollst.}(T)$ nach Gl. (5.3) handelt es sich formal um die Bewertung der aggregierten Tupelvollständigkeit, welche nicht die Vollständigkeit einzelner Zeilen bewertet, sondern alle Zeilen zweier Attribute (2-Tupel) berücksichtigt. Diese umfassen neben dem Attribut mit den fehlerrelevanten Informationen ($Q_{f,Vollst.}(A)$) ein weiteres Attribut mit Informationen zu individuellen Produktinstanzen. Letzteres stellt i. S. d. der relationalen Algebra den für eine Join Operation und damit die Verknüpfung verschiedener Tabellen notwendigen Schlüssel dar. Methodisch realisiert wird dies über den in Gl. (5.4) beschriebenen Verknüpfungsfaktor v, für welchen die Ausprägungen $D_v = \{0;\ 0{,}5;\ 1\}$ definiert sind.

In diesem Zusammenhang lässt sich eine *indirekte* Verknüpfung ($v = 0{,}5$) beispielsweise über Zeitstempel realisieren. An dieser Stelle sei betont, dass für die Verknüpfbarkeit von Datentabellen aus unterschiedlichen Informationssystemen über einen Zeitstempel die Synchronität der Systemuhren der jeweiligen Systeme eine potenzielle Fehlerquelle darstellt und vor der Verknüpfung von Datentabellen entsprechend sichergestellt werden muss. Eine *direkte* Verknüpfung ($v = 1$) der Einträge zu jedem individuellen Produkt lässt sich z. B. über eineindeutige Produkt-IDs (ID = Identifier) realisieren.

$$Q_{f,Vollst.}(T) := Q_{f,Vollst.}(A) * v \tag{5.3}$$

$$mit\ v = \begin{cases} 0 & falls\ keine\ Verknüfung\ möglich \\ 0{,}5 & falls\ indirekte\ Verknüpfung\ möglich \\ 1 & falls\ direkte\ Verknüfung\ möglich \end{cases} \tag{5.4}$$

Die *Informationsvollständigkeit* bezeichnet die differenzierte Bewertung der Vollständigkeit von Ist- und Soll-Größen. Dabei steht $Q_{f,Vollst.}(I_1)$ nach Gl. (5.5) für die Vollständigkeitsbewertung der Ist-Größen I_1, welche Tupel zum Ist-Zustand der Prüfmerkmale beinhalten (T_{I1}). $Q_{f,Vollst.}(I_2)$ beschreibt nach Gl. (5.6) die Vollständigkeitsbewertung der Soll-Größen I_2, welche Tupel zur Soll-Zustand der Prüfmerkmale beinhalten (T_{I2}). Dabei steht p für die Anzahl der fehlerrelevanten Prüfmerkmale.

$$Q_{f,Vollst.}(I_1) := \frac{\sum_{j=1}^{p} Q_{f,Vollst.}\left(T_{I_1}\right)_j}{p} \tag{5.5}$$

$$Q_{f,Vollst.}(I_2) := \frac{\sum_{j=1}^{p} Q_{f,Vollst.}\left(T_{I_2}\right)_j}{p} \tag{5.6}$$

Die *Klassenvollständigkeit* $Q_{f,Vollst.}(K)$ berechnet sich nach Gl. (5.7) auf Basis der beiden Informationsvollständigkeiten, da sowohl Ist- als auch Soll-Größen benötigt werden, um einen Fehler nach eingangs festgelegter Definition (vgl. Kapitel 2.3.1) zu erfassen.

$$Q_{f,Vollst.}(K) := 0{,}5 * Q_{f,Vollst.}(I_1) + 0{,}5 * Q_{f,Vollst.}(I_2) \tag{5.7}$$

Abschließend erfolgt mit der *Vollständigkeitsbewertung des Prozessschritts* $Q_{f,Vollst.}(P)$ die Aggregation der Klassenvollständigkeiten über alle relevante Klassen m gemäß Gl. (5.8) . Da jedoch im Rahmen der fehlerbezogenen Bewertung ausschließlich die Klasse *Prüfung* für den Prozessschritt der *Qualitätsprüfung* relevant ist vereinfacht sich die Bewertung entsprechend Gl. (5.9).

$$Q_{f,Vollst.}(P) := \frac{\sum_{l=1}^{m} Q_{f,Vollst.}(K)_l}{m} \tag{5.8}$$

$$Q_{f,Vollst.}(P) := Q_{f,Vollst.}(K) \tag{5.9}$$

Durchführung der Bewertung

Unter Verwendung der entwickelten Bewertungsmetrik erfolgt im nächsten Schritt die *Durchführung der Bewertung* auf Basis der extrahierten Datentabellen. Die Bewertungsbasis bilden neben den extrahierten Daten die in Kapitel 5.1.1 erhobenen Informationen zu den relevanten *Prüfmerkmalen des Fehlers F_0*. Zu ebenjenen Prüfmerkmalen braucht es gemäß der Fehlerdefinition dieser Arbeit sowohl Ist- als auch Soll-Größen, um Fehler im Sinne der *„Nichterfüllung einer Anforderung“* zu identifizieren und zu erfassen (DIN EN ISO 9000:2015-11, S. 15).

Das Vorgehen bei der Durchführung der Bewertung gliedert sich in zwei Phasen. So werden zunächst ausgehend von dem als Zielgröße definierten Fehler F_0 die relevanten Informationen und damit Attribute in einem *Top-Down* Ansatz ausgewählt. Anschließend erfolgt im Rahmen eines *Bottom-up* Ansatzes die Berechnung der Vollständigkeit für alle definierten Bewertungsebenen. Abbildung 5.26 zeigt eine Übersicht der beiden Phasen, welche im Folgenden detaillierter beschrieben werden.

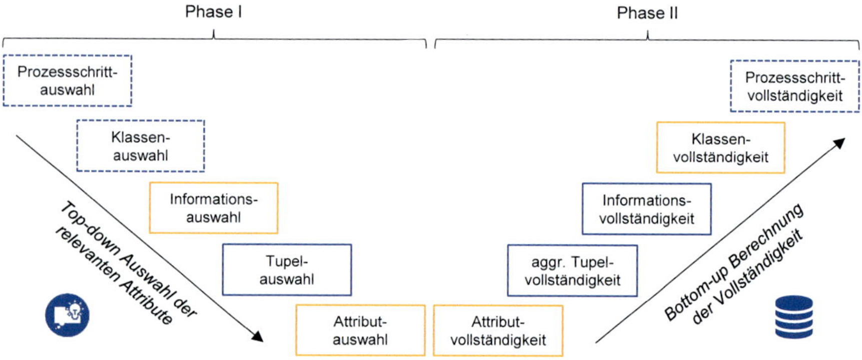

Abbildung 5.26: Zweiphasiges Vorgehen bei der Durchführung der fehlerbezogenen Bewertung

Startpunkt des Top-down Vorgehens bildet die *Informationsauswahl*, da sowohl der Prozessschritt als auch die Informationsklasse (Prüfung) für die fehlerbezogene Bewertung bereits feststehen. Das Vorgehen in Phase I lässt sich in die folgenden Schritte gliedern:

1. Festlegung der benötigten Informationen zu jedem fehlerrelevanten Prüfmerkmal *p*. Je Prüfmerkmal beinhalten diese neben der Erfassung des Ist-Zustands (I_1) auch die korrespondierende Spezifikation des Soll-Zustands (I_2). Alternativ können diese Informationen einen bereits erfolgten Abgleich zwischen Ist- und Soll-Größen sowie dessen

kategorisches oder numerisches Ergebnis umfassen (z. B. Fehlercodes oder gemessene Abweichung).

2. Auswahl der relevanten fehlerbezogenen *Tupel* ($T_{I1,j}$; $T_{I2,j}$) und damit der *Attribute* ($A_{I1,j}$; $A_{I2,j}$) auf Basis der identifizierten benötigten Informationen (mit $j = 1, ..., p$).

Die sich anschließende Bottom-up Quantifizierung der *fehlerbezogenen Vollständigkeit* auf Basis der verfügbaren Daten des jeweiligen Anwendungsfalls lässt sich in den folgenden Schritten beschreiben (Phase II):

1. Quantifizierung der *Attributvollständigkeit* $Q_{f,Vollst.}(A)$ für jedes der ausgewählten Attribute ($A_{I1,j}$; $A_{I2,j}$) unter Einbeziehung der Wertvollständigkeit. Falls bereits ein Soll-Ist-Abgleich in den Daten vorliegt, gilt $Q_{f,Vollst.}(A_{I1,j}) = Q_{f,Vollst.}(A_{I2,j})$.
2. Quantifizierung der aggregierten *Tupelvollständigkeit* $Q_{f,Vollst.}(T)$ und damit der Verknüpfbarkeit für jedes der ausgewählten Attribute mit den individuellen Produkten ($T_{I1,j}$; $T_{I2,j}$). Falls bereits ein Soll-Ist-Abgleich in den Daten vorliegt, gilt $Q_{f,Vollst.}(T_{I1,j}) = Q_{f,Vollst.}(T_{I2,j})$.
3. Quantifizierung der *Informationsvollständigkeit* $Q_{f,Vollst.}(I_1)$ bzw. $Q_{f,Vollst.}(I_2)$. Falls bereits ein Soll-Ist-Abgleich in den Daten vorliegt, gilt $Q_{f,Vollst.}(I_1) = Q_{f,Vollst.}(I_2)$.
4. Quantifizierung der *Klassenvollständigkeit* $Q_{f,Vollst.}(K)$ für die Klasse „Prüfung". Die *Prozessschrittvollständigkeit* entspricht im Rahmen der fehlerbezogenen Bewertung aus den oben genannten Gründen der Klassenvollständigkeit.

Für das Beispiel der Getriebewellenfertigung erfolgt die fehlerbezogene Bewertung für den Prozessschritt „Q-Prüfung" auf Basis der zuvor extrahierten Tabelle. Abbildung 5.27 zeigt exemplarisch das beschriebene Vorgehen zur Bewertung der fehlerbezogenen Vollständigkeit. Ausgehend von der Auswahl der beiden relevanten Attribute (Soll- und Ist-Zustand des Prüfmerkmals) erfolgt die schrittweise Bottom-up Berechnung der Vollständigkeit, angefangen mit der Prüfung der tatsächlich vorhandenen Informationen auf Attributebene.

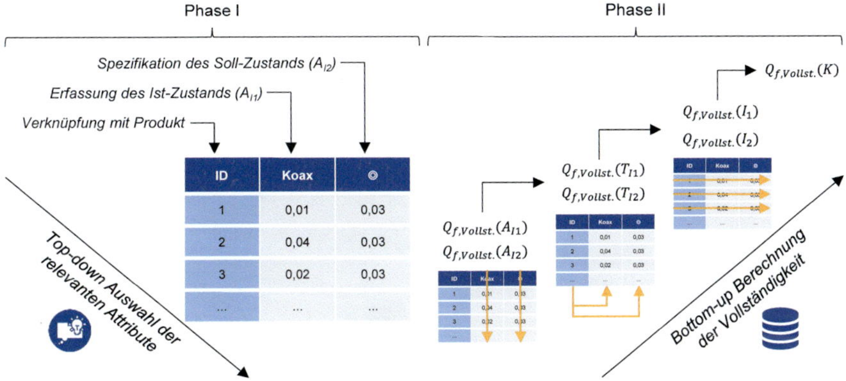

Abbildung 5.27: Fehlerbezogene Bewertung im Beispiel der Getriebewellenfertigung

---

Nach Abschluss der fehlerbezogenen Bewertung wird in den nachfolgenden Kapiteln die teilweise analog ablaufende ursachenbezogene Datenextraktion und Bewertung vorgestellt.

5.3.3 Ursachenbezogene Datenextraktion

Nachdem in Kapitel 5.3.1 bereits die fehlerbezogene Datenextraktion thematisiert wurde, erfolgt die Beschreibung der größtenteils analog ablaufenden ursachenbezogenen Extraktion von Betriebsdaten aus bestehenden Informationssystemen in der Produktion. Ziel ist es, auf Basis der identifizierten ursachenbezogenen Informationen (vgl. Kapitel 5.1.4) die korrespondierenden Daten gezielt zu extrahieren und so die Datengrundlage für die darauffolgende quantitative Bewertung der Vollständigkeit zu schaffen. Die in Abbildung 5.28 dargestellten Teilschritte werden im Folgenden kurz beschrieben.

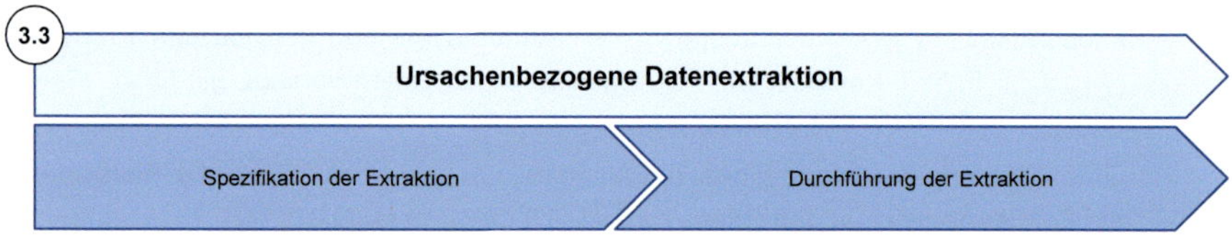

Abbildung 5.28: Abfolge der Teilschritte in Schritt 3.3 der Methodik

Spezifikation der Extraktion

Die ursachenbezogene Spezifikation der Extraktion erfolgt weitgehend analog zu Kapitel 5.3.1. Hierbei ist insbesondere zu beachten, sowohl dieselbe *Produktvariante* als auch denselben *Bewertungszeitraum* für die Datenauswahl und -extraktion zu wählen. Der Unterschied zur fehlerbezogenen Datenextraktion liegt in der Spezifikation der *Prozessschritte und damit der relevanten Datenquellen*, welche die in den vorangegangenen Modulen identifizierten ursachenbezogenen Informationen enthalten (vgl. Kapitel 5.1.4).

Durchführung der Extraktion

Die anfragegesteuerte Extraktion erfolgt für ursachenbezogene Daten analog zu Kapitel 5.3.1, wobei mit einem deutlich größeren Datenvolumen zu rechnen ist (vgl. Abbildung 5.29). Hierbei ist insbesondere die Verwendung desselben Arbeitsbereichs zur (Zwischen-)Speicherung und nachfolgenden Bewertung der tabellarischen Daten in ihrem *Rohzustand* zu beachten.

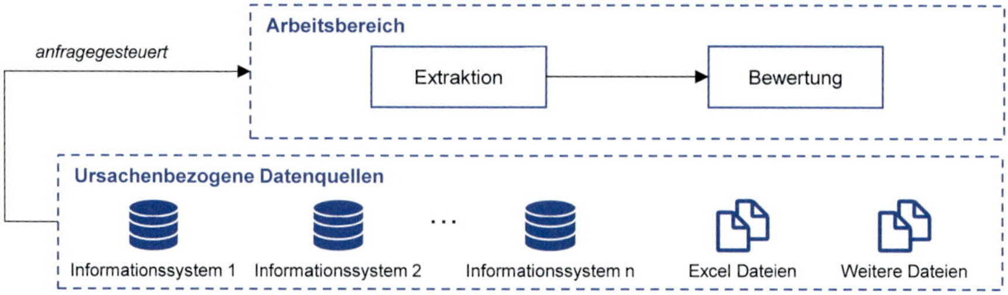

Abbildung 5.29: Anfragegesteuerte Extraktion ursachenbezogener Daten

Für das Beispiel der Getriebewellenfertigung erfolgt die Extraktion der ursachenbezogenen Daten aus den Datenbanken des MES und ERP-Systems. Wie in Abbildung 5.30 exemplarisch dargestellt, umfassen die extrahierten Daten mehrere Tabellen mit Informationen zu Soll- und Ist-Größen der ursachenbezogenen Klassen. Eine klare Trennung der Tabellen nach Informationsart oder -klasse im Zuge der Extraktion ist in der Praxis vor dem Hintergrund eines entsprechenden Mehraufwands nicht notwendigerweise anzustreben. Die Verteilung der Informationen auf die extrahierten Tabellen ist jedoch bei der nachfolgenden ursachenbezogenen Bewertung zu berücksichtigen.

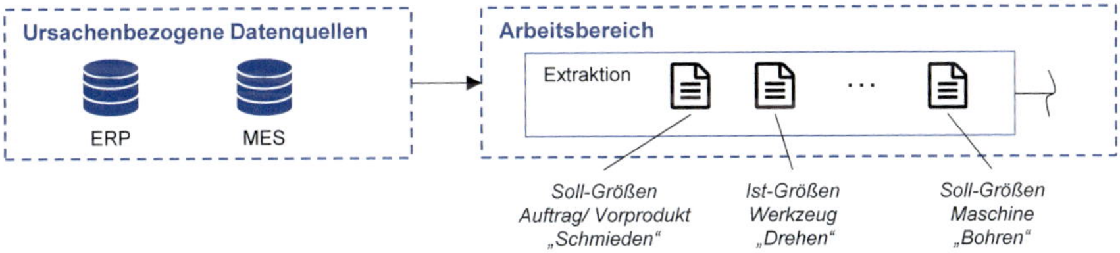

Abbildung 5.30: Extraktion ursachenbezogener Daten im Beispiel der Getriebewellenfertigung

5.3.4 Ursachenbezogene Bewertung

Im Rahmen von Schritt 3.4, der ursachenbezogenen Bewertung, wird das übergeordnete Ziel verfolgt, unter Einsatz einer hierfür zu entwickelnden Metrik die Vollständigkeit der ursachenbezogenen Daten bzw. Informationen im Kontext der Fehlerprädiktion quantitativ zu bewerten. Analog zur entwickelten fehlerbezogenen Metrik (vgl. Kapitel 5.3.2) zeichnet sich diese insbesondere durch eine hohe Granularität und damit durch mehrere Ebenen der Bewertung aus. Grundlage der Bewertung bilden neben den extrahierten ursachenbezogenen Daten die in Kapitel 5.2 identifizierten und gewichteten potenziellen Fehlereinflussgrößen. Die in Abbildung 5.31 dargestellten Teilschritte werden im Folgenden weiter expliziert.

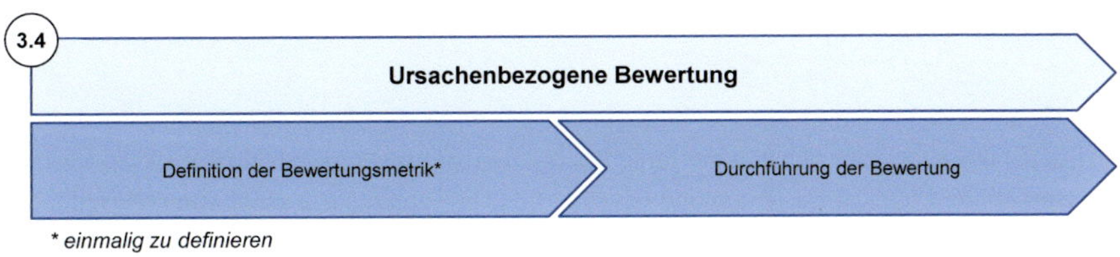

Abbildung 5.31: Abfolge der Teilschritte in Schritt 3.4 der Methodik

Definition der Bewertungsmetrik

Um den Anforderungen an Granularität und Formalisierung der Bewertung gerecht zu werden, basieren die Bewertungsebenen der ursachenbezogenen Metrik ebenfalls zu großen Teilen auf dem *relationalen Datenmodell*. Dementsprechend sind diese analog zur fehlerbezogenen

Metrik aufgebaut, womit auch die in Abbildung 5.25 dargestellten Ebenen Gültigkeit für die nachfolgende Beschreibung der entwickelten Kennzahlen besitzen (vgl. Kapitel 5.3.2).

Wenngleich die Bewertungsebenen grundsätzlich gleich aufgebaut sind, unterscheiden sich die Schritte zur Quantifizierung der Vollständigkeit für verschiedene Bewertungsebenen teilweise deutlich. Hierzu wird im Folgenden die Berechnungsgrundlage zur ursachenbezogenen quantitativen Bewertung der Vollständigkeit der Daten detailliert vorgestellt. Dabei steht $Q_{u,Vollst.}(X)$ für die *ursachenbezogene Vollständigkeit* auf der jeweiligen Bewertungsebene X und kann Werte zwischen 0 (unvollständig) und 1 (vollständig) annehmen ($Q_{u,Vollst.}(X) \in [0, 1]$).

Die Grundlage bildet analog zu Kapitel 5.3.2 die *Wertvollständigkeit* $Q_{u,Vollst.}(W)$ einzelner Tabellenwerte, welche gemäß Gl. (5.10) berechnet wird.

$$Q_{u,Vollst.}(W) := \begin{cases} 0 & falls\ W = NULL\ oder\ W\ zu\ NULL\ \text{äquivalent} \\ 1 & sonst. \end{cases} \tag{5.10}$$

Die Quantifizierung der ursachenbezogenen *Attributvollständigkeit* $Q_{u,Vollst.}(A)$ erfolgt gemäß Gl. (5.11) weitgehend analog zur fehlerbezogenen Attributvollständigkeit. Der Unterschied liegt in der Definition der Variablen n_u, welche nicht an die Anzahl der gefertigten Produkte gekoppelt ist, sondern allgemein die Anzahl der Werte pro Attribut (bzw. Spalte) beschreibt. Begründet ist dies in der Tatsache, dass im Zuge der Datenerfassung pro Produktinstanz auch mehrere Werte innerhalb eines Attributs erfasst werden können (z. B. Zeitreihen).

$$Q_{u,Vollst.}(A) := \begin{cases} 0 & falls\ fehlend\ oder\ nicht\ interpretierbar \\ \dfrac{\sum_{i=1}^{n_u} Q_{u,Vollst.}(W)_i}{n_u} & sonst. \end{cases} \tag{5.11}$$

Zur Quantifizierung der aggregierten *Tupelvollständigkeit* $Q_{u,Vollst.}(T)$ nach Gl. (5.12) wird der in Gl. (5.4) zuvor definierte Verknüpfungsfaktor v mit den Ausprägungen {0; 0,5; 1} ebenfalls in die Berechnung integriert.

$$Q_{u,Vollst.}(T) := Q_{u,Vollst.}(A) * v \tag{5.12}$$

Die Quantifizierung der ursachenbezogenen *Informationsvollständigkeit* $Q_{u,Vollst.}(I_1)$ bzw. $Q_{u,Vollst.}(I_2)$ unterscheidet sich von der fehlerbezogenen Informationsvollständigkeit. So wird bei der Berechnung gemäß Gl. (5.13) und Gl. (5.14) der in Kapitel 5.2.2 erhobene Gewichtungsfaktor w der jeweiligen Attribute bzw. Tupel berücksichtigt. Dabei steht q für die Anzahl relevanter Tupel T_{I1} der Ist-Größen einer Ursachenklasse. Analog dazu steht r für die Anzahl relevanter Tupel T_{I2} der Soll-Größen einer Ursachenklasse.

$$Q_{u,Vollst.}(I_1) := \frac{\sum_{j=1}^{q} Q_{u,Vollst.}\left(T_{I_1}\right)_j * w_j}{\sum_{j=1}^{q} w_j} \tag{5.13}$$

$$Q_{u,Vollst.}(I_2) := \frac{\sum_{k=1}^{r} Q_{u,Vollst.}(T_{I_2})_k * w_k}{\sum_{k=1}^{r} w_k} \tag{5.14}$$

Der *Klassenvollständigkeit* $Q_{u,Vollst.}(K)$ liegt im Vergleich ebenfalls ein anderes Berechnungsschema zugrunde. Diese berechnet sich nach Gl. (5.15) aus den Informationsvollständigkeiten $Q_{u,Vollst.}(I_1)$ und $Q_{u,Vollst.}(I_2)$ einer Ursachenklasse. Dabei wird der nach Gl. (5.16) definierte Faktor *x* verwendet, welcher die Summe der Gewichtungsfaktoren der Ist-Größen ins Verhältnis setzt zu Summe alle Gewichtungsfaktoren innerhalb der jeweiligen Klasse.

$$Q_{u,Vollst.}(K) := Q_{u,Vollst.}(I_1) * x + Q_{u,Vollst.}(I_2) * (1 - x) \tag{5.15}$$

$$mit\ x = \frac{\sum_{j=1}^{q} w_j}{\sum_{j=1}^{q} w_j + \sum_{k=1}^{r} w_k} \tag{5.16}$$

Abschließend erfolgt mit der *Vollständigkeitsbewertung des Prozessschritts* $Q_{u,Vollst.}(P)$ die Aggregation der gewichteten Klassenvollständigkeiten über alle für den Prozessschritt relevante Klassen *m* gemäß Gl. (5.17).

$$Q_{u,Vollst.}(P) := \frac{\sum_{l=1}^{m} Q_{u,Vollst.}(K)_l * (\sum_{j=1}^{q} w_j + \sum_{k=1}^{r} w_k)_l}{\sum_{l=1}^{m} (\sum_{j=1}^{q} w_j + \sum_{k=1}^{r} w_k)_l} \tag{5.17}$$

Durchführung der Bewertung

Unter Verwendung der entwickelten Bewertungsmetrik erfolgt im nächsten Schritt die *Durchführung der Bewertung* auf Basis der extrahierten Datentabellen. Die Bewertungsbasis bilden neben den extrahierten Daten die in Kapitel 5.2 *identifizierten und gewichteten potenziellen Fehlereinflussgrößen*. Daraus resultierend unterscheidet sich das Vorgehen bei der Durchführung der ursachenbezogenen von der fehlerbezogenen Bewertung.

So werden in der ersten Phase ausgehend von den *potenziellen Fehlereinflussgrößen* bzw. der Dokumentation der Wissenserhebung die relevanten Attribute in einem *Top-Down Ansatz* ausgewählt. Anschließend erfolgt im Rahmen eines *Bottom-up Ansatzes* die Berechnung der Vollständigkeit für alle definierten Bewertungsebenen. Abbildung 5.32 zeigt eine Übersicht der beiden Phasen, welche im Folgenden detaillierter beschrieben werden.

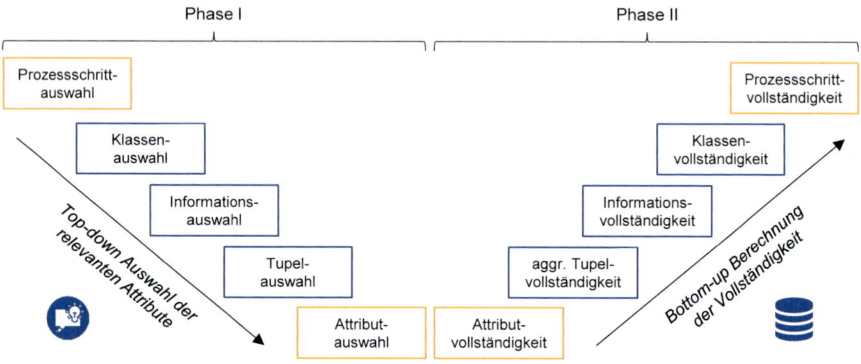

Abbildung 5.32: Zweiphasiges Vorgehen bei der Durchführung der Bewertung

Die Grundlage für das Top-down Vorgehen der ersten Phase bilden die potenziellen Einflussgrößen, welche im Rahmen der Wissenserhebung ermittelt wurden (vgl. Kapitel 5.2). Das Vorgehen lässt sich am Beispiel eines Prozessschritts in die folgenden Schritte gliedern:

1. Festlegung des *Prozessschritts*, für welchen die Bewertung durchgeführt werden soll
2. Auswahl der relevanten *Klassen* (vgl. Tabelle 5.2)
3. Auswahl der relevanten *Informationsarten* (vgl. Tabelle 5.2)
4. Auswahl der relevanten *Tupel* und damit der *Attribute* $(A_1, \ldots, A_u)$, welche in den Daten enthalten sein sollten (mit u = Anzahl aller ursachenbezogener Attribute)

Dagegen lässt sich die Bottom-up Berechnung der *ursachenbezogenen Vollständigkeit* auf Basis der im jeweiligen Anwendungsfall verfügbaren Daten in den folgenden Schritten beschreiben (Phase II):

1. Quantifizierung der *Attributvollständigkeit* $Q_{u,Vollst.}(A)$ für jedes der ausgewählten Attribute $(A_1, \ldots, A_u)$ unter Einbeziehung der Wertvollständigkeit $Q_{u,Vollst.}(W)$.
2. Quantifizierung der aggregierten *Tupelvollständigkeit* $Q_{u,Vollst.}(T)$ und damit der Verknüpfbarkeit für jedes der ausgewählten Attribute $(T_1, \ldots, T_u)$.
3. Quantifizierung der *Informationsvollständigkeit* $Q_{u,Vollst.}(I_1)$ bzw. $Q_{u,Vollst.}(I_2)$ unter Einbeziehung des in Kapitel 5.2.2 erhobenen Gewichtungsfaktors w.
4. Quantifizierung der *Klassenvollständigkeit* $Q_{u,Vollst.}(K)$ für jede der ausgewählten Klassen eines Prozessschritts.
5. Quantifizierung der *Prozessschrittvollständigkeit* $Q_{u,Vollst.}(P)$ durch Aggregation der Klassenvollständigkeiten über alle ausgewählten Klassen m.

Das beschriebene zweiphasige Vorgehen wird anschließend für jeden der Prozessschritte wiederholt, welche im Rahmen von Kapitel 5.1 als Teil der Produktionskette identifiziert und modelliert wurden.

Im Beispiel der Getriebewellenfertigung erfolgt die ursachenbezogene Bewertung für die Prozessschritte „Schmieden“, „Drehen“ und „Bohren“. Abbildung 5.33 zeigt exemplarisch das beschriebene zweiphasige Vorgehen für den Prozessschritt „Bohren“. Zunächst werden auf Basis der erhobenen potenziellen Fehlereinflussgrößen die relevanten Informationsklassen definiert. Dies umfassen im Beispiel die Klassen „Maschine“ und „Werkzeug“. Innerhalb dieser Klassen erfolgt die Auswahl der relevanten Informationsarten, z. B. Soll-Größen für die Klasse „Maschine“. Diesen können verschiedene relevante Parameter der Maschine wie „Drehzahl“ und „Vorschub“ zugeordnet werden, für welche zugehörige Attribute in den extrahierten Tabellen ermittelt werden.

Anschließend erfolgt die Bewertung der Vollständigkeit der in den Tabellen vorhandenen Informationen zu diesen Attributen sowie die schrittweise aggregierte Berechnung der Vollständigkeit des Prozessschritts $Q_{u,Vollst.}$(Bohren).

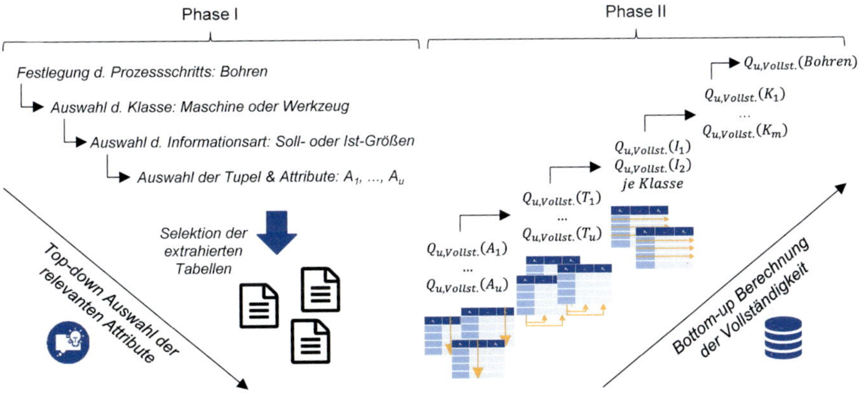

Abbildung 5.33: Ursachenbezogene Bewertung im Beispiel der Getriebewellenfertigung

5.3.5 Visualisierung der Ergebnisse

Nachdem in den vorangegangenen Kapitel 5.3.1 bis 5.3.4 die Datenextraktion und -bewertung beschrieben wurde, wird im Folgenden die Visualisierung ebenjener Kennzahlen zur Bewertung der Vollständigkeit diskutiert. Übergeordnetes Ziel ist die Steigerung der Transparenz im Hinblick auf die Informations- und damit Datenerfassung, um darauf aufbauend Lücken zu identifizieren und erste Handlungsbedarfe ableiten zu können. Die in Abbildung 5.34 dargestellten Teilschritte werden im Folgenden weiter expliziert.

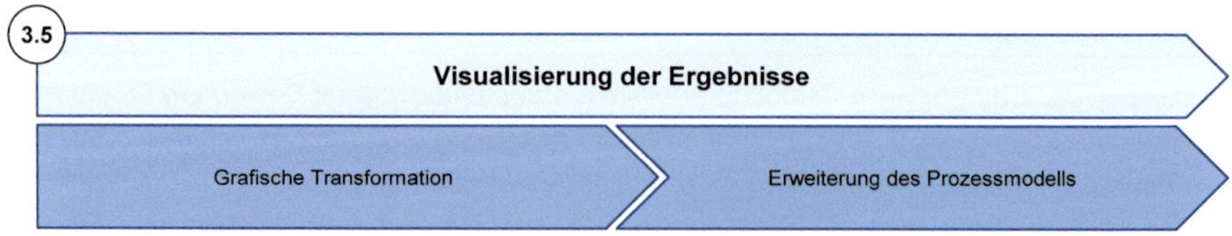

Abbildung 5.34: Abfolge der Teilschritte in Schritt 3.5 der Methodik

Grafische Transformation

Zunächst gilt es im Zuge der *grafischen Transformation* die quantitative Bewertung in eine qualitative Visualisierungsform zu überführen. Hierbei stehen insbesondere Übersichtlichkeit und Interpretierbarkeit im Vordergrund. Im Kontext der Methodik werden hierfür *Harvey Balls* eingesetzt, welche als kreisförmige Ideogramme eine qualitative Darstellung ermöglichen. Diese sind übersichtlich gestaltet, vermitteln einen weniger analytischen Eindruck und eignen sich daher insbesondere für die Darstellung von Bewertungsmodellen (Kett und Schewe 2010, S. 129).

Im Gegensatz zur gängigen Praxis werden Harvey Balls im Kontext dieser Arbeit als stufenloses Visualisierungswerkzeug angewendet. Demnach repräsentiert der Grad der Kreisfüllung die Vollständigkeitsbewertung auf der jeweiligen Betrachtungsebene. Da diese Bewertung in der entwickelten Methodik ausschließlich Werte zwischen 0 und 1 annimmt, ist eine Überführung in einen prozentualen Grad der Kreisfüllung (0% – 100%) der Harvey Balls ohne weitere Zwischenschritte möglich.

Erweiterung des Prozessmodells

Im nächsten Schritt erfolgt die Erweiterung des bestehenden Prozessmodells (vgl. Kapitel 5.1.4) um ebenjene Visualisierung der Vollständigkeitsbewertung sowie ggf. um weitere Informationsboxen, die im Zuge der Aufnahme des Ist-Zustands fehlten. Im Sinne der Übersichtlichkeit werden die Bewertungsergebnisse der obersten beiden Bewertungsebenen im bestehenden Prozessmodell ergänzt. Durch die Beschränkung auf die Visualisierung der *Klassen- und Prozessschrittvollständigkeit* werden aggregierte Vollständigkeitswerte integriert. Hierdurch wird der Anwender befähigt, sich einen ersten Überblick in Bezug auf die Vollständigkeit von Informationen in der verfügbaren Datenbasis zu verschaffen. Für eine detailliertere Analyse und die Ableitung konkreter Empfehlungen zur Optimierung der Vollständigkeit sei auf das nachfolgende Kapitel 5.4 verwiesen.

Abbildung 5.35 zeigt exemplarisch die Erweiterung des Prozessmodells aus Abbildung 5.14 um die grafische Vollständigkeitsbewertung in Form von Harvey Balls. Hierzu werden die Klassenvollständigkeiten an den zuvor gebildeten Knotenpunkten der horizontalen und vertikalen Verbindungslinien ergänzt. Für die Vollständigkeit der Prozessschritte wird eine weitere horizontale Linie über den Informationsboxen eingeführt. Die entstehenden Knotenpunkte mit vertikal verlaufenden Verbindungslinien bilden die Grundlage für die Visualisierung der jeweiligen Prozessschrittvollständigkeit.

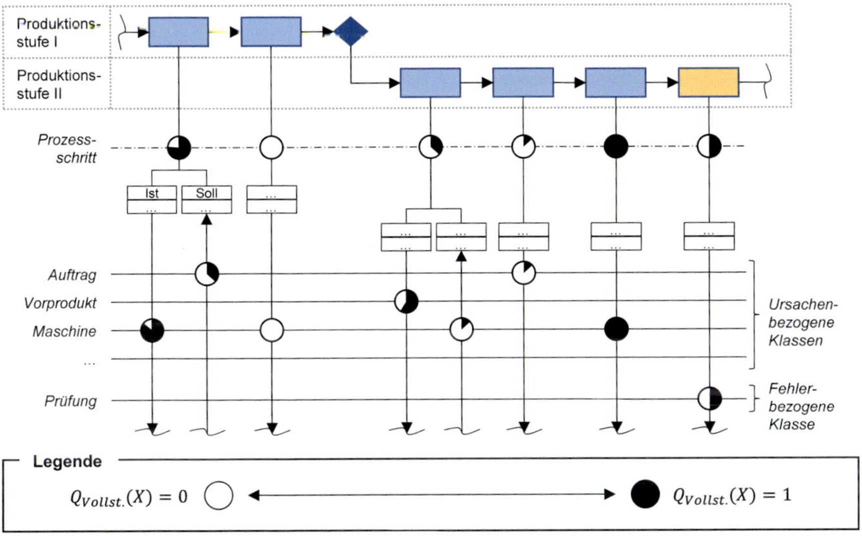

Abbildung 5.35: Exemplarische Erweiterung des Prozessmodells um Vollständigkeiten

Im Beispiel der Getriebewellenfertigung werden gemäß Abbildung 5.36 kontextspezifische Informationslücken in den Prozessschritten „Schmieden“ und „Bohren“ durch die Visualisierung deutlich.

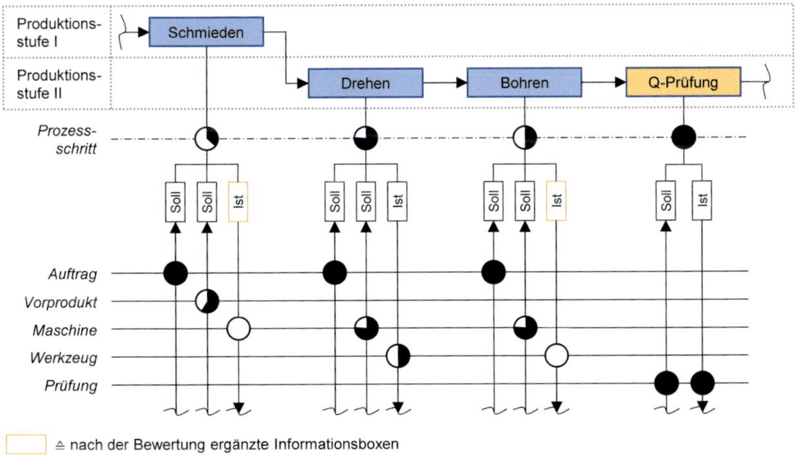

Abbildung 5.36: Erweiterung des Prozessmodells im Beispiel der Getriebewellenfertigung

Dabei offenbart die ursachenbezogene Bewertung der extrahierten Daten insbesondere fehlende Ist-Größen in der Klasse „Maschine“ (z. B. Temperaturen) für das „Schmieden“ sowie fehlende Ist-Größen zur Klasse „Werkzeug“ (z. B. Standzeiten) für das „Bohren“. Diese potenziellen Fehlereinflussgrößen sind in der aktuellen Daten- bzw. Informationserfassung nicht abgedeckt und gilt es im nachfolgenden Schritt der Optimierung zu adressieren.

Hinsichtlich der fehlerbezogenen Bewertung werden im Prozessschritt „Q-Prüfung“ alle relevanten Soll- und Ist-Größen erfasst und sind mit den individuellen Produkten verknüpfbar ($Q_{f,Vollst.}$(Q-Prüfung) = 1).

5.4 Optimierung der Vollständigkeit

Die im vorangegangenen Kapitel vorgestellte Erweiterung des Prozessmodells um eine qualitative Visualisierung der Bewertungskennzahlen befähigt den Anwender dazu, sich einen ersten Überblick in Bezug auf die Vollständigkeit von Informationen in der verfügbaren Datenbasis zu verschaffen. Darüberhinausgehend wird im folgenden Kapitel die Ableitung konkreter Empfehlungen zur iterativen Optimierung der Vollständigkeit im Sinne einer *modellbasierten Entscheidungsunterstützung* diskutiert. Übergeordnetes Ziel dieses Moduls ist damit die modellgestützte Identifikation und anschließende Priorisierung von Handlungsalternativen, um die Vollständigkeit der erfassten Informationen iterativ zu maximieren.

Der Aufbau des Kapitels baut lose auf der Grundstruktur modellbasierter Entscheidungsunterstützungssysteme (EUS) auf, welche sich in die drei miteinander in Wechselwirkung stehenden Kernelemente *Daten-Komponente*, *Modell-/ Methodenkomponente* und *Dialog-Komponente* gliedern lässt (Werner 1992, S. 46).

So wird in Kapitel 5.4.1 zunächst die notwendige Datengrundlage geschaffen. Anschließend erfolgt in den Kapiteln 5.4.2 und 5.4.3 die fehler- und ursachenbezogene Modellkonzeption mit dem Ziel der Ableitung von Empfehlungen. In Kapitel 5.4.4 wird die Anwendung der konzeptionierten Modelle sowie die daran gekoppelte Umsetzung ausgegebener Empfehlungen vorgestellt. Die im Zuge dieser Teilmethodik entworfenen Schritte sind zusammenfassend in Abbildung 5.37 dargestellt. Für alle Schritte der Teilmethodik werden im Folgenden die Begriffe *Modell zur Entscheidungsunterstützung* und *Entscheidungsmodell* synonym verwendet.

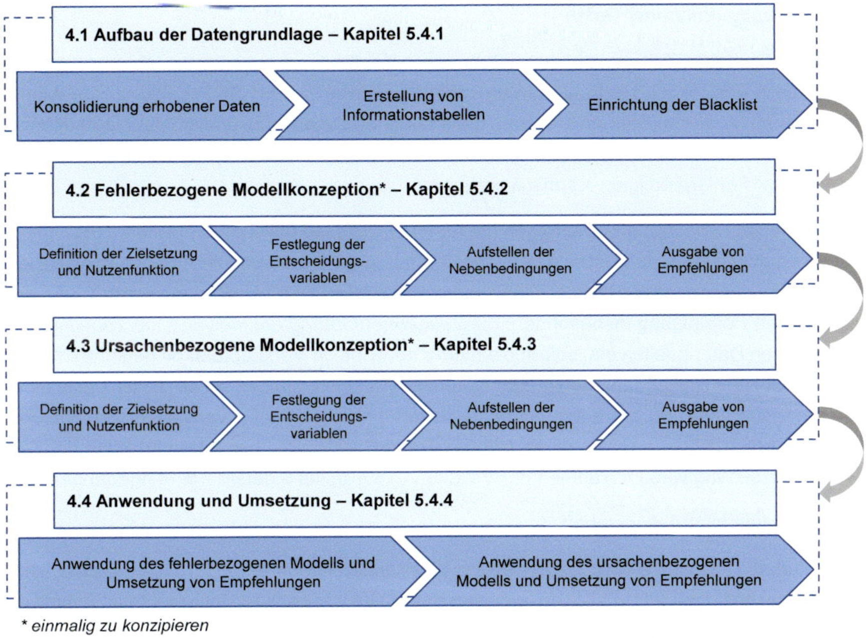

Abbildung 5.37: Überblick der im vierten Modul entwickelten Teilmethodik

5.4.1 Aufbau der Datengrundlage

Zunächst gilt es im Rahmen von Schritt 4.1 der Methodik die zuvor extrahierten Daten zu konsolidieren. Darauf folgt die Erstellung von fehler- und ursachenbezogenen Informationstabellen, welche die in vorangegangenen Schritten identifizierten relevanten Attribute um bewertungsspezifische Informationen ergänzt. Es werden außerdem verknüpfungsrelevante Metainformationen bestimmt, welche als Grundlage in die Konzeption des Modells zur Entscheidungsunterstützung eingehen. Abschließend wird die Datengrundlage um eine Blacklist ergänzt, über welche potenzielle Handlungsempfehlungen a priori ausgeschlossen werden können. Die in Abbildung 5.38 dargestellten Teilschritte werden im Folgenden weiter expliziert.

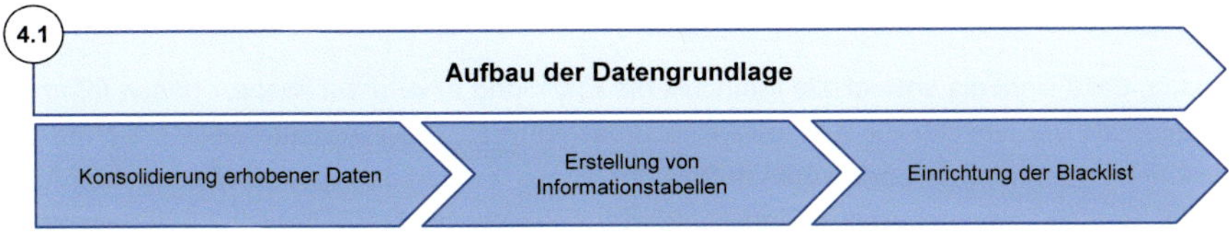

Abbildung 5.38: Abfolge der Teilschritte in Schritt 4.1 der Methodik

Konsolidierung erhobener Daten

Die Basis für diesen Teilschritt bilden neben den in Kapitel 5.3.1 extrahierten fehlerbezogenen Daten die in Kapitel 5.3.3 extrahierten ursachenbezogenen Daten. Im Gegensatz zum vorangegangenen Modul der Methodik werden die erhobenen Datensätze und die darin enthaltenen Tabellen nicht in ihrem Rohzustand belassen, sondern gemäß ihrem eigentlichen Analysezweck – der Fehlerprädiktion – konsolidiert.

Im Zuge dieser *Konsolidierung* erfolgen die für ETL-Prozesse üblichen und sich an die Datenextraktion anschließenden Schritte der Transformation der Daten und dem Laden in eine Zieldatenbank (Vossen 2008). Dies schließt neben der Beseitigung von Redundanzen sowie der allgemeinen Bereinigung insbesondere die *Zusammenführung der individuellen Tabellen* aus heterogenen Datenquellen ein, sofern die hierfür notwendige Verknüpfbarkeit gegeben ist. Auf die Auswahl und Anwendung geeigneter Datenintegrationstechniken sei an dieser Stelle nicht tiefer eingegangen und auf entsprechende weiterführende Literatur verwiesen (Kimball und Caserta 2009; Conrad 2013). Auf die fallspezifische Bereinigung der Daten im Zuge der Datenvorverarbeitung wird im Rahmen der Validierung in Kapitel 6 detaillierter eingegangen.

Erstellung von Informationstabellen

Im nächsten Teilschritt erfolgt die Erstellung einer *fehlerbezogenen Informationstabelle*, welche die wesentlichen Informationen in Bezug auf fehlerbezogene Attribute umfasst. Inhaltlich basiert diese auf den Methodikschritten der fehlerbezogenen Datenextraktion und Bewertung der Kapitel 5.3.1 und 5.3.2. So werden die ausgewählten fehlerbezogenen Attribute $(A_{I1,1}, \ldots, A_{I2,p})$ um ihre Bewertung der Attributvollständigkeit $Q_{f,Vollst.}(A)$, den Verknüpfungsfaktor v sowie weitere Metainformationen ergänzt (vgl. Tabelle 5.4). Die Bedeutung der Verknüpfungsfaktor-Relation V sowie deren Bestimmung wird im Folgenden beschrieben.

Tabelle 5.4: Exemplarische Darstellung der fehlerbezogenen Informationstabelle

Attribut A	Attributvollständigkeit $Q_{f,Vollst.}(A)$	Verknüpfungsfaktor v	Verknüpfungsfaktor-Relation V	Variablentyp	Informationsart	Informationsklasse	Prozessschritt
$A_{I1,1}$	0	0,5	1	Numerisch	Ist-Größe	Prüfung	Schritt 5
$A_{I2,1}$	1	1	2	Numerisch	Soll-Größe	Prüfung	Schritt 5
...	...	...	...	...	...	...	...
$A_{I2,p}$	0,5	1	2	Kategorisch	Soll-Größe	Prüfung	Schritt 5

Analog dazu sieht die entwickelte Methodik die Erstellung einer *ursachenbezogenen Informationstabelle* vor, welche die ausgewählten ursachenbezogenen Attribute $(A_1, \ldots, A_u)$ um die beschriebenen Informationen ergänzt. Darüber hinaus werden den ursachenbezogenen Attributen, gemäß ihrem erwarteten Einfluss auf die Zielgröße die in Kapitel 5.2.2 ermittelten Gewichtungsfaktoren w zugeordnet. Tabelle 5.5 zeigt eine exemplarische Darstellung ebenjener Übersicht.

Tabelle 5.5. Exemplarische Darstellung der ursachenbezogenen Informationstabelle

Attribut *A*	Gewichtungsfaktor *w*	Attributvollständigkeit $Q_{u,Vollst.}(A)$	Verknüpfungsfaktor *v*	Verknüpfungsfaktor-Relation *V*	Variablentyp	Informationsart	Informationsklasse	Prozessschritt
A_1	9	1	1	1	Numerisch	Ist-Größe	Maschine	Schritt 1
A_2	1	0,8	1	1	Numerisch	Ist-Größe	Maschine	Schritt 1
...		...	...	...	...	...	...	...
A_u	3	0	0,5	2	Numerisch	Ist-Größe	Auftrag	Schritt 4

In der Praxis ist zu erwarten, dass zwischen den Verknüpfungsfaktoren verschiedener Attribute Interdependenzen bestehen. So kann z. B. eine Erhöhung des Verknüpfungsfaktors v_i für das Attribut A_i im Zuge einer Maßnahmenumsetzung die Erhöhung weiterer Verknüpfungsfaktoren $v_1, ..., v_u$ der Attribute $A_1, ..., A_u$ zur Folge haben. Begründet ist dies durch die Befähigung zur Join-Operation ganzer Tabellen, die mehr als ein Attribut umfassen. Folglich ist ebenfalls zu berücksichtigen, dass in Abhängigkeit von der Datenerfassung die Verknüpfungsfaktoren fehlerbezogener Attribute auch mit Verknüpfungsfaktoren ursachenbezogener Attribute in Relation stehen können.

Um diese wechselseitigen Abhängigkeiten bei der Konzeption des Modells zur Optimierung der Vollständigkeit berücksichtigen zu können, wird die *Verknüpfungsfaktor-Relation V* eingeführt. Zur Bestimmung von *V* wird unter Zuhilfenahme von Tabelle 5.6 wie folgt vorgegangen. Nach Auflistung aller zu untersuchenden (fehler- und ursachenbezogenen) *Attribute* in der ersten Tabellenspalte wird für jedes der Attribute A_i geprüft, ob sich eine Veränderung des zugehörigen Verknüpfungsfaktors v_i ebenfalls auf den Verknüpfungsfaktor anderer Attribute auswirkt. Wenn dies der Fall ist, stehen deren Verknüpfungsfaktoren in Relation und alle betroffenen Attribute werden in der entsprechenden Spalte markiert. Anhand dieser Markierungen lässt sich für jedes Attribut die *Verknüpfungsfaktor-Relation V* bestimmen.

Tabelle 5.6: Exemplarische Bestimmung der Verknüpfungsfaktor-Relation V

Attribut *A*	v_1	v_2	v_3	v_4	...	v_i	Verknüpfungsfaktor-Relation *V*
Attribut A_1 mit v_1	X						1
Attribut A_2 mit v_2		X		X			2
Attribut A_3 mit v_3			X				3
Attribut A_4 mit v_4		X		X			2
...					...		...
Attribut A_i mit v_i						X	V_i

Im Beispiel der Getriebewellenfertigung lässt sich die Bedeutung der Verknüpfungsfaktor-Relation V anhand des Prozessschritts „Schmieden" verdeutlichen. Wie in Abbildung 5.39 dargestellt, werden maschinenspezifische Informationen (Temperatur, Dauer etc.) beim Schmieden zwar sensorisch erfasst und als Attribute in einer Tabelle dokumentiert, lassen sich jedoch nicht mit den individuellen Produktinstanzen verknüpfen (v = 0). Wird diese Verknüpfbarkeit durch eine geeignete Maßnahme wie die Aufzeichnung eineindeutiger Produkt-IDs hergestellt (v = 1), so wirkt sich dies aufgrund der gemeinsamen Verknüpfungsfaktor-Relation V =1 auf alle in dieser Tabelle erfassten maschinenspezifischen Informationen aus.

Prozessschritt: Schmieden
Informationsklasse: Maschine
Informationsart: Ist-Größen

Attribut *A*	Gewichtungs-faktor *w*	Attributvoll-ständigkeit $Q_{u,Vollst.}(A)$	Verknüpfungs faktor *v*	Verknüpfungs faktor-Relation V	...
Temperatur	3	1	0	1	...
Dauer	1	0,8	0	1	...
Druck	1	1	0	1	...

Aufzeichnung eineindeutiger Produkt-IDs

Attribut *A*	Gewichtungs-faktor *w*	Attributvoll-ständigkeit $Q_{u,Vollst.}(A)$	Verknüpfungs faktor *v*	Verknüpfungs faktor-Relation V	...
Temperatur	3	1	1	1	...
Dauer	1	0,8	1	1	...
Druck	1	1	1	1	...

Abbildung 5.39: Verknüpfungsfaktor-Relation im Beispiel der Getriebewellenfertigung

Einrichtung der Blacklist

Abschließend wird die Datengrundlage um eine *Blacklist* ergänzt, über welche potenzielle Handlungsempfehlungen ausgeschlossen werden können. So können insbesondere Empfehlungen, deren Umsetzbarkeit aus Gründen der technischen Machbarkeit nicht möglichst ist, bereits a priori ausgeschlossen werden. Falls im Zuge der iterativen Optimierung der Vollständigkeit weitere Handlungsalternativen ausgeschlossen werden müssen, können diese auch nachträglich auf der entsprechenden Blacklist ergänzt werden. Neben der technischen Machbarkeit können auch finanzielle Einschränkungen zum Ausschluss einzelner Handlungsalternativen führen. Formal handelt es sich bei der Blacklist um eine Tabelle mit einer Spalte, welche die ausgeschlossenen Handlungsalternativen listet. Im Rahmen der nachfolgenden Modellkonzeption gilt es die anhand der Blacklist ausgeschlossenen Alternativen zu identifizieren und bei der Ausgabe von Empfehlungen gezielt auszuklammern.

5.4.2 Fehlerbezogene Modellkonzeption

Nachdem im Rahmen von Kapitel 5.4.1 zunächst die notwendige Datengrundlage geschaffen wurde, wird darauf aufbauend im folgenden Kapitel die Konzeption eines Entscheidungsmodells zur Optimierung der *fehlerbezogenen* Vollständigkeit vorgestellt. Dabei ist das Ziel von Schritt 4.2, modellbasiert Handlungsalternativen zu identifizieren und priorisierte Empfehlungen zur Optimierung der Vollständigkeit fehlerbezogener Größen ableiten zu können. Die Abfolge der Teilschritte folgt der Grundstruktur von Entscheidungsmodellen nach PATZAK, welche neben *Zielsetzung und Nutzenfunktion* die expliziten *Entscheidungsvariablen* sowie *Randbedingungen* der zu beeinflussenden Situation umfassen (Patzak 1982, S. 314). Die in Abbildung 5.40 dargestellten Teilschritte werden im Folgenden detaillierter ausgeführt.

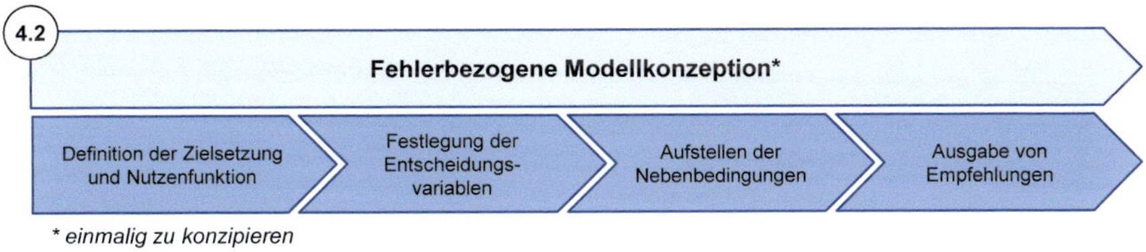

Abbildung 5.40: Abfolge der Teilschritte in Schritt 4.2 der Methodik

Definition der Zielsetzung und Nutzenfunktion

Ausgangspunkt für die Formulierung der Zielsetzung und Aufstellen der Nutzenfunktion bildet die in Kapitel 5.3.2 entwickelte Metrik zur Bewertung der Vollständigkeit fehlerbezogener Informationen in den erfassten Betriebsdaten. Dabei wird die oberste Bewertungsebene der Prozessschrittvollständigkeit sowohl in diesem als auch folgenden Kapitel 5.4.3 jeweils weiter zur *fehler- bzw. ursachenbezogenen Gesamtvollständigkeit* aggregiert.

Für die *fehlerbezogene Gesamtvollständigkeit* $Q_{f,Vollst.}(G)$ ist diese Aggregation aufwandsarm, da diese gemäß Gl. (5.18) der Vollständigkeit des einzig relevanten Prozessschritts $Q_{f,Vollst.}(P)$ und damit der Klassenvollständigkeit $Q_{f,Vollst.}(K)$ entspricht (vgl. Kapitel 5.3.2).

$$Q_{f,Vollst.}(G) := Q_{f,Vollst.}(P) = Q_{f,Vollst.}(K) \tag{5.18}$$

Durch schrittweises Einsetzen der Terme für die Informationsvollständigkeiten $Q_{f,Vollst.}(I_1)$ und $Q_{f,Vollst.}(I_2)$ sowie die aggregierte Tupelvollständigkeit $Q_{f,Vollst.}(T_{I1})$ bzw. $Q_{f,Vollst.}(T_{I2})$ lässt sich die in Gl. (5.19) beschriebene Umformung durchführen.

$$Q_{f,Vollst.}(G) := Q_{f,Vollst.}(K) = 0{,}5 * Q_{f,Vollst.}(I_1) + 0{,}5 * Q_{f,Vollst.}(I_2)$$
$$= 0{,}5 * \frac{\sum_{j=1}^{p} Q_{f,Vollst.}(T_{I_1})_j}{p} + 0{,}5 * \frac{\sum_{j=1}^{p} Q_{f,Vollst.}(T_{I_2})_j}{p}$$
$$= 0{,}5 * \frac{\sum_{j=1}^{p}\left(Q_{f,Vollst.}(A_{I_1}) * v_{I_1}\right)_j}{p} + 0{,}5 * \frac{\sum_{j=1}^{p}\left(Q_{f,Vollst.}(A_{I_2}) * v_{I_2}\right)_j}{p} \tag{5.19}$$
$$= \frac{1}{2 * p} * \left(\sum_{j=1}^{p} \left(Q_{f,Vollst.}(A_{I_1}) * v_{I_1} + Q_{f,Vollst.}(A_{I_2}) * v_{I_2}\right)_j\right)$$

Diese Formel zur Berechnung der fehlerbezogenen Gesamtvollständigkeit wird in die *Ziel- bzw. Nutzenfunktion* überführt, welche dem zu entwickelnden Modell zur Entscheidungsunterstützung zugrunde liegt. Ziel der in Gl. (5.20) beschriebenen Nutzenfunktion ist es, die Gesamtvollständigkeit zu maximieren. Hierin werden neben der fehlerbezogenen Attributvollständigkeit $Q_{f,Vollst.}(A_{I1})$ *bzw.* $Q_{f,Vollst.}(A_{I2})$ der jeweilige Verknüpfungsfaktor v sowie die Anzahl relevanter Prüfmerkmale p berücksichtigt.

$$\max Q_{f,Vollst.}(G) = \max \frac{1}{2 * p} * \left(\sum_{j=1}^{p} \left(Q_{f,Vollst.}(A_{I_1}) * v_{I_1} + Q_{f,Vollst.}(A_{I_2}) * v_{I_2}\right)_j\right) \tag{5.20}$$

Die übergeordnete *Zielsetzung* ist es, auf Basis dieser Nutzenfunktion diejenigen Handlungsalternativen zu identifizieren, welche je Iterationsschritt über das größte Optimierungspotenzial zur Steigerung der fehlerbezogenen Gesamtvollständigkeit bewirken.

Festlegung der Entscheidungsvariablen

Entscheidungsvariablen bezeichnen die Variablen der Nutzenfunktion, welche durch den Entscheider variiert werden können. Die Anzahl der fehlerrelevanten Prüfmerkmale p ist nicht beeinflussbar und wird somit als festgelegter Parameter betrachtet. Die als wesentliche Stellschrauben anzusehenden (unabhängigen) Entscheidungsvariablen sind im Kontext dieser Arbeit daher:

- Die fehlerbezogene *Attributvollständigkeit* $Q_{f,Vollst.}(A_{I1})_j$ bzw. $Q_{f,Vollst.}(A_{I2})_j$, nachfolgend vereinfacht als $Q_{f,Vollst.}(A)$ bezeichnet.
- Der jeweilige *Verknüpfungsfaktor* $v_{I1,j}$ bzw. $v_{I2,j}$, nachfolgend vereinfacht als v bezeichnet.

Aufstellen der Nebenbedingungen

Nach dem Aufstellen der Nutzenfunktion und der Festlegung der Entscheidungsvariablen werden im Folgenden relevante Nebenbedingungen formuliert, durch welche reale Einschränkungen in Bezug auf die Handlungsalternativen berücksichtigt werden:

1. Die Vollständigkeit eines Attributs mit $Q_{f,Vollst.}(A) < 1$ kann nur auf $Q_{f,Vollst.}(A) = 1$ erhöht werden (Handlungsalternative Typ I).
2. Ein Verknüpfungsfaktor der Relation V_j mit $v = 0$ kann nur auf $v = 0{,}5$ erhöht werden (Handlungsalternative Typ II).

3. Ein Verknüpfungsfaktor der Relation V_j mit $v = 0{,}5$ kann nur auf $v = 1$ erhöht werden (Handlungsalternative Typ III).
4. Die Erhöhung eines Verknüpfungsfaktors der Relation V_j auf $v = 1$ erfolgt erst, nachdem alle Attributvollständigkeiten auf $Q_{f,Vollst.}(A) = 1$ und alle Verknüpfungsfaktoren auf $v = 0{,}5$ erhöht wurden.

Während die erste Nebenbedingung aus der Definitionsmenge der fehlerbezogenen Vollständigkeit auf der jeweiligen Bewertungsebene $Q_{f,Vollst.}(X)$ resultiert, basieren die Nebenbedingungen 2 und 3 auf der Definitionsmenge des Verknüpfungsfaktors v (vgl. Kapitel 5.3.2). Die vierte Nebenbedingung resultiert aus der Minimalanforderung der Fehlerprädiktion an die fehlerbezogenen Informationen. Demnach ist neben der Vollständigkeit von Attributen mit Informationen zu Ist- und Soll-Größen die Verknüpfbarkeit der Werte zu individuellen Produktinstanzen erforderlich. Diese ist im Rahmen einer indirekten Verknüpfbarkeit ($v = 0{,}5$) bereits gegeben, wenngleich die Herstellung einer direkten Verknüpfbarkeit ($v = 1$) weitere Vorteile z. B. in Form von Aufwandsminimierung bei der Modellierung mit sich bringt. Die Sinnhaftigkeit der Umsetzung von Handlungsalternative III ist demnach fallspezifisch unter Einbezug des individuellen Aufwands zu beurteilen.

Ausgabe von Empfehlungen

Gemäß den Minimalanforderungen der Fehlerprädiktion an die fehlerbezogenen Informationen, die Verfügbarkeit von Ist- und Soll-Werten sowie die indirekte Verknüpfbarkeit zu individuellen Produktinstanzen, lässt sich das Vorgehen zur Ausgabe von fehlerbezogenen Empfehlungen in *obligatorische* und *fakultative* Maßnahmen unterteilen (vgl. Abbildung 5.41).

Wie in Abbildung 5.41 dargestellt erfolgt im Rahmen der *obligatorischen* Maßnahmen zunächst die Erfassung des Status quo und damit die Berechnung der Gesamtvollständigkeit $Q_{f,Vollst.}(G)$ auf Basis der fehlerbezogenen Informationstabelle (vgl. Kapitel 5.4.1). Darauf folgt die Identifikation der möglichen Handlungsalternativen von Typ I und II sowie der Abgleich mit der im Vorfeld aufgestellten Blacklist. Anschließend wird auf Basis der Nutzenfunktion diejenige Handlungsalternative berechnet und als Empfehlung ausgegeben, mittels derer die größtmögliche Steigerung von $Q_{f,Vollst.}(G)$ erreicht werden kann. Im Anschluss erfolgt die in Kapitel 5.4.4 beschriebene Umsetzung der Empfehlung in der Praxis. Ebenjene Schritte werden im Rahmen eines iterativen Zyklus wiederholt, bis sowohl alle betrachteten Attributvollständigkeiten $Q_{f,Vollst.}(A) = 1$ als auch alle Verknüpfungsfaktoren $v = 0{,}5$ betragen. Durch diese Sicherstellung der Verfügbarkeit obligatorischer Informationen zur Fehlererfassung wird die Grundlage für Anwendungen der Fehlerprädiktion geschaffen.

In den sich daran anschließenden *fakultativen* Maßnahmen wiederholt sich dieser iterative Prozess für die Ausgabe von Handlungsempfehlungen des Typs III bis die Gesamtvollständigkeit $Q_{f,Vollst.}(G) = 1$ erreicht. In Bezug auf die praktische Umsetzung der Empfehlungen sowie die Definition von Abbruchkriterien sei ebenfalls auf Kapitel 5.4.4 verwiesen.

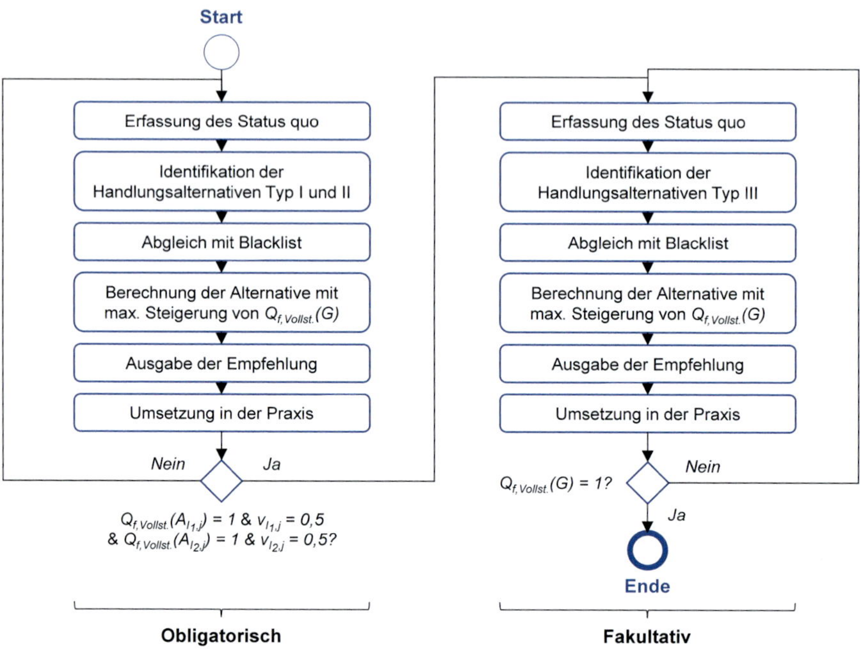

Abbildung 5.41: Vorgehen zur Ausgabe von fehlerbezogenen Empfehlungen

Im Gegensatz zur ursachenbezogenen Modellkonzeption im nachfolgenden Kapitel 5.4.3 wird aufgrund des geringen Komplexitätsgrades bedingt durch die geringe Variablenanzahl von einer Software-Implementierung an dieser Stelle abgesehen.

5.4.3 Ursachenbezogene Modellkonzeption

Nachdem im vorangegangenen Kapitel die Konzeption eines Modells zur Optimierung der fehlerbezogenen Vollständigkeit beschrieben wurde, wird analog dazu im folgenden Kapitel die Modellkonzeption zur Optimierung der *ursachenbezogenen* Vollständigkeit vorgestellt. Ziel ist es, modellbasiert Handlungsalternativen zu identifizieren und priorisierte Empfehlungen zur Maximierung der Vollständigkeit ursachenbezogener Größen ableiten zu können. Analog zu Kapitel 5.4.2 orientieren sich die in Abbildung 5.42 dargestellten Teilschritte in ihrem Aufbau an der Grundstruktur von Entscheidungsmodellen nach PATZAK (Patzak 1982, S. 314). Diese Teilschritte werden im Folgenden weiter expliziert.

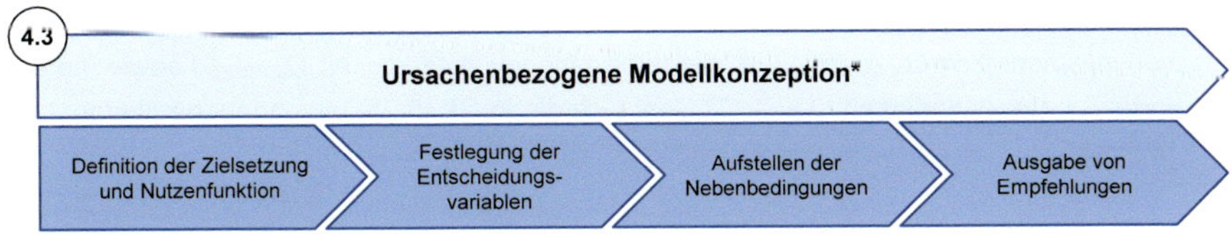

** einmalig zu konzipieren*

Abbildung 5.42: Abfolge der Teilschritte in Schritt 4.3 der Methodik

Definition der Zielsetzung und Nutzenfunktion

Die in Kapitel 5.3.4 entwickelte Metrik bildet die Grundlage für die Formulierung der Zielsetzung und das Aufstellen der Nutzenfunktion in Bezug auf die Vollständigkeit ursachenbezogener Informationen. Die Vollständigkeiten der betrachteten Prozessschritte werden in diesem Zuge zur *ursachenbezogenen Gesamtvollständigkeit* $Q_{u,Vollst.}(G)$ aggregiert.

Vor der Detaillierung der ursachenbezogenen Gesamtvollständigkeit $Q_{u,Vollst.}(G)$ wird die folgende Vereinfachung vorgenommen: Aufgrund des identischen Aufbaus der Berechnungsterme für die Informationsvollständigkeit von Soll- und Ist-Informationen (vgl. Kapitel 5.3.4) wird im Folgenden nicht weiter zwischen diesen differenziert. Die ursachenbezogene Informationsvollständigkeit vereinfacht sich gemäß Gl. (5.21) mit der Variablen *s* als die Anzahl aller relevanten Tupel einer Ursachenklasse.

$$Q_{u,Vollst.}(I) := \frac{\sum_{k=1}^{s} Q_{u,Vollst.}(T)_k * w_k}{\sum_{k=1}^{s} w_k} \tag{5.21}$$

$$mit\ s = q + r$$

Infolgedessen vereinfacht sich die ursachenbezogene Klassenvollständigkeit nach Gl. (5.22) und die Vollständigkeit einzelner Prozessschritte nach Gl. (5.23).

$$Q_{u,Vollst.}(K) := \frac{\sum_{k=1}^{s} Q_{u,Vollst.}(T)_k * w_k}{\sum_{k=1}^{s} w_k} \tag{5.22}$$

$$Q_{u,Vollst.}(P) := \frac{\sum_{l=1}^{m} Q_{u,Vollst.}(K)_l * (\sum_{k=1}^{s} w_k)_l}{\sum_{l=1}^{m}(\sum_{k=1}^{s} w_k)_l} \tag{5.23}$$

Die ursachenbezogene Gesamtvollständigkeit $Q_{u,Vollst.}(G)$ berechnet sich gemäß Gl. (5.24) auf Basis des gewichteten Mittelwerts der Prozessschrittvollständigkeiten $Q_{u,Vollst.}(P)$ und der Anzahl der Prozessschritte *h*. Zur Berücksichtigung der Gewichtung der individuellen Prozessschritte wird die Summe der Gewichtungsfaktoren aller Attribute innerhalb des jeweiligen Prozessschrittes bestimmt.

$$Q_{u,Vollst.}(G) := \frac{\sum_{g=1}^{h} Q_{u,voll}(P)_g * (\sum_{l=1}^{m}(\sum_{k=1}^{s} w_k)_l)_g}{\sum_{g=1}^{h}(\sum_{l=1}^{m}(\sum_{k=1}^{s} w_k)_l)_g} \tag{5.24}$$

Durch schrittweises Einsetzen der Terme für die Prozessschrittvollständigkeit $Q_{u,Vollst.}(P)$, *die* Klassenvollständigkeit $Q_{u,Vollst.}(K)$ bzw. die Informationsvollständigkeit $Q_{u,Vollst.}(I)$ sowie die aggregierte Tupelvollständigkeit $Q_{u,Vollst.}(T)$ lässt sich die in Gl. (5.25) beschriebene Umformung durchführen.

$$\begin{aligned}
Q_{u,Vollst.}(G) &:= \frac{\sum_{g=1}^{h} Q_{u,voll}(P)_g * (\sum_{l=1}^{m}(\sum_{k=1}^{s} w_k)_l)_g}{\sum_{g=1}^{h}(\sum_{l=1}^{m}(\sum_{k=1}^{s} w_k)_l)_g} \\
&= \frac{\sum_{g=1}^{h}\left(\frac{\sum_{l=1}^{m} Q_{u,Vollst.}(K)_l * (\sum_{k=1}^{s} w_k)_l}{\sum_{l=1}^{m}(\sum_{k=1}^{s} w_k)_l}\right)_g * (\sum_{l=1}^{m}(\sum_{k=1}^{s} w_k)_l)_g}{\sum_{g=1}^{h}(\sum_{l=1}^{m}(\sum_{k=1}^{s} w_k)_l)_g} \\
&= \frac{\sum_{g=1}^{h}\left(\frac{\sum_{l=1}^{m}\left(\frac{\sum_{k=1}^{s} Q_{u,Vollst.}(T)_k * w_k}{\sum_{k=1}^{s} w_k}\right)_l * (\sum_{k=1}^{s} w_k)_l}{\sum_{l=1}^{m}(\sum_{k=1}^{s} w_k)_l}\right)_g * (\sum_{l=1}^{m}(\sum_{k=1}^{s} w_k)_l)_g}{\sum_{g=1}^{h}(\sum_{l=1}^{m}(\sum_{k=1}^{s} w_k)_l)_g} \\
&= \frac{\sum_{g=1}^{h}\left(\frac{\sum_{l=1}^{m}\left(\frac{\sum_{k=1}^{s}\left(Q_{u,Vollst.}(A) * v\right)_k * w_k}{\sum_{k=1}^{s} w_k}\right)_l * (\sum_{k=1}^{s} w_k)_l}{\sum_{l=1}^{m}(\sum_{k=1}^{s} w_k)_l}\right)_g * (\sum_{l=1}^{m}(\sum_{k=1}^{s} w_k)_l)_g}{\sum_{g=1}^{h}(\sum_{l=1}^{m}(\sum_{k=1}^{s} w_k)_l)_g} \\
&= \frac{\sum_{g=1}^{h}\left(\sum_{l=1}^{m}\left(\sum_{k=1}^{s}(Q_{u,voll}(A) * v)_k * w_k\right)_l\right)_g}{\sum_{g=1}^{h}(\sum_{l=1}^{m}(\sum_{k=1}^{s} w_k)_l)_g}
\end{aligned} \tag{5.25}$$

Da die ursachenbezogene Gesamtvollständigkeit nach Gl. (5.25) alle Prozessschritte, deren relevante Klassen sowie alle relevanten Tupel bzw. Attribute dieser Klassen umfasst, lässt sich diese gemäß Gl. (5.26) weiter vereinfachen.

$$Q_{u,Vollst.}(G) := \frac{\sum_{o=1}^{u} Q_{u,voll}(A)_o * v_o * w_o}{\sum_{o=1}^{u} w_o} \tag{5.26}$$

$$mit\ u = \text{Anzahl aller ursachenbezogener Attribute}$$

Diese Formel zur Berechnung der ursachenbezogenen Gesamtvollständigkeit wird in die *Ziel- bzw. Nutzenfunktion* überführt, welche dem zu entwickelnden Modell zur Entscheidungsunterstützung zugrunde liegt. Ziel der in Gl. (5.27) beschriebenen Nutzenfunktion ist es, die Gesamtvollständigkeit zu maximieren.

$$\max Q_{u,Vollst.}(G) = \max \frac{\sum_{o=1}^{u} Q_{u,voll}(A)_o * v_o * w_o}{\sum_{o=1}^{u} w_o} \tag{5.27}$$

Die übergeordnete *Zielsetzung* ist es, auf Basis dieser Nutzenfunktion diejenigen Handlungsalternativen zu identifizieren, welche je Iterationsschritt über das größte Optimierungspotenzial zur Steigerung der ursachenbezogenen Gesamtvollständigkeit bewirken.

Festlegung der Entscheidungsvariablen

Analog zu Kapitel 5.4.2 werden im Folgenden die Entscheidungsvariablen der Nutzenfunktion definiert. Die Gewichtung einzelner Attribute durch den Gewichtungsfaktor w_o wurde a priori im zweiten Modul der Methodik festgelegt und ist damit nicht mehr beeinflussbar. Damit sind die unabhängigen Entscheidungsvariablen analog zur fehlerbezogenen Modellkonzeption:

- Die fehlerbezogene *Attributvollständigkeit* $Q_{u,Vollst.}(A)_o$, nachfolgend vereinfacht als $Q_{u,Vollst.}(A)$ bezeichnet.
- Der jeweilige *Verknüpfungsfaktor* v_o, nachfolgend vereinfacht als v bezeichnet.

Aufstellen der Nebenbedingungen

Nach dem Aufstellen der Nutzenfunktion und der Festlegung der Entscheidungsvariablen werden im Folgenden relevante Nebenbedingungen formuliert, durch welche reale Einschränkungen in Bezug auf die Handlungsalternativen formalisiert werden. Diese Nebenbedingungen und die daraus resultierenden Handlungsalternativen sind deckungsgleich mit Kapitel 5.4.2.

1. Die Vollständigkeit eines Attributs mit $Q_{u,Vollst.}(A) < 1$ kann nur auf $Q_{u,Vollst.}(A) = 1$ erhöht werden (Handlungsalternative Typ I).
2. Ein Verknüpfungsfaktor der Relation V_j mit $v = 0$ kann nur auf $v = 0{,}5$ erhöht werden (Handlungsalternative Typ II).
3. Ein Verknüpfungsfaktor der Relation V_j mit $v = 0{,}5$ kann nur auf $v = 1$ erhöht werden (Handlungsalternative Typ III).
4. Die Erhöhung eines Verknüpfungsfaktors der Relation V_j auf $v = 1$ erfolgt erst, nachdem alle Attributvollständigkeiten auf $Q_{u,Vollst.}(A) = 1$ und alle Verknüpfungsfaktoren auf $v = 0{,}5$ erhöht wurden.

Ausgabe von Empfehlungen

Die Ableitung und Ausgabe von Empfehlungen zur Optimierung der ursachenbezogenen Vollständigkeit $Q_{u,Vollst.}(G)$ erfolgt weitgehend analog zu Kapitel 5.4.2. So wird im Rahmen des Vorgehens ebenfalls zwischen *obligatorischen* und *fakultativen* Maßnahmen unterschieden (vgl. Abbildung 5.43). Während erstere die Identifikation, Ausgabe und iterative Umsetzung der Handlungsalternativen des Typs I und II umfassen, beinhalten die zweiteren diesen iterativen Prozess für Handlungsempfehlungen des Typs III. Im Gegensatz zur Ausgabe fehlerbezogener Empfehlungen wird entsprechend der formulierten Nutzenfunktion nicht zwischen Ist- und Soll-Größen differenziert. In Bezug auf die praktische Umsetzung der Empfehlungen sowie die Definition von Abbruchkriterien sei auf das nachfolgende Kapitel 5.4.4 verwiesen.

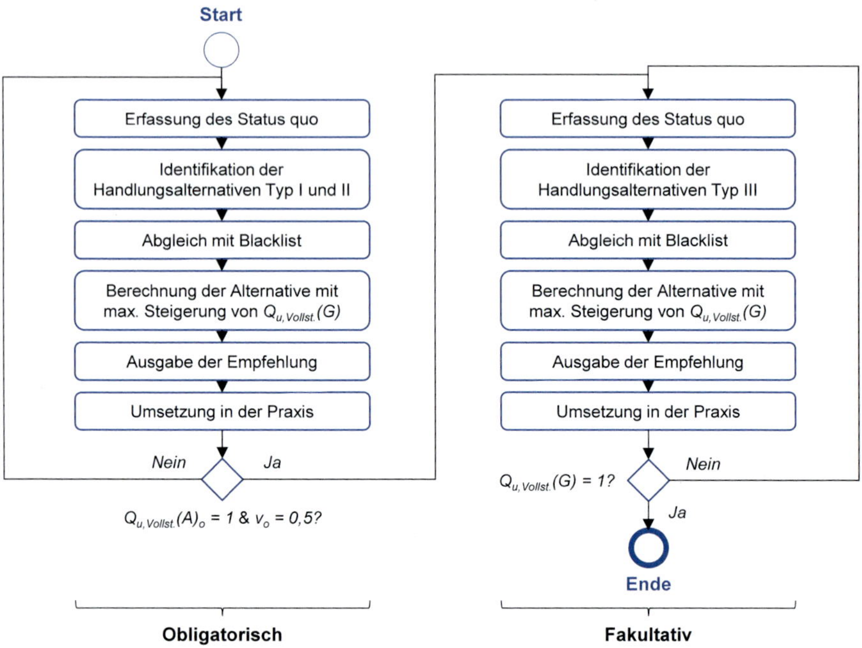

Abbildung 5.43: Vorgehen zur Ausgabe von ursachenbezogenen Empfehlungen

Für das zentrale Element zur Ausgabe von Empfehlungen, die Priorisierung und Ausgabe der Handlungsempfehlungen auf Basis der Nutzenfunktion, wurde ein Algorithmus in der Programmiersprache Python implementiert und dem Git Repository dieser Arbeit beigefügt (vgl. Anhang A.7). Ein detailliertes Ablaufdiagramm zur Visualisierung dieses Algorithmus findet sich im Anhang A.1 dieser Arbeit. Als Input des Algorithmus dient die in Kapitel 5.4.1 beschriebene Datengrundlage.

5.4.4 Anwendung und Umsetzung

Im Rahmen von Schritt 4.4 erfolgen die Anwendung der konzeptionierten Entscheidungsmodelle sowie die daran gekoppelte Umsetzung ausgegebener Empfehlungen. Dabei wird das übergeordnete Ziel verfolgt, die in Kapitel 5.4.2 und 5.4.3 konzeptionierten Entscheidungsmodelle durch Einbettung in ein schrittweises Vorgehen in die Anwendung zu überführen. Die Umsetzung von Empfehlungen erfolgt nicht nachgelagert, sondern wird in einem iterativen Prozess eng mit der Modellanwendung verzahnt. Die in Abbildung 5.44 dargestellten Teilschritte werden im Folgenden weiter ausdetailliert.

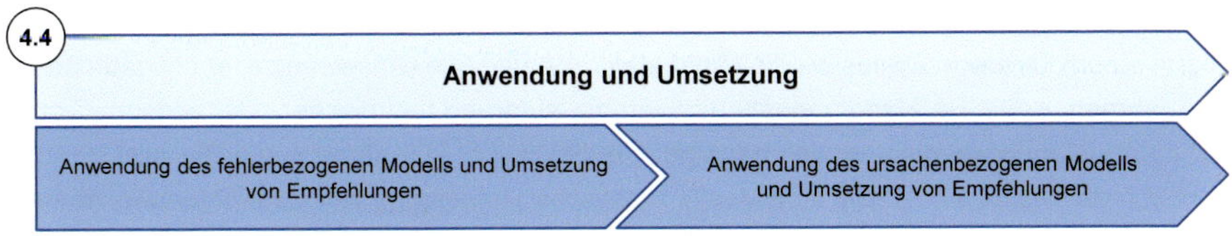

Abbildung 5.44: Abfolge der Teilschritte in Schritt 4.4 der Methodik

Anwendung des fehlerbezogenen Modells und Umsetzung von Empfehlungen

Zur schrittweisen Anwendung der Entscheidungsmodelle ist es zunächst notwendig, im Rahmen der Teilmethodik die Abfolge der einzelnen Schritte festzulegen. Wie in Abbildung 5.45 dargestellt, erfolgt zunächst die iterative Anwendung des *fehlerbezogenen Entscheidungsmodells* basierend auf Schritt 4.2 der Teilmethodik sowie die daran anknüpfende Umsetzung der Empfehlungen in der Praxis. Während Abbildung 5.45 das zugrundeliegende Vorgehen zur Ermittlung und Ausgabe von fehlerbezogenen Empfehlungen stark vereinfacht darstellt, findet sich in Abbildung 5.41 eine detaillierte Beschreibung dieses Vorgehens.

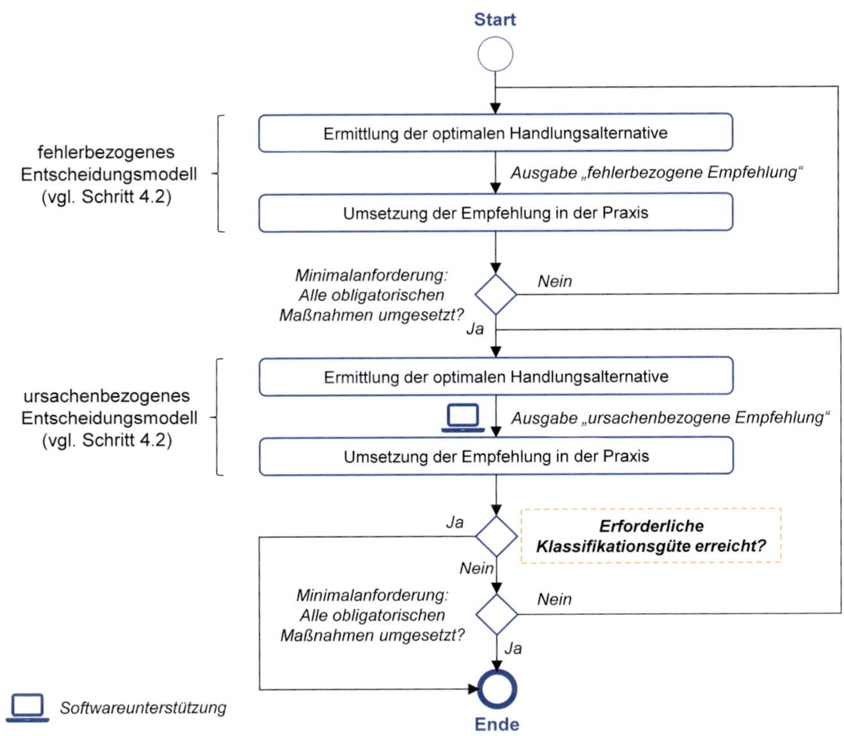

Abbildung 5.45: Schrittweises Vorgehen zur Anwendung der Entscheidungsmodelle

Die Umsetzung von Empfehlungen zur Optimierung der fehlerbezogenen Vollständigkeit erfolgt in einem iterativen Zyklus bis die Minimalanforderung, die Umsetzung aller obligatorischer Maßnahmen, erfüllt ist. Handlungsalternativen die aufgrund technischer oder wirtschaftlicher Rahmenbedingungen nicht umsetzbar sind, werden durch Aufnahme in die Blacklist berücksichtigt (vgl. Kapitel 5.4.1). Die individuelle praktische Umsetzung von Empfehlungen ist stark abhängig vom jeweiligen Anwendungsfall, weswegen an dieser Stelle keine Verallgemeinerung möglich ist.

Nach Erfüllung der Minimalanforderung kann entweder durch die Umsetzung fakultativer Maßnahmen die fehlerbezogene Gesamtvollständigkeit weiter erhöht werden oder es erfolgt der Wechsel zur Anwendung des ursachenbezogenen Entscheidungsmodells.

Anwendung des ursachenbezogenen Modells und Umsetzung von Empfehlungen

Größtenteils analog dazu erfolgt anschließend die iterative Anwendung *des ursachenbezogenen Entscheidungsmodells* basierend auf Schritt 4.3 sowie die damit verbundene Umsetzung ausgegebener Empfehlungen (vgl. Abbildung 5.45). So erfolgen im Rahmen der Anwendung zunächst die Ermittlung der optimalen Handlungsalternative auf Basis der Nutzenfunktion sowie die Ausgabe der ursachenbezogenen Empfehlung. Eine detailliertere Darstellung dieses Ablaufs bietet Abbildung 5.43.

Die Umsetzung der Empfehlungen zur Optimierung der ursachenbezogenen Vollständigkeit erfolgt ebenfalls in einem iterativen Zyklus. Neben der Erfüllung der Minimalanforderungen wird mit der *Erreichung der erforderlichen Klassifikationsgüte* in der prädiktiven Modellierung ein weiteres „Abbruchkriterium" definiert. Hintergrund dessen ist die in der vierten Teilforschungsfrage formulierte Anforderung, durch die Ableitung von Optimierungsempfehlungen zur Verbesserung der Dateneignung für die Fehlerprädiktion beizutragen (vgl. Kapitel 4.2.1). Zu Messbarmachung der Eignung der Daten im Verwendungskontext der Fehlerprädiktion wird im Rahmen dieser Arbeit die Klassifikationsgüte der Fehlerprädiktionsmodelle verwendet (vgl. Kapitel 6.1). Da die erforderliche Klassifikationsgüte stark vom individuellen Anwendungsfall sowie den verwendeten Modellierungsmethoden abhängig ist, wird diese im Rahmen der Arbeit nicht mit einem festen Wert versehen. Die Umsetzung fakultativer Empfehlungen ist analog zur fehlerbezogenen Optimierung optional und unter Berücksichtigung verschiedener Randbedingungen für jeden Anwendungsfall individuell zu entscheiden.

Die Softwareunterstützung des Entscheiders auf Basis des implementierten Algorithmus beschränkt sich auf die Ausgabe der Empfehlungen im Terminal der integrierten Entwicklungsumgebung. Die möglichen Ausgaben umfassen die definierten Handlungsalternativen des Typs I bis III.

Im Rahmen des Beispiels der Getriebewellenfertigung ist keine Optimierung der fehlerbezogenen Vollständigkeit durchzuführen, da die relevanten Informationen im Prozessschritt „Q-Prüfung" bereits vollständig in den Daten vorhanden sind (vgl. Abbildung 5.46).

Unter Anwendung des ursachenbezogenen Entscheidungsmodells werden iterativ Optimierungsempfehlungen ausgegeben und umgesetzt (vgl. Abbildung 5.46). So wird zunächst die fehlende Informationserfassung von werkzeugbezogenen Ist-Größen im Prozessschritt „Bohren" aufgrund ihrer hohen Gewichtung adressiert (vgl. Tabelle 5.3). Darüber hinaus wird die Vervollständigung der hoch gewichteten maschinenbezogenen Attribute in den Prozessschritten „Bohren" und „Drehen" als Empfehlungen ausgegeben. Eine Empfehlung zur Verknüpfung der maschinenbezogenen Ist-Größen im Prozessschritt „Schmieden" erfolgt erst nachgelagert, da diese aufgrund ihrer geringen Relevanz (vgl. Tabelle 5.3) einen vergleichsweise kleinen Beitrag zur Vollständigkeitskennzahl leisten. Fakultative Empfehlungen wie die Verbesserung der indirekten zur direkten Verknüpfbarkeit von vorhandenen werkzeugbezogenen Ist-Größen beim „Drehen" erfolgen zuletzt.

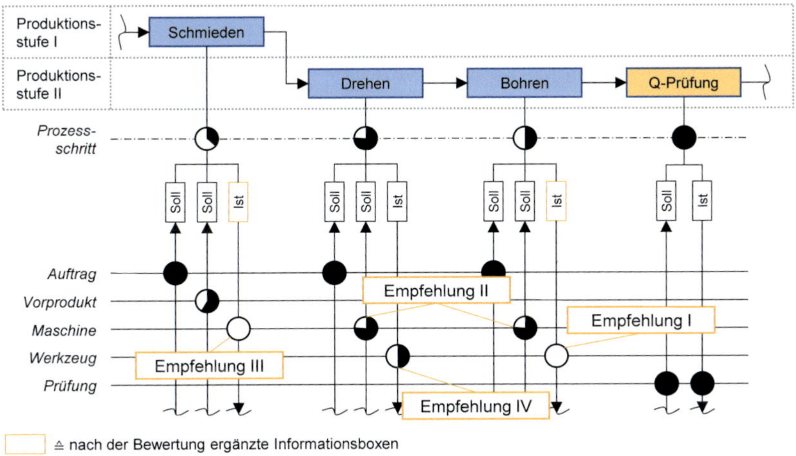

Abbildung 5.46: Optimierungsempfehlungen im Beispiel der Getriebewellenfertigung

5.5 Zwischenfazit

Die in Kapitel 4.3 konzeptionierte Bewertungsmethodik stellt die Grundlage für die Ausdetaillierung ebenjener Methodik im Hauptteil dieser Arbeit dar. Strukturell orientiert sich diese Detaillierung an den vier übergeordneten Modulen der Methodik, welchen die in Kapitel 4.2.1 formulierten Teilforschungsfragen zugrunde liegen. Inhaltlich erfolgt die Detaillierung anhand der in Kapitel 3.1 formulierten spezifischen inhaltlichen Anforderungen an die Bewertungsmethodik. So wurden alle als notwendig identifizierten Schritte entwickelt und beschrieben, welche zur methodischen Bewertung der Vollständigkeit von in Betriebsdaten erfassten Informationen sowie der darauf aufbauenden Optimierung ebenjener beitragen.

Bezugnehmend auf die erste Teilforschungsfrage wurde im ersten Modul, der *Prozess- und Informationsmodellierung*, eine Teilmethodik zur Modellierung relevanter Prozesse der Produktionskette sowie die damit verknüpfte Aufnahme und Klassifizierung systemseitig erfasster Informationen entwickelt (vgl. Abbildung 5.47). Zentraler Bestandteil war die Entwicklung eines Beschreibungsmodells, welches die genannten Inhalte abbildet. Hierzu wurde zunächst mit der Priorisierung und Auswahl der relevanten Fehler die Grundlage für die Festlegung des zu untersuchenden Ausschnitts der Produktionskette gelegt. Darauf aufbauend wurde im nächsten Schritt das Vorgehen bei der Prozessaufnahme und -modellierung formalisiert. Hierbei wurde das übergeordnete Ziel verfolgt, sowohl Transparenz über den Status quo zu schaffen als auch die Durchführbarkeit und Praxistauglichkeit der Methodik sicherzustellen. Darüber hinaus wurde damit die Grundlage für ein umfangreicheres Beschreibungsmodell des Ist-Zustands gelegt, welche über die reine Prozessbeschreibung hinausgeht. Diese wurde im nächsten Schritt um Informationsklassen erweitert, welche im Kontext der Fehlerprädiktion relevant sind. Dieser Ordnungsrahmen zur Klassifizierung von Informationen bildete die Basis, um in der weiteren Ausgestaltung der Methodik eine möglichst transparente und feingranulare Bewertung der Vollständigkeit von Informationen zu realisieren und so Schwachstellen in der Datenerfassung zu identifizieren. Abschließend wurden die Informationserhebung, Klassifizierung und Quellenzuordnung beschrieben. Durch die damit einhergehende Visualisierung wurde eine aussagekräftige Übersicht des Status quo der in den Betriebsdaten erfassten Informationen geschaffen.

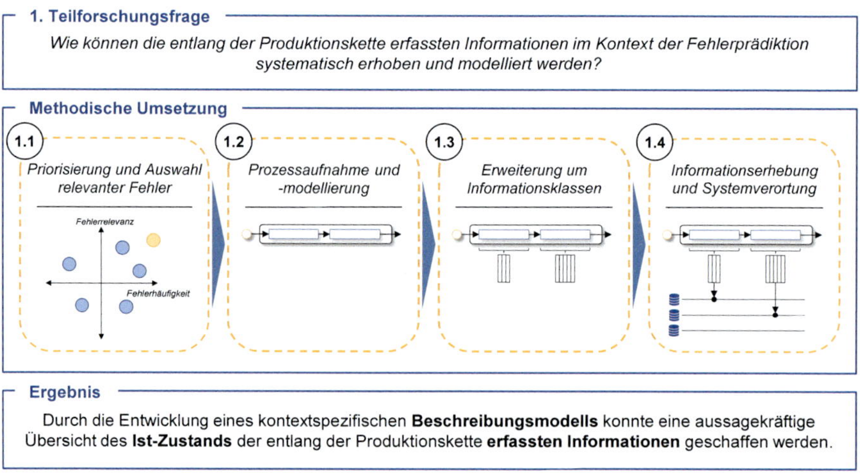

Abbildung 5.47: Beantwortung der ersten Teilforschungsfrage

Vor dem Hintergrund der zweiten Teilforschungsfrage wurde im zweiten Modul eine Teilmethodik zur *Identifikation und Gewichtung potenzieller Einflussgrößen* entwickelt um den informationstechnischen Soll-Zustand im Kontext der Fehlerprädiktion zu ermitteln (vgl. Abbildung 5.48). Im Mittelpunkt dessen stand die Wissenserhebung auf Basis von expliziten und impliziten Wissensquellen sowie die darauf aufbauende Entwicklung eines leicht interpretierbaren Erklärungsmodells. Hierzu wurde zunächst die Identifikation potenzieller Fehlereinflussgrößen durch die Identifikation von Wissensquellen und die anschließende schrittweise Wissenserhebung expliziert. Auswahlkriterium dieser Wissensquellen war der Bezug zu fallspezifischen Kausalzusammenhängen bei Fehlerereignissen. Im Anschluss wurde neben der Konsolidierung des erhobenen und dokumentierten Wissens durch die Ergänzung von expertenbasierten Gewichtungsfaktoren die Effektstärke dieser Einflussgrößen abgebildet. Durch das so geschaffene Erklärungsmodell konnten einfache kausale Zusammenhänge in Form von quantitativen Thesen formuliert werden, welche Erklärungen für das Auftreten ausgewählter Fehler geben.

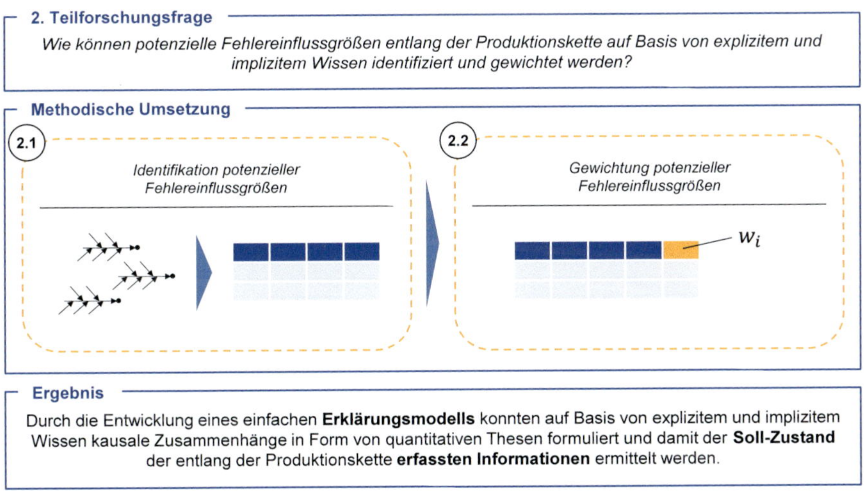

Abbildung 5.48: Beantwortung der zweiten Teilforschungsfrage

Nach der fallspezifischen Prozess- und Informationsmodellierung (Modul I) sowie der wissensbasierten Identifikation potenzieller Fehlereinflussgrößen (Modul II) wurde bezugnehmend auf die dritte Teilforschungsfrage auf dieser Basis die Teilmethodik zur quantitativen Vollständigkeitsbewertung im dritten Modul beschrieben (vgl. Abbildung 5.49). Im Fokus dessen standen sowohl für fehler- als auch ursachenbezogene Daten die Schritte der Datenextraktion und der sich anschließenden Bewertung. Zunächst erfolgte die Explikation der fehlerbezogenen Extraktion von Betriebsdaten aus bestehenden produktionsnahen Informationssystemen. Auf Basis der so geschaffenen Datengrundlage konnten im nächsten Schritt unter Einsatz einer hierfür entwickelten Metrik die Vollständigkeit für fehlerbezogene Informationen im Kontext der

Fehlerprädiktion quantitativ bewertet werden. Gemäß den formulierten inhaltlichen Anforderungen zeichnet sich diese Metrik neben dem Formalisierungsgrad insbesondere durch die hohe Granularität ihrer Bewertungskennzahlen aus und umfasst damit mehrere Bewertungsebenen. Analog dazu sieht die entwickelte Methodik in den darauffolgenden Schritten die Durchführung der Datenextraktion und Bewertung für ursachenbezogene Informationen vor, wobei die verwendete Metrik respektive der Kennzahlen strukturell deckungsgleich zur fehlerbezogenen Bewertung ist. Abschließend konnte durch eine qualitative Visualisierung ebenjener Kennzahlen im entwickelten Prozessmodell Transparenz in Bezug auf Lücken der Informations- bzw. Datenerfassung geschaffen werden. Ein über diesen oberflächlichen Überblick hinausgehendes Vorgehen zur Optimierung der Vollständigkeit wurde im vierten und letzten Modul dieser Arbeit adressiert.

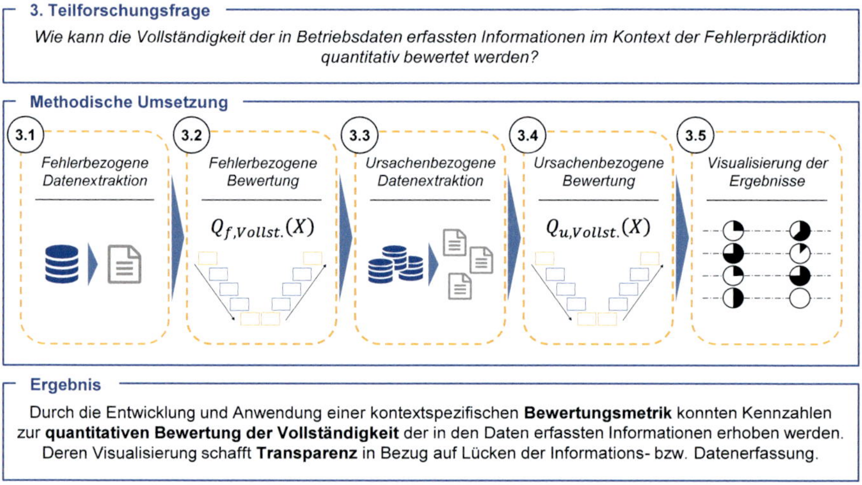

Abbildung 5.49: Beantwortung der dritten Teilforschungsfrage

Bezugnehmend auf die vierte Teilforschungsfrage wurde im vierten Modul eine Teilmethodik zur Ableitung konkreter Empfehlungen zur *Optimierung der Vollständigkeit* im Sinne einer modellbasierten Entscheidungsunterstützung expliziert (vgl. Abbildung 5.50). Dabei galt es, auf Basis der entwickelten Metrik modellgestützt Handlungsalternativen zu identifizieren und zu priorisieren, um die Vollständigkeit der in Betriebsdaten erfassten Informationen zu maximieren. Zunächst wurde der Aufbau der hierfür notwendigen Datengrundlage beschrieben, in welcher die zuvor extrahierten Daten und gewonnenen Erkenntnisse konsolidiert sowie verknüpfungsrelevante Metainformationen hinterlegt wurden. Darauf aufbauend folgte die Konzeption eines Entscheidungsmodells mit dem Ziel, auf Basis einer Nutzenfunktion priorisierte Handlungsempfehlungen zur Maximierung der Vollständigkeit fehlerbezogener Größen ableiten zu können. Analog dazu wurde im darauffolgenden Schritt ein Modell zur Optimierung der ursachenbezogenen Vollständigkeit konzeptioniert und ein unterstützendes Softwaremodul aufgrund der deutlich größeren Problemkomplexität implementiert. Abschließend wurden die Teilschritte zur Anwendung der konzeptionierten Entscheidungsmodelle sowie der Umsetzung der ausgegebenen Empfehlungen detailliert. Die Umsetzung von Empfehlungen erfolgt dabei nicht nachgelagert, sondern wurde in einem iterativen Prozess eng mit der Modellanwendung verzahnt.

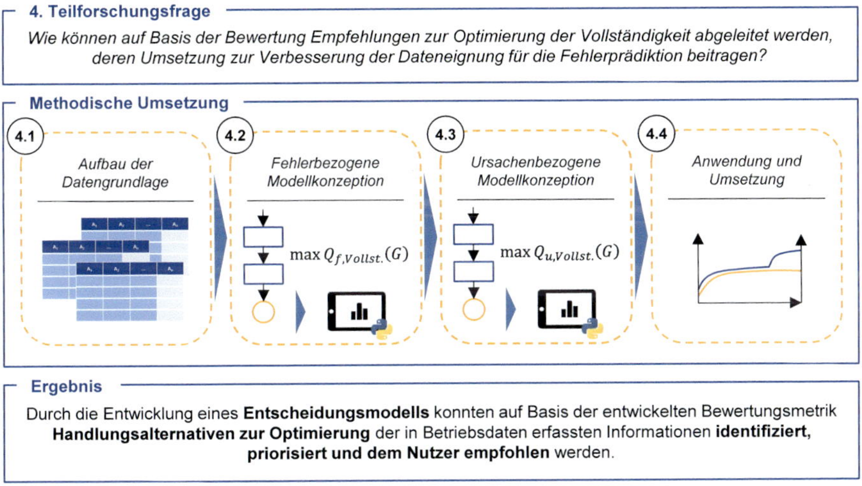

Abbildung 5.50: Beantwortung der vierten Teilforschungsfrage

Zur Beantwortung der handlungsleitenden Forschungsfrage und der damit verknüpften Messbarmachung des Verbesserungseffekts umgesetzter Optimierungsempfehlungen auf die Dateneignung für die Fehlerprädiktion ist die Anwendung der Methodik am Praxisbeispiel notwendig. Diese Anwendung wird anhand eines geeigneten Fallbeispiels im nachfolgenden Kapitel 6 diskutiert.

6 Anwendung und Validierung

Im Folgenden wird die praktische Anwendbarkeit der in Kapitel 4 konzipierten und in Kapitel 5 detaillierten Methodik anhand eines Fallbeispiels aus der industriellen Praxis validiert und die zugrundeliegende Lösungshypothese dieser Arbeit geprüft. Hierzu erfolgt in Kapitel 6.1 die Konstruktion der Gültigkeitsprüfung und Einbettung in die empirisch-induktive Validierungsphase im Forschungsprozess nach ULRICH (Ulrich und Hill 1976a, S. 348). Kapitel 6.2 umfasst die detaillierte Vorstellung des Fallbeispiels sowie die Prüfung der Lösungshypothese anhand unterschiedlicher Validierungsszenarien. Die Validierung der entwickelten Methodik schließt mit der kritischen Reflexion der Anwendung am Fallbeispiel und der Bezugnahme auf die handlungsleitende Forschungsfrage dieser Arbeit (Kapitel 6.3).

6.1 Konstruktion der Gültigkeitsprüfung

Dem Forschungsprozess nach ULRICH folgend, adressiert die Gültigkeitsprüfung im Rahmen dieser Arbeit die *Prüfung der aufgestellten Regeln und Modelle im Anwendungszusammenhang* (Ulrich und Hill 1976a, S. 348). Da die vorliegende Arbeit den Realwissenschaften zuzuordnen ist, kann eine allgemeingültige Verifikation der Lösungshypothese durch die empirische Prüfung anhand des ausgewählten Fallbeispiels nicht erfolgen. Allerdings gilt die Hypothese solange als wahr, bis sie falsifiziert wird (Ulrich und Hill 1976a, S. 346). Das Fallbeispiel dient darüber hinaus der Anwendungsdemonstration der Methodik. Das Unternehmen, welchem das Fallbeispiel entstammt, wird im Folgenden anonymisiert als *Kfz-Lampen GmbH* bezeichnet und in Kapitel 6.2 kurz vorgestellt. Dabei werden auch die entscheidenden Eigenschaften thematisiert, welche zur Auswahl des Fallbeispiels für die Validierung der entwickelten Methodik geführt haben.

Das in Abbildung 6.1 dargestellte Vorgehen zur Konstruktion der Gültigkeitsprüfung im Rahmen dieser Arbeit lässt sich wie folgt beschreiben: Zunächst wird der verfügbare *Rohdatensatz bereinigt und in mehrere Tabellen aufgeteilt*. Dieser modifizierte Datensatz bildet die Grundlage für die Erstellung von drei unterschiedlichen Validierungsszenarien, welche die Gültigkeit der Lösungshypothese für verschiedene Szenarien prüfen sollen. Hierzu wird der Ausgangsdatensatz in einem *teilrandomisierten Verfahren künstlich reduziert*, welches in Kapitel 6.2.1 näher spezifiziert wird. Für jedes der geschaffenen Validierungsszenarien werden in Kapitel 6.2.2 die Module I bis III der entwickelten Methodik durchlaufen und damit die *Vollständigkeit der in den Daten erfassten Informationen quantitativ bewertet*. Abschließend erfolgt für jedes Validierungsszenario die iterative Umsetzung der Optimierungsempfehlungen gemäß Modul IV der Methodik, indem die künstlich reduzierte Datenbasis schrittweise vervollständigt wird (vgl. Kapitel 6.2.3). Parallel hierzu werden für jede Iteration repräsentative ML-Modelle zur Fehlerprädiktion trainiert und deren Klassifikationsgüte bewertet. Durch den so geschaffenen *Vergleich von Vollständigkeitsbewertung und Klassifikationsgüte der Fehlerprädiktion* für verschiedene Datensätze kann die handlungsleitende Forschungsfrage für dieses Fallbeispiel beantwortet werden.

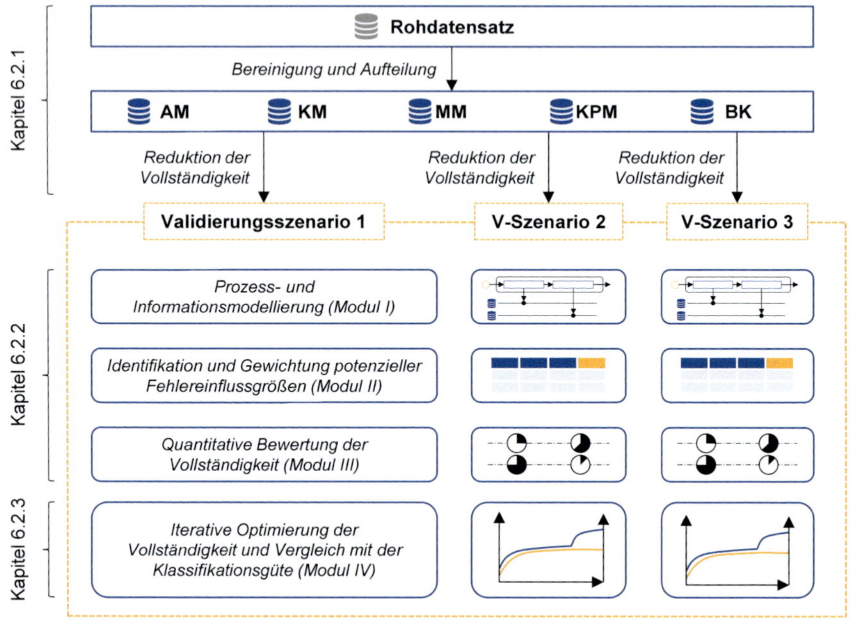

Abbildung 6.1: Vorgehen zur Konstruktion der Gültigkeitsprüfung

6.2 Fallbeispiel zur praktischen Anwendung der Ergebnisse

Die Kfz-Lampen GmbH ist einer der führenden Hersteller von Automobilbeleuchtung und LED Komponenten. Am betrachteten Standort entwickelt und produziert die Kfz-Lampen GmbH in einem mehrstufigen Fertigungsprozess ca. 100 Millionen Automobillampen pro Jahr. Im Fokus des Fallbeispiels steht eine Fertigungslinie, auf welcher das Kernstück einer Scheinwerferlampe in großer Stückzahl gefertigt wird. Die wesentlichen Einzelkomponenten des zu fertigenden Produkts umfassen Molybdän-Teile, Teile aus Quarzglas, eine Spule sowie verschiedene Füllgase.

Die Auswahl dieses Fallbeispiels für die exemplarische Anwendung und Validierung der entwickelten Methodik begründet sich in der Kombination verschiedener entscheidender Eigenschaften. Neben der diskreten Fertigung mit Losgrößen im Bereich von 10^5 führt die Verfügbarkeit einer breiten Datenbasis, die Verknüpfbarkeit einzelner Datenpunkte mit individuellen Produkten und die vorhandene expertenbasierte Einschätzung zur Relevanz von Einflussfaktoren auf die Fehlerentstehung zu einer hohen Eignung.

6.2.1 Vorbereitung der Validierungsszenarien

Beschreibung der Ausgangssituation

Der betrachtete Ausschnitt der Produktionskette zur Herstellung von Automobillampen gliedert sich in fünf aufeinanderfolgende und teilweise parallellaufende Prozessschritte. Dabei umfasst jeder Prozessschritt neben seiner fertigenden Aktivität eine automatisierte optische Prüfung (100%) ausgewählter Produktmerkmale durch Machine Vision Systeme.

Zunächst erfolgt in *Prozessschritt KM* das Zuschneiden und Umformen eines Molybdän-Drahts sowie die Schweißverbindung mit einem Quarzstab. Darauf folgen das Zuschneiden weiterer Molybdän-Komponenten, die Bereitstellung der Spule sowie die Schweißverbindung aller Einzelkomponenten zum Innenteil im Rahmen des *Prozessschritts MM*. Im nächsten Schritt wird dem Prozess die im nebengelagerten *Prozessschritt AM* verschweißte Quarzkapsel (Außenteil) zugeführt. Im Zuge des *Prozessschritts KPM* erfolgt die Zusammenführung der beiden Halbzeuge sowie die Vakuumierung, Gasbefüllung und Versiegelung der Lampe. Abschließend werden im *Prozessschritt BK* weitere Produktmerkmale optisch geprüft.

Rohdatenerfassung

Entlang der betrachteten Fertigungslinie werden verschiedene Informationen in Form von ressourcen- und auftragsbezogenen Betriebsdaten im Manufacturing Execution System (MES) des Unternehmens *zentral erfasst und in einer übergreifenden Tabelle zusammengeführt*. Die aufgezeichneten Daten umfassen produkt-, maschinen-, auftrags- und prüfungsbezogene Ist- und Soll-Größen, die entweder sensorisch erfasst (Ist-Größen) oder aus den Stammdaten übernommen werden (Soll-Größen).

Das sogenannte „Softlabeling" dieser Daten erlaubt eine *Betrachtung der Fertigungshistorie auf Produktebene*, d. h. jeder individuellen Produktinstanz lassen sich die zugehörigen Merkmalsausprägungen der erfassten Attribute zuordnen, bis diese die Fertigungslinie verlässt. Aufgrund der direkten Verknüpfbarkeit beträgt der Verknüpfungsfaktor für jedes Attribut im Rohdatensatz $v = 1$. Der über einen definierten Zeitraum t aufgezeichnete Rohdatensatz umfasst insgesamt 1.166.171 Zeilen (Produktinstanzen) und 253 Spalten (Attribute), wobei letztere auch Metainformationen aus den einzelnen Prozessschritten beinhalten. 26 Attribute lassen sich dem Prozessschritt KM, 56 dem Prozessschritt MM, 28 dem Prozessschritt AM, 126 dem Prozessschritt KPM und 19 dem Prozessschritt BK zuordnen (vgl. Abbildung 6.2).

Abbildung 6.2: Aufteilung der Attribute nach Prozessschritt (Rohdaten)

Überdies liegen im Rahmen des Fallbeispiels Informationen zu den Toleranzbereichen der erhobenen Messwerte vor, mithilfe derer die Korrektheit bzw. *Glaubwürdigkeit* erfasster Daten bewertet und bei der Bereinigung des Rohdatensatzes berücksichtigt werden kann.

Bereinigung und Aufteilung des Datensatzes

Mit dem Ziel, eine formal vollständige Datenbasis als Ausgangspunkt für die Validierung zu generieren, wird zunächst der Rohdatensatz bereinigt. Hierzu werden 40 Attribute aufgrund von fehlenden oder fehlerhaften Messwerten, 15 Attribute aufgrund von Irrelevanz der Metainformationen, 5 Attribute aufgrund von Redundanz, 11 Attribute wegen mangelnder Varianz der Merkmalsausprägung und 13 Attribute aus verschiedenen weiteren Gründen aus der Datenbasis gelöscht. Weiterhin werden in Summe 189.092 unvollständige Instanzen (Zeilen) aus dem Datensatz entfernt. Der bereinigte und vollständige Datensatz umfasst demnach 977.079 Instanzen und 169 Attribute. Abbildung 6.3 zeigt die aktualisierte Aufteilung der Attribute nach Prozessschritt.

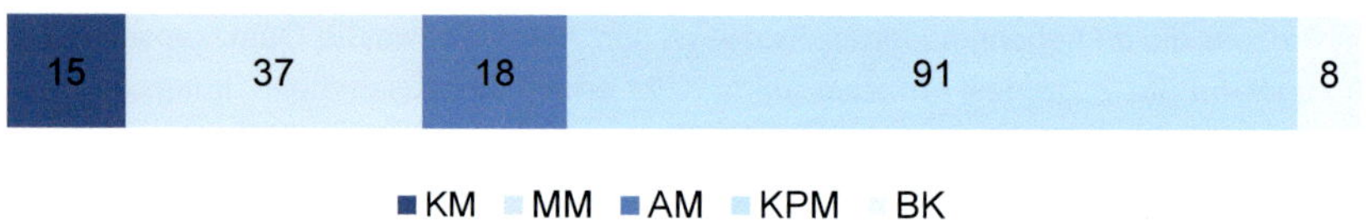

Abbildung 6.3: Aufteilung der Attribute nach Prozessschritt (bereinigte Daten)

Zur Vorbereitung der Validierungsszenarien wird die bereinigte Tabelle in fünf prozessschrittspezifische Tabellen aufgeteilt, welche im Anhang A.7 dieser Arbeit zu finden ist. Dies erleichtert die nachfolgende künstliche Reduktion der Vollständigkeit und erhöht in der Folge die Aussagekraft der Validierungsergebnisse.

Künstliche Reduktion der Vollständigkeit

Im nächsten Schritt der Vorbereitung erfolgt die teilrandomisierte künstliche Reduktion der Vollständigkeit im bereinigten und aufgeteilten Datensatz. Hierfür werden gemäß Abbildung 6.1 drei unterschiedliche Validierungsszenarien kreiert.

Für das *erste Validierungsszenario* werden zunächst die Verknüpfungsfaktoren der Attribute aus den separierten Tabellen mit jeweils einer eigenen Verknüpfungsfaktor-Relation V_j versehen (vgl. Abbildung 6.4). In der Folge liegt für jedes Attribut innerhalb eines Prozessschritts der identische Verknüpfungsfaktor vor.

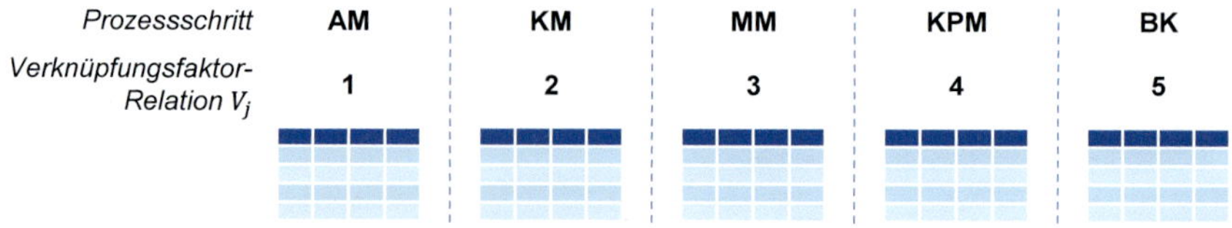

Abbildung 6.4: Zuordnung der Verknüpfungsfaktor-Relationen

Darauf folgt die randomisierte Reduktion des Datensatzes mit dem Ziel ein geringeres Vollständigkeitsniveau als im Ausgangszustand zu erzeugen. Hierzu wird zunächst die Vollständigkeit eines zufällig ausgewählten Drittels aller Attribute reduziert. Im nächsten Schritt werden die Verknüpfungsfaktoren gleicher Verknüpfungsfaktor-Relationen mit einer Wahrscheinlichkeit von jeweils $p_r = 1/3$ auf $v = [0;\ 0{,}5;\ 1]$ gesetzt. Das Vorgehen zur randomisierten Reduktion der Vollständigkeit ist schematisch in Abbildung 6.5 skizziert. In einem höheren Detaillierungsgrad wird dies in einem Ablaufdiagramm im Anhang A.2 dargestellt während die zugehörige Implementierung in Python im Anhang A.7 zu finden ist.

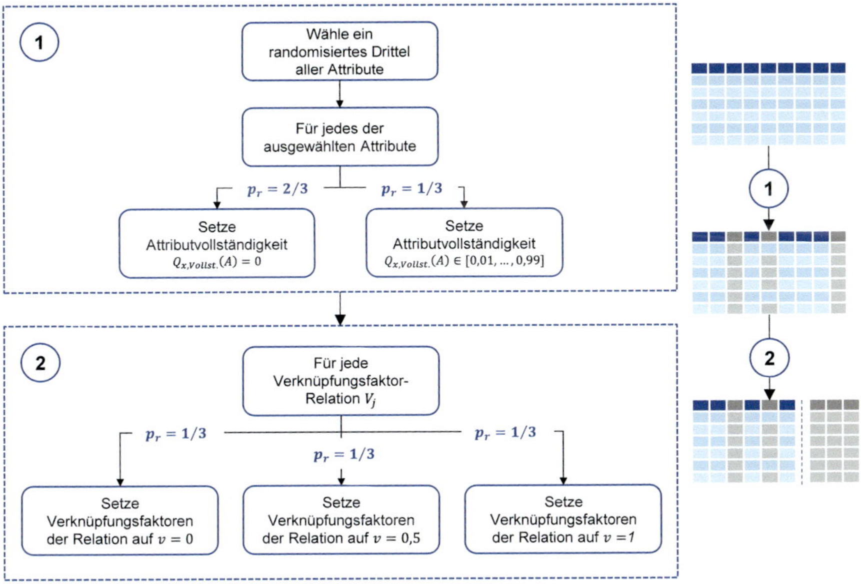

Abbildung 6.5: Vorgehensskizze zur randomisierten Reduktion der Vollständigkeit

Für das *zweite Validierungsszenario* wird jedem einzelnen Attribut im Datensatz ein individueller Verknüpfungsfaktor zugewiesen, welcher nicht über eine Verknüpfungsfaktor-Relation mit anderen verbunden ist. In der Folge entspricht die Anzahl der Attribute der Anzahl an Verknüpfungsfaktor-Relationen. Anschließend wird analog zum ersten Validierungsszenario die Vollständigkeit in Form der Attributvollständigkeiten und Verknüpfungsfaktoren randomisiert reduziert (vgl. Abbildung 6.5 und Anhang A.7).

Im *dritten Validierungsszenario* wird analog zum zweiten Szenario jedem einzelnen Attribut ein individueller Verknüpfungsfaktor zugewiesen. Im Gegensatz zu den anderen beiden Szenarien wird die Vollständigkeit jedoch nicht randomisiert reduziert. Stattdessen werden alle Attributvollständigkeiten auf $Q_{f,Vollst.}(A) = Q_{u,Vollst.}(A) = 0$ und alle Verknüpfungsfaktoren auf $v = 0$ gesetzt. Demnach liegt im Ausgangszustand des dritten Validierungsszenarios ein leerer Datensatz mit $Q_{f,Vollst.}(G) = Q_{u,Vollst.}(G) = 0$ vor (vgl. Anhang A.7). Dieser repräsentiert den realen Fall, dass keine relevanten Daten entlang der Produktionskette im Unternehmen erfasst werden.

Tabelle 6.1 zeigt zusammenfassend die wesentlichen Charakteristika der formulierten Validierungsszenarien. Durch die Auswahl ebenjener Szenarien wird eine möglichst umfassende Simulation realer Gegebenheiten in Bezug auf die Datenverfügbarkeit in produzierenden Unternehmen angestrebt.

Tabelle 6.1: Wesentliche Charakteristika der Validierungsszenarien

	Validierungsszenario I	Validierungsszenario II	Validierungsszenario III
Relation der Verknüpfungsfaktoren	Innerhalb eines Prozessschritts durch Verknüpfungsfaktor-Relation V_j verbunden	Verknüpfungsfaktoren der Attribute stehen nicht in Relation zueinander	Verknüpfungsfaktoren der Attribute stehen nicht in Relation zueinander
Vorgehen bei der Reduktion	Randomisierte Reduktion der Attributvollständigkeiten und Verknüpfungsfaktoren	Randomisierte Reduktion der Attributvollständigkeiten und Verknüpfungsfaktoren	Alle Attributvollständigkeiten und Verknüpfungsfaktoren werden auf den Wert 0 gesetzt

6.2.2 Anwendung und Auswertung der Module I – III

Die formulierten Validierungsszenarien durchlaufen im Folgenden die ersten drei Module der entwickelten Methodik. Während die *Prozess- und Informationsmodellierung (Modul I)* sowie die *Identifikation und Gewichtung potenzieller Einflussgrößen (Modul II)* für alle drei Szenarien identisch abläuft, unterscheiden sich die Ergebnisse der *quantitativen Bewertung der Vollständigkeit (Modul III)* inklusive ihrer Visualisierung erheblich voneinander.

Prozess- und Informationsmodellierung (Modul I)

Zunächst erfolgt gemäß der entwickelten Methodik im ersten Schritt die *Priorisierung und Auswahl* relevanter Fehler (vgl. Kapitel 5.1.1). Aufgrund seiner hohen Häufigkeit wird der im Prozessschritt BK erfasste Fehler F_{71} als relevant identifiziert und als Zielgröße für die Fehlerprädiktion festgelegt. Dieser Fehler resultiert aus dem Abgleich des Soll-Wertes mit dem sensorisch erfassten Ist-Wert eines geometrischen Produktmerkmals der Automobillampe. Neben dem Messwert (Attribut Z_1) selbst beinhaltet der Rohdatensatz in der Tabelle BK bereits das Ergebnis des Soll-Ist-Vergleichs (Attribut Z_0) in Form eines charakteristischen Fehlercodes des Fehlers F_{71}. Der bereinigte Datensatz weist 1.087 Produktinstanzen mit diesem Fehlercode auf. Das resultierende Missverhältnis zwischen i.O. und n.i.O. Instanzen gilt es bei der nachfolgenden Modellierung durch geeignete Maßnahmen zu nivellieren.

Im nächsten Schritt erfolgt die *Prozessaufnahme und -modellierung*. Wie in Kapitel 5.1.2 beschrieben wird hierbei das übergeordnete Ziel verfolgt, Transparenz über den Ist-Zustand des zu betrachtenden Ausschnitts der Produktionskette zu schaffen und die Grundlage für ein umfangreicheres Beschreibungsmodell der Informationserfassung zu legen. Im Rahmen des Fallbeispiels wird das Prozessmodell auf Basis bestehender Prozessdokumentation erstellt und durch geeignete Experten im Unternehmen verifiziert. Abbildung 6.6 zeigt das Ergebnis der Prozessaufnahme und -modellierung für das vorliegende Fallbeispiel.

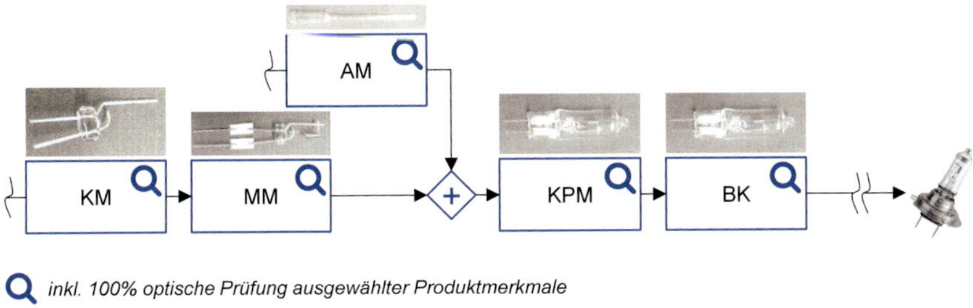

Abbildung 6.6: Betrachteter Ausschnitt der Produktionskette im Fallbeispiel

Nachfolgend wird das aufgestellte Prozessmodell um im Anwendungskontext relevante *Informationsklassen erweitert*, erfasste *Informationen erhoben* und in den *entsprechenden Informationssystemen verortetet* (vgl. Kapitel 5.1.3 & 5.1.4). Die Erweiterung des Prozessmodells um Informationsklassen umfasst für das Fallbeispiel die Klassen *Maschine*, *Vorprodukt*, *Auftrag* und *Prüfung*. Die einzigen Soll-Größen im vorliegenden Datensatz werden der Klasse *Auftrag* zugeordnet. Abschließend erfolgt die Informationserhebung auf Basis eines extrahierten Auszugs der Daten und die Systemverortung im MES des Unternehmens. Die Aufbereitung der Ergebnisse ist in Abbildung 6.7 dargestellt. Für eine verbesserte Darstellbarkeit und Übersichtlichkeit werden alle Attribute einer Klasse für einzelne Prozessschritte im Rahmen der Informationsboxen zusammengefasst (z. B. $Ist_{Maschine}$).

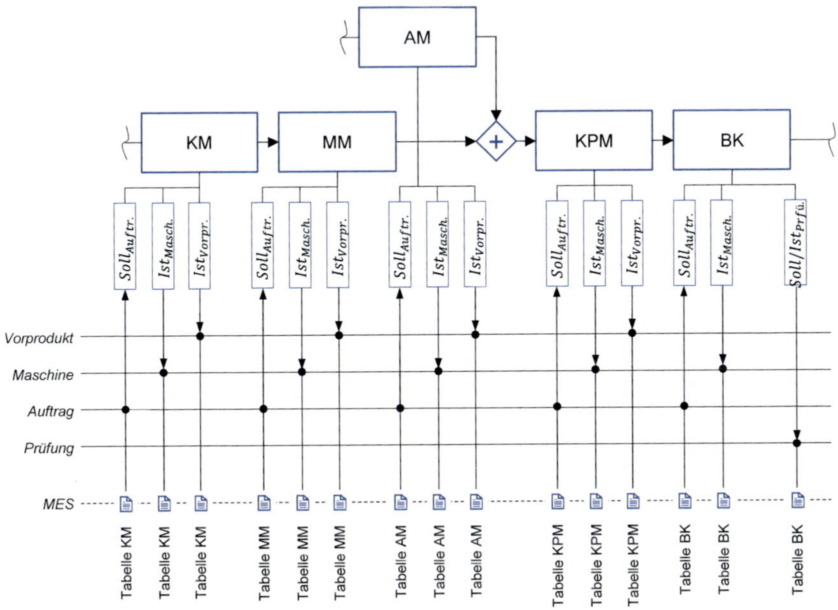

Abbildung 6.7: Ergebnis von Modul I der Methodik für alle Validierungsszenarien

Identifikation und Gewichtung potenzieller Fehlereinflussgrößen (Modul II)

Die im Zuge des ersten Schritts zu *identifizierenden potenziellen Fehlereinflussgrößen* beschränken sich im vorliegenden Fallbeispiel auf die systemseitig bereits erfassten Attribute in der bereinigten Datenbasis (vgl. Kapitel 5.2.1). Das Fehlen einer darüber hinausgehenden Wissenserhebung wird im Rahmen des Zwischenfazits in Kapitel 6.3 bei der Bewertung der Validierungsergebnisse kritisch reflektiert.

Darauf aufbauend erfolgt im nächsten Schritt die Konsolidierung und tabellarische Aufbereitung ebenjener potenziellen Einflussgrößen sowie deren *Gewichtung* (vgl. Kapitel 5.2.2). Grundlage hierfür ist die expertenbasierte Einschätzung (Konsens) bezüglich der Effektstärke von Einflussgrößen auf die Zielgröße F_{71}, also das Auftreten des ausgewählten Fehlers. Diese Einschätzung der Effektstärke wurde bereits im Vorfeld durch Prozessexperten der Kfz-Lampen GmbH vollzogen und wird in die Gewichtungsfaktoren dieser Arbeit überführt. Maßgeblich ist die formulierte Systematik mit den Stufen $w = [0; 1; 3; 9]$, wobei irrelevante Attribute ($w = 0$) bereits im Zuge der Bereinigung aus dem Datensatz entfernt wurden. Das Ergebnis der tabellarischen Aufbereitung inklusive der Gewichtung der potenziellen Einflussfaktoren ist auszugsweise in Tabelle 6.2 und vollumfänglich im Anhang A.7 dargestellt.

Tabelle 6.2: Ergebnis von Modul II der Methodik für alle Validierungsszenarien (Auszug)

Fehler	Prozess-schritt	Informations-klasse	Informations-art	Einfluss-größe	Variablen-typ	Gewichtung
...	...	...	...	...	...	...
F_{71}	KPM	Maschine	Ist-Größe	A_{91}	Numerisch	3
F_{71}	KPM	Maschine	Ist-Größe	A_{92}	Numerisch	9
...	...	...	...	...	...	...

Quantitative Bewertung der Vollständigkeit (Modul III)

Aufgrund ihrer Abhängigkeit vom verwendeten Datensatz fallen die in der Anwendung von *Modul III* erzielten Ergebnisse der quantitativen Vollständigkeitsbewertung inklusive ihrer Visualisierung je nach Validierungsszenario unterschiedlich aus. Das zugrundeliegende Vorgehen bei der Bewertung ist für alle drei Szenarien jedoch identisch und folgt den in Kapitel 5.3 definierten Schritten.

Zunächst erfolgt die *fehlerbezogene Datenextraktion*, welche im Rahmen des Fallbeispiels als CSV-Export aus dem MES des Unternehmens geschieht und sich auf die prozessschrittspezifische Tabelle BK bezieht (vgl. Kapitel 5.3.1). Anschließend wird der Datensatz in das XLSX-Format überführt und die *fehlerbezogene Bewertung* durchgeführt, welche sich ausschließlich auf das Attribut Z_0 mit dem Fehlercode des betrachteten Fehlers F_{71} bezieht (vgl. Kapitel 5.3.2). Auf Basis dessen erfolgt zunächst die Berechnung der Attributvollständigkeit, welche anschließend zur Klassenvollständigkeit $Q_{f,Vollst.}$*(Prüfung)* aggregiert wird.

Analog dazu werden im nächsten Schritt ebenfalls als CSV-Export *ursachenbezogene Daten extrahiert* (vgl. Kapitel 5.3.3). Diese beziehen sich auf alle prozessschrittspezifischen Tabellen KM, MM, AM, KPM und BK. Nachfolgend werden im Zuge der *ursachenbezogenen Bewertung* die Attributvollständigkeiten berechnet und diese anschließend zu den Kennzahlen der Klassen- und Prozessschrittvollständigkeit aggregiert (vgl. Kapitel 5.3.4). Abschließend erfolgt in Anlehnung an Kapitel 5.3.5 die *Visualisierung der Kennzahlen zur Prozessschritt- und Klassenvollständigkeit* in Form der Erweiterung des zuvor gebildeten Prozessmodells.

Im Rahmen des *ersten Validierungsszenarios* wurde die Attributvollständigkeit von 57 der 169 Attribute zufallsbasiert reduziert. Dabei weisen 37 dieser Attribute eine Vollständigkeit von $Q_{x,Vollst.}(A) = 0$ auf. Die Attribute der Prozessschritte AM und BK weisen nach der Reduktion die Möglichkeit einer indirekten Verknüpfbarkeit zu individuellen Produktinstanzen und damit einen Verknüpfungsfaktor von $v = 0{,}5$ auf. Die Werte der Tabellen KM, MM und KPM sind dagegen nach der Reduktion nicht mehr mit einzelnen Produktinstanzen verknüpfbar und verfügen damit über einen Verknüpfungsfaktor von $v = 0$.

Die Ergebnisse der beschriebenen Quantifizierung der fehler- und ursachenbezogenen Vollständigkeit der Ausgangsdatenbasis finden sich in detaillierter Form im Anhang A.3 dieser Arbeit. Die abschließende Visualisierung ebenjener Ergebnisse unter Einbeziehung der Bewertungsebenen der Klassen- und Prozessschrittvollständigkeit ist in Abbildung 6.8 dargestellt. Hierin wird direkt die fehlende Informationsverfügbarkeit für die Prozessschritte KM, MM und KPM sichtbar, welche aus der mangelnden Verknüpfbarkeit der Daten resultiert.

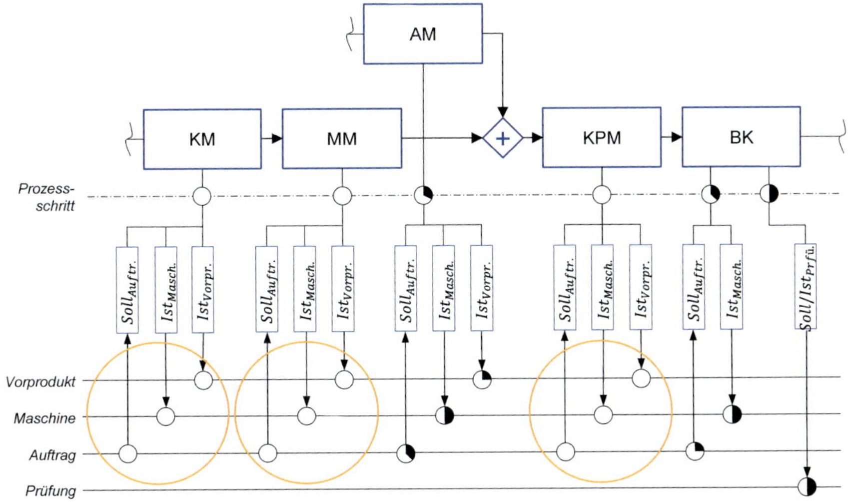

Abbildung 6.8: Ergebnis von Modul III der Methodik für Validierungsszenario 1

Im Rahmen des *zweiten Validierungsszenarios* wurde gemäß dem beschriebenen Vorgehen ebenfalls die Attributvollständigkeit von 57 zufällig ausgewählten Attributen reduziert. Dabei weisen 41 dieser Attribute eine Vollständigkeit von $Q_{x,Vollst.}(A) = 0$ auf. Die Verknüpfungsfaktoren wurden ebenfalls entsprechend dem skizzierten Vorgehen zur randomisierten Reduktion der Vollständigkeit modifiziert, allerdings standen diese im Gegensatz zu Szenario I nicht in Relation zueinander.

Die Ergebnisse der Quantifizierung der fehler- und ursachenbezogenen Vollständigkeit der Ausgangsdatenbasis finden sich in detaillierter Form im Anhang A.4. Die Visualisierung ebenjener Ergebnisse entlang der Produktionskette ist für die Bewertungsebenen der Klassen- und Prozessschrittvollständigkeit in Abbildung 6.9 dargestellt. Dabei werden u. a. fehlende Informationen im Prozessschritt BK sowie eine mangelnde Vollständigkeit der maschinenbezogenen Ist-Größen im Prozessschritt KPM identifiziert.

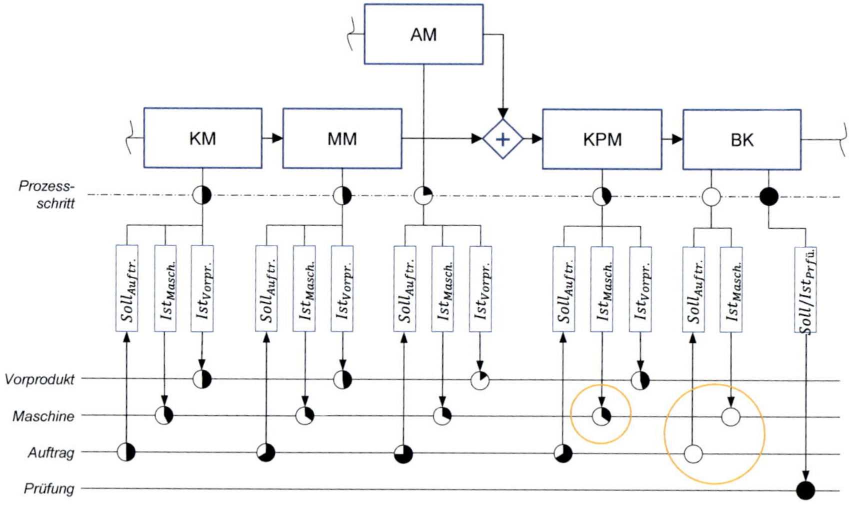

Abbildung 6.9: Ergebnis von Modul III der Methodik für Validierungsszenario 2

Wie zuvor beschrieben wurden im *dritten Validierungsszenario* mithilfe eines „leeren" Datensatzes alle Attributvollständigkeiten auf $Q_{f,Vollst.}(A) = Q_{u,Vollst.}(A) = 0$ und alle Verknüpfungsfaktoren auf $v = 0$ gesetzt. Die daraus resultierenden Ergebnisse (vgl. Anhang A.5) der Vollständigkeitsbewertung auf den höheren Bewertungsebenen sind in Abbildung 6.10 dargestellt.

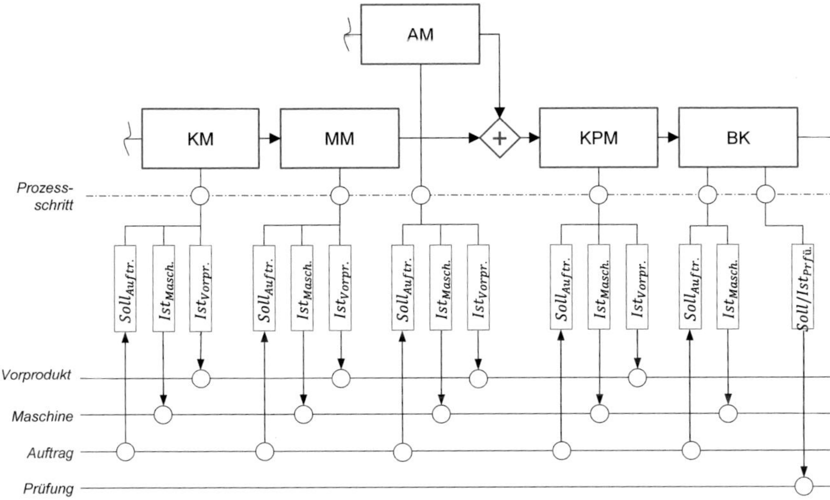

Abbildung 6.10: Ergebnis von Modul III der Methodik für Validierungsszenario 3

6.2.3 Anwendung und Auswertung des Moduls IV

Im Zuge der Anwendung und Auswertung des vierten Moduls der entwickelten Methodik erfolgt für jedes der gebildeten Validierungsszenarien die iterative Berechnung und Umsetzung von Optimierungsempfehlungen gemäß Modul IV der entwickelten Methodik (vgl. Kapitel 5.4). Dabei liegt der Hauptfokus der Auswertung auf der Untersuchung ursachenbezogener Empfehlungen und deren Auswirkung auf die Dateneignung für die Fehlerprädiktion. Wie in Abbildung 6.11 dargestellt, werden parallel zur schrittweisen Vervollständigung der reduzierten Datenbasis für jede Iteration verschiedene ML-Modelle zur Fehlerprädiktion trainiert und deren Klassifikationsgüte mithilfe des F1-Scores bewertet.

Um über die Gesamtheit aller Iterationen die Auswertungsgrundlage bestehend aus Modellgüte und Vollständigkeitskennzahl zu erfassen, wird das in Abbildung 6.11 dargestellte Vorgehen durch eine entsprechende Softwareimplementierung *automatisiert*. So umfasst der Schritt *Training und Bewertung von ML-Modellen* die Implementierung eines umfangreichen *Workflows zur Datenanalyse*, welcher neben der Datenvorverarbeitung auch die Analyse der Daten unter Anwendung verschiedener Klassifikationsalgorithmen beinhaltet (vgl. Abbildung 6.12). Für jede Iteration werden so neben der Gesamtvollständigkeitskennzahl $Q_{u,Vollst.}(G)$ auch der F1-Score verschiedener Klassifikationsmodelle für die Auswertung gespeichert. Da im Rahmen der Validierung keine Handlungsalternativen mittels Blacklist ausgeschlossen werden, wiederholt sich der iterative Zyklus bis für den Datensatz des jeweiligen Validierungsszenarios die maximale Gesamtvollständigkeit $Q_{u,Vollst.}(G) = 1$ erreicht ist.

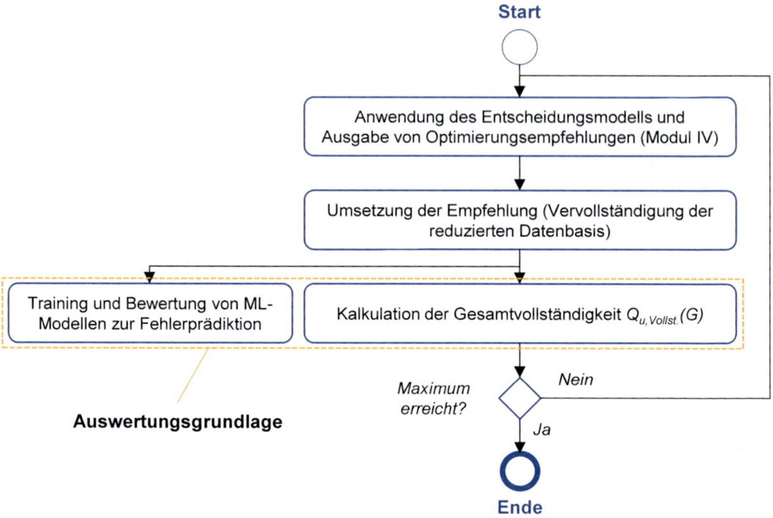

Abbildung 6.11: Iteratives Vorgehen zur Erhebung der Auswertungsgrundlage von Modul IV

Die Implementierung des beschriebenen Vorgehens wird mittels der Programmiersprache *Python* (Python Software Foundation) realisiert und ist in Anhang A.7 dokumentiert. Dabei werden für wesentliche Operationen wie die Transformationen und Manipulation der Daten sowie das Modelltraining und -evaluation die Bibliotheken *pandas*, *numpy* und *scikit-learn* eingesetzt (Reback et al. 2021; Harris et al. 2020; Pedregosa et al. 2011).

Training und Bewertung von ML-Modellen zur Fehlerprädiktion

Vor der Auswertung der drei Validierungsszenarien wird im Folgenden der *Workflow zur Datenanalyse* näher spezifiziert, welcher für alle Szenarien identisch aufgebaut ist. Der in die Teilbereiche *Vorverarbeitung* und *Analyse* gegliederte Workflow ist in Abbildung 6.12 dargestellt. Die zugehörige Implementierung in Python befindet sich im Anhang A.7 dieser Arbeit.

Zunächst werden nach Kuhn und Johnson *fehlende Werte innerhalb der Datenbasis* adressiert, indem eine Kombination aus dem Entfernen einzelner Spalten für $Q_{u,Vollst.}(A) \leq 0,8$ und der Imputation durch den Mittelwert der jeweiligen Spalte angewendet wird (Kuhn und Johnson 2020, S. 187 ff.). Im zweiten Schritt wird durch einen Abgleich mit den verfügbaren Informationen zu den Toleranzbereichen der erhobenen Messwerte die *Korrektheit bzw. Glaubwürdigkeit der Werte* geprüft. Betroffene Zeilen mit Werten außerhalb dieser Toleranzbereiche werden entfernt. Attribute, welche aufgrund von fehlender Variation in ihrer Merkmalsausprägung über *keine Aussagekraft für die Datenanalyse* verfügen, werden im dritten Schritt aus dem Datensatz entfernt. Im nächsten Schritt erfolgt die *Formatierung der Zielgröße* für die Fehlerprädiktion im Sinne einer Einteilung der Produktinstanzen in i.O. (Wert = 0) und n.i.O. (Wert = 1). Im Rahmen des betrachteten Fallbeispiels lässt sich dies über eine entsprechende Transformation der Spalte mit dem charakteristischen Fehlercode des Fehlers F_{71} realisieren. Instanzen mit abweichenden Fehlercodes werden aus dem Datensatz entfernt. In Schritt 5 werden kategorische Attribute, die durch die verwendete Python-Bibliothek *pandas* irrtümlicherweise als kontinuierliche Größe interpretiert werden, eindeutig als *kategorisch deklariert*. Im darauffolgenden Schritt wird die *starke Dysbalance zwischen i.O.- und n.i.O.-Instanzen* in der Datenbasis adressiert (ca. 1000:1). Eine so starke Dysbalance bringt beim Training der Klassifikationsmodelle die Gefahr der Verzerrung in Richtung der überrepräsentierten Klasse mit sich (Chawla 2005, S. 862). Um dieses Missverhältnis auszugleichen, wird im Zuge der Validierung ein randomisiertes Undersampling der überrepräsentierten Klasse vorgenommen, indem zufällig ausgewählte Instanzen dieser Klasse gelöscht werden (Fernández et al. 2018, S. 80 f.). Nach Durchführung des Balancing liegen i.O. und n.i.O.-Instanzen in der jeweils gleichen Anzahl von $n = 1087$ vor. Um potenziellen Verzerrungen im Prädiktionsmodell vorzubeugen, werden im letzten Schritt der Vorverarbeitung bestehende *Korrelationen innerhalb der Input-Daten* adressiert. Demnach wird die Anzahl der Attribute der Input-Daten soweit reduziert, bis keine Korrelationen von $Korr(A_i,A_j) > 0{,}8$ mehr vorliegen (Saslow 2018).

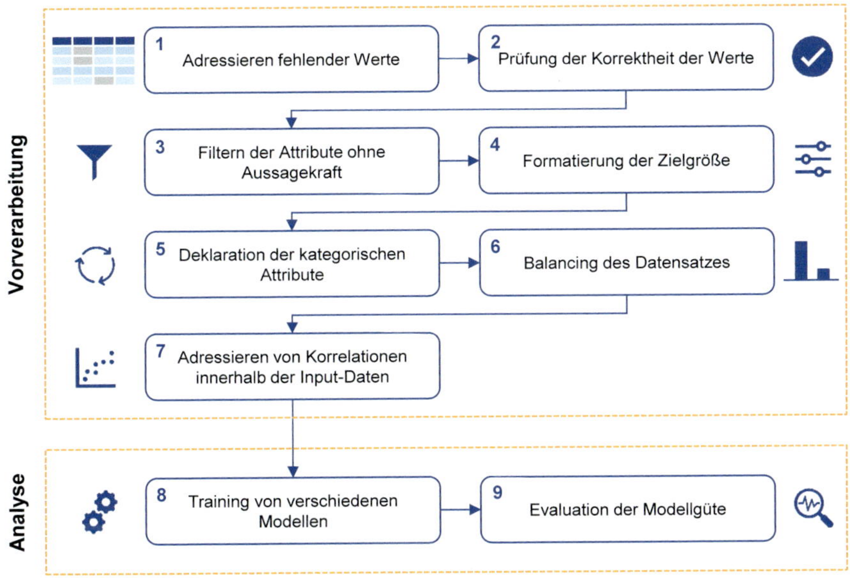

Abbildung 6.12: Aufbau des Workflows zur Datenanalyse

Im Zuge der anschließenden Analyse erfolgt zunächst das *Training verschiedener Prädiktionsmodelle*. Hierbei wird dem Prinzip des überwachten Lernens (engl. Supervised Learning) gefolgt, wobei ursachenbezogene Attribute die Input- und fehlerbezogene Attribute die Output-Daten repräsentieren (vgl. Kapitel 2.2.3). Im Kontext des Maschinenbaus definieren ROGALEWICZ UND SIKA fünf übergeordnete Kategorien, in welche sich die zugrundeliegenden Klassifikationsalgorithmen einteilen lassen (Rogalewicz und Sika 2016, S. 101 f.). Um die breite Anwendbarkeit der entwickelten Methodik zu prüfen, wird im Rahmen des Fallbeispiels zunächst pro Kategorie der Klassifikationsalgorithmus mit der höchsten Anwendungshäufigkeit ausgewählt und für die Modellierung verwendet. Dies umfasst Modellierungen mittels *Entscheidungsbaum, künstlichem neuronalen Netz, Naiver-Bayes Klassifikator, K-Nearest-Neighbor Klassifikator (KNN)* sowie *Support-Vector-Machine (SVM)* (Rogalewicz und Sika 2016, S. 101 f.). In darauffolgenden Vorversuchen werden jedoch die *SVM,* der *KNN Klassifikator* und das *künstliche neuronale Netz* aufgrund ihrer geringen absoluten Klassifikationsgüte als ungeeignet für den Anwendungsfall identifiziert und von der weiteren Betrachtung ausgeschlossen.

Zur *Evaluation der Modellgüte* wird das in Kapitel 2.2.4 eingeführte Gütemaß des F1-Scores verwendet, welcher vorrangig eingesetzt wird, wenn falsch klassifizierte Werte (Falsch Positiv und Falsch Negativ) im Fokus der Analyse stehen (Huilgol 2019). Der F1-Score, welcher im Rahmen der Validierung zur indirekten Messbarmachung der kontextabhängigen Dateneignung verwendet wird, kann Werte zwischen 0 und 1 annehmen ($F1 \in [0, 1]$). Die Bewertung der einzelnen Klassifikationsmodelle wird mittels einer *10-fachen Monte-Carlo Kreuzvalidierung* durchgeführt (vgl. Kapitel 2.2.4).

Ebenjenes Gütemaß dient gemeinsam mit der kalkulierten Kennzahl der Gesamtvollständigkeit als Grundlage für die nachfolgende Auswertung der drei Validierungsszenarien.

Auswertung des ersten Validierungsszenarios

Ausgehend von der in Abbildung 6.8 visualisierten Bewertung der Vollständigkeit im ersten Validierungsszenario werden im Folgenden Empfehlungen zur Optimierung der Vollständigkeit im Rahmen von Modul IV der Methodik iterativ ermittelt und umgesetzt. Der anschließende Vergleich von Klassifikationsgüte und Vollständigkeitskennzahl über alle Iterationen hinweg ermöglicht insbesondere die Analyse und Bewertung des in Modul IV entwickelten Entscheidungsmodells.

Zunächst erfolgt die in Kapitel 5.4.2 beschriebene Ableitung und Umsetzung *fehlerbezogener Optimierungsempfehlungen*, welche aufgrund des geringen Komplexitätsgrads nicht softwaregestützt erfolgt. Betrachtungsgegenstand ist der charakteristische Fehlercode für den relevanten Fehler F_{71}, der in Attribut Z_0 erfasst wird.

Tabelle 6.3: Fehlerbezogene Informationstabelle für das erste Validierungsszenario

Attribut *A*	Attributvollständigkeit $Q_{f,Vollst.}(A)$	Verknüpfungsfaktor *v*	Verknüpfungsfaktor-Relation *V*	Variablentyp	Informationsart	Informationsklasse	Prozessschritt
Z_0	1	0,5	5	Kategorisch	Ist- & Soll-Größe	Prüfung	BK

Tabelle 6.3 zeigt die fehlerbezogene Informationstabelle für das erste Validierungsszenario. Demnach liegt im Ausgangszustand für das Attribut Z_0 eine Attributvollständigkeit von $Q_{f,Vollst.}(A) = 1$ und ein Verknüpfungsfaktor von $v = 0,5$ vor, womit eine indirekte Verknüpfbarkeit der Werte mit den individuellen Produktinstanzen gegeben ist. Bei der Berechnung der fehlerbezogenen Gesamtvollständigkeit ist zu beachten, dass das Attribut Z_0 den bereits erfolgten Abgleich zwischen Ist- und Soll-Größe umfasst. Der Berechnungsterm lässt sich in der Folge

gemäß Gl. (6.1) vereinfachen. Die Anzahl relevanter Prüfmerkmale beträgt im Rahmen des Fallbeispiels $p = 1$.

$$Q_{f,Vollst.}(G) = \frac{1}{2 * p} * \sum_{j=1}^{p} 2 * \left(Q_{f,Vollst.}(Z_0) * v_{Z_0}\right)_j = \frac{1}{2 * 1} * (2 * 1 * 0{,}5) = 0{,}5 \qquad (6.1)$$

Mit $Q_{f,Vollst.}(A) = 1$ und $v = 0{,}5$ ist im Ausgangszustand des ersten Validierungsszenario bereits die Verfügbarkeit obligatorischer fehlerbezogener Informationen für die Fehlerprädiktion sichergestellt (vgl. Kapitel 5.4.2). Die nachfolgende *Optimierungsempfehlung zur Erhöhung des Verknüpfungsfaktors* auf $v = 1$ ist demnach fakultativ und unter Einbezug des Aufwandes zu beurteilen, welcher nicht Untersuchungsgegenstand der Arbeit ist. An dieser Stelle sei betont, dass der Verknüpfungsfaktor v_{Z0} in Relation mit den Verknüpfungsfaktoren der ursachenbezogenen Attribute des Prozessschritts BK stehen ($V = 5$). In der Folge ist mit einer Erhöhung der Verknüpfungsfaktoren dieser Relation im Rahmen der ursachenbezogenen Optimierung zu rechnen.

Die Ausgabe von *ursachenbezogenen Optimierungsempfehlungen* erfolgt gemäß Kapitel 5.4.3 softwaregestützt. Die in diesem Zuge generierte ursachenbezogene Informationstabelle umfasst insgesamt 167 ursachenbezogene Attribute ($A_0 – A_{166}$) und wird aufgrund ihres Umfangs an dieser Stelle nicht detailliert dargestellt (vgl. Anhang A.7).

Nach der automatisierten Ausführung des iterativen Vorgehens zur Erhebung der Auswertungsgrundlage (vgl. Abbildung 6.11) liegen für die Modellierungen via *Entscheidungsbaum* und *Naive Bayes* die entsprechenden Ergebnisse vor. Diese sind in Abbildung 6.13 visualisiert und umfassen für jede der 65 Iterationen den jeweiligen F1-Score sowie die korrespondierende Vollständigkeitskennzahl $Q_{u,Vollst.}(G)$. In der sich anschließenden Diskussion der Kurvenverläufe wird zunächst auf die ursachenbezogene Gesamtvollständigkeit eingegangen, bevor anschließend der Verlauf des Klassifikationsgütemaß für die beiden Modellierungen adressiert wird.

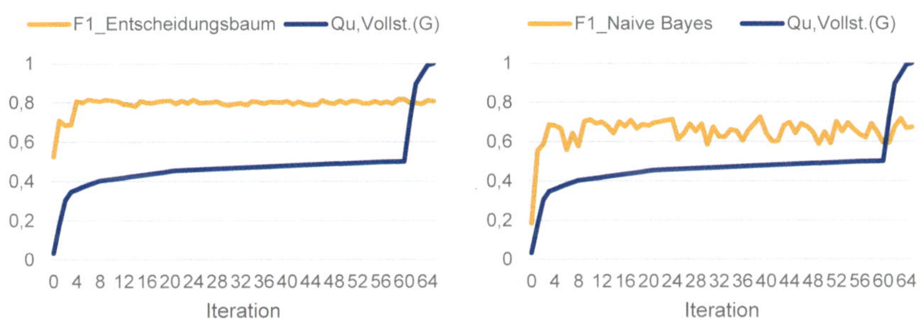

Abbildung 6.13: Ergebnisvisualisierung für alle Iterationen in Validierungsszenario 1

Nach einem anfänglich starken Anstieg weist die Kurve der *ursachenbezogenen Gesamtvollständigkeit* $Q_{u,Vollst.}(G)$ einen degressiv steigenden Verlauf bis zur 60. Iteration auf. Dies ist darauf zurückzuführen, dass die verschiedenen Handlungsalternativen mit absteigendem Effekt auf die Gesamtvollständigkeit umgesetzt werden. Durch die wechselseitigen Abhängigkeiten der Verknüpfungsfaktoren in Form der Verknüpfungsfaktor-Relationen erklärt sich der starke Effekt von Änderungen dieser Faktoren auf die Vollständigkeitskennzahl. Neben dem starken Anstieg in den Iterationsschritten 0 → 3 (Erhöhung auf $v = 0,5$) zeigt sich dies im Anstieg in den Iterationsschritten 60 → 65 (Erhöhung auf $v = 1$) und erklärt die beiden charakteristischen „Knicke" in der Kurve.

Die erreichte *Klassifikationsgüte* (F1-Score) steigt für das *Entscheidungsbaum-Modell* in den ersten vier Iterationsschritten stark an und verbleibt danach auf einem nahezu konstanten Niveau von $F1 \approx 0,8$. Die genauere Analyse zeigt, dass im Rahmen der Iterationsschritte 0 → 4 zum einen durch die Erhöhung von Verknüpfungsfaktoren gleicher Relation eine große Anzahl an Attributen in die Modellierung miteingebracht werden. Zum anderen wird gezielt die Vollständigkeit von Attributen erhöht, welche im Rahmen der vorgelagerten Bewertung mit einer hohen Gewichtung versehen wurden. So wird im Iterationsschritt 3 → 4 die Vollständigkeit des Attributs A_{92} auf $Q_{u,Vollst.}(A_{92}) = 1$ erhöht, welches sich in der tiefergehenden Analyse neben dem Attribut A_{95} als das Feature mit der größten Wichtigkeit für die Klassifikationsleistung erweist. Für den Entscheidungsbaum ist es im Rahmen des ersten Validierungsszenarios demnach möglich, durch Umsetzung weniger priorisierter Optimierungsempfehlungen zur maximal erreichten Klassifikationsgüte zu kommen. Dies hängt allerdings stark mit der großen wechselseitigen Abhängigkeit der Verknüpfungsfaktoren innerhalb eines Prozessschritts zusammen.

Im Falle des *Naive Bayes Klassifikators* steigt die *Klassifikationsgüte* in den ersten drei Iterationsschritten stark an und schwankt im weiteren Verlauf zwischen den Niveaus $F1 \approx 0,6$ und $F1 \approx 0,7$. Dieser Anstieg wird analog zur Modellierung mittels Entscheidungsbaum mit dem starken Zuwachs des Attributumfangs infolge der Verknüpfungsfaktorerhöhung in den Schritten 1 → 3 begründet. Eine mögliche Ursache für die starke Schwankung der Klassifikationsgüte im weiteren Verlauf liegt im Einbringen von irrelevanten Informationen und Störfaktoren in das Modell. Diese können zu einer Überanpassung des Klassifikationsmodells an die Trainingsdaten führen, worunter die Klassifikationsgüte leidet (Venkatesh und Anuradha 2019, S. 3). Darüber hinaus stellen Einflüsse der Randomisierung wie das randomisierte Undersampling der Daten, die randomisierte Aufteilung in Test- und Trainingsdaten sowie die Randomisierung der Startpunkte eine mögliche Ursache für die Schwankungen dar.

Auswertung des zweiten Validierungsszenarios

Ausgehend von der in Abbildung 6.9 dargestellten Vollständigkeitsbewertung werden analog zum vorangegangenen Absatz Optimierungsempfehlungen für das zweite Validierungsszenario iterativ ermittelt, umgesetzt und deren Auswirkung auf die Klassifikationsgüte bewertet.

Im zweiten Szenario ist keine Umsetzung *fehlerbezogener Optimierungsempfehlungen* notwendig, da im Ausgangszustand sowohl die Attributvollständigkeit als auch der Verknüpfungsfaktor des Attributs Z_0 über den maximalen Wert 1 verfügen (vgl. Tabelle 6.4). Damit liegen bereits alle im Anwendungskontext relevanten fehlerbezogenen Informationen vollständig vor ($Q_{f,Vollst.}(G) = 1$).

Tabelle 6.4: Fehlerbezogene Informationstabelle für das zweite Validierungsszenario

Attribut A	Attributvollständigkeit $Q_{f,Vollst.}(A)$	Verknüpfungsfaktor v	Verknüpfungsfaktor-Relation V	Variablentyp	Informationsart	Informationsklasse	Prozessschritt
Z_0	1	1	167	Kategorisch	Ist- & Soll-Größe	Prüfung	BK

In Bezug auf die Ausgabe *ursachenbezogener Optimierungsempfehlungen* wird analog zum ersten Szenario eine Informationstabelle mit insgesamt 167 Attributen generiert (vgl. Anhang A.7). Die anschließende automatisierte Ausführung des iterativen Vorgehens zur Erhebung der Auswertungsgrundlage resultiert in 230 Iterationen. Die hohe Anzahl an Iterationen begründet sich in der Tatsache, dass die Verknüpfungsfaktoren der Attribute im zweiten Szenario nicht mehr in Relation zueinanderstehen (keine wechselseitigen Abhängigkeiten). Die Ergebnisse in Form des F1-Scores sowie der korrespondierenden Vollständigkeitskennzahl $Q_{u,Vollst.}(G)$ sind für die beiden Modellierungsmethoden Entscheidungsbaum und Naive Bayes in Abbildung 6.14 dargestellt. In der folgenden Diskussion der Kurvenverläufe wird zunächst auf die ursachenbezogene Gesamtvollständigkeit eingegangen, bevor anschließend der Verlauf des Klassifikationsgütemaßes für die beiden Modellierungen adressiert wird.

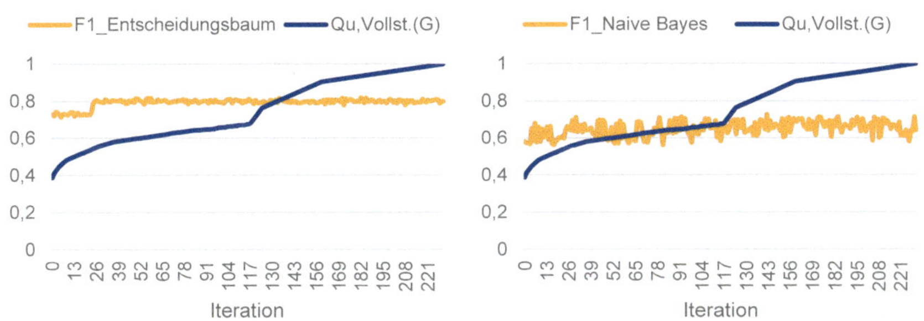

Abbildung 6.14: Ergebnisvisualisierung für alle Iterationen in Validierungsszenario 2

Die Kurve der *ursachenbezogenen Gesamtvollständigkeit* $Q_{u,Vollst.}(G)$ befindet sich zu Beginn auf einem hohen Ausgangsniveau und weist über alle Iterationen einen degressiven Verlauf mit einem leichten „Knick" ab dem Iterationsschritt 117 → 118 auf. Dieser ist darauf zurückzuführen, dass ab diesem Iterationsschritt der Verknüpfungsfaktor für einzelne Attribute auf $v = 1$ erhöht wird. Damit werden ab Iteration 117 nur noch fakultative Empfehlungen umgesetzt.

Die erreichte *Klassifikationsgüte* (F1-Score) befindet sich für das *Entscheidungsbaum-Modell* analog zur Gesamtvollständigkeit zu Beginn auf einem hohen Ausgangsniveau von $F1 \approx 0,72$. Auf diesem nahezu konstanten Niveau verbleibt der F1-Score im Rahmen der Iterationsschritte 0 → 23, bis es im Iterationsschritt 23 → 24 zum Anstieg auf $F1 \approx 0,79$ kommt. Dieser sprunghafte Anstieg lässt sich durch die Erhöhung der Attributvollständigkeit des Attributs A_{95} von $Q_{u,Vollst.}(A) = 0,7$ auf $Q_{u,Vollst.}(A) = 1$ erklären, welches als eines der wichtigsten Features für die Klassifikationsleistung identifiziert wurde. Es ist darüber hinaus zu beobachten, dass für die Klassifikationsgüte im weiteren Verlauf und damit bereits vor der Umsetzung fakultativer

Empfehlungen keine nennenswerte Steigerung mehr eintritt (analog zu Validierungsszenario 1). Insgesamt ist die Anzahl an benötigten Iterationen um zur maximal erreichten Klassifikationsgüte für den Entscheidungsbaum zu kommen im Vergleich zum ersten Szenario höher. Dies hängt stark mit der fehlenden wechselseitigen Abhängigkeit der Verknüpfungsfaktoren zusammen.

Für den *Naive Bayes Klassifikator* ist eine leicht steigende Tendenz in der *Klassifikationsgüte* entlang der Iterationsschritte zu beobachten. Prinzipiell liegt analog zur Modellierung mittels Entscheidungsbaum bereits ein hohes Ausgangsniveau vor. Das Einbringen zusätzlicher Informationen bringt eine minimale Verbesserung der Modellgüte mit sich, welche über alle Iterationen hinweg zwischen $F1 \approx 0,6$ und $F1 \approx 0,7$ schwankt. Für eine Analyse möglicher Ursachen für diese starke Schwankung sei auf die Auswertung des ersten Validierungsszenarios verwiesen.

Auswertung des dritten Validierungsszenarios

Ausgehend von der in Abbildung 6.10 dargestellten Vollständigkeitsbewertung werden im Folgenden analog zu den ersten beiden Szenarien Optimierungsempfehlungen für das dritte Validierungsszenario iterativ ermittelt, umgesetzt und deren Auswirkung auf die Klassifikationsgüte bewertet.

Da im „leeren" Ausgangszustand allen fehlerbezogenen Attributvollständigkeiten im Datensatz der Wert $Q_{f,Vollst.}(A) = Q_{u,Vollst.}(A) = 0$ sowie den Verknüpfungsfaktoren der Wert $v = 0$ zugeordnet wurde, beträgt die fehlerbezogene Gesamtvollständigkeit zu Beginn ebenfalls $Q_{f,Vollst.}(G) = 0$ (vgl. Tabelle 6.5). Das zugrundeliegende Entscheidungsmodell gibt daher zunächst die *fehlerbezogene Optimierungsempfehlung* aus, die Attributvollständigkeit für das relevante Attribut Z_0 auf $Q_{f,Vollst.}(G) = 1$ zu erhöhen. Darauf folgt im Rahmen der obligatorischen Maßnahmen die Erhöhung des Verknüpfungsfaktors auf $v = 0,5$, wodurch mit $Q_{f,Vollst.}(G) = 0,5$ die Verfügbarkeit obligatorischer fehlerbezogener Informationen für die Fehlerprädiktion sichergestellt ist. Die nachfolgende Optimierungsempfehlung zur Erhöhung des Verknüpfungsfaktors auf v = 1 ist analog zum ersten Validierungsszenario fakultativ und wird an dieser Stelle nicht detaillierter betrachtet.

Tabelle 6.5: Fehlerbezogene Informationstabelle für das dritte Validierungsszenario

Attribut A	Attributvollständigkeit $Q_{f,Vollst.}(A)$	Verknüpfungsfaktor v	Verknüpfungsfaktor-Relation V	Variablentyp	Informationsart	Informationsklasse	Prozessschritt
Z_0	0	0	167	Kategorisch	Ist- & Soll-Größe	Prüfung	BK

In Bezug auf die Ausgabe *ursachenbezogener Optimierungsempfehlungen* wird analog zu den Szenarien 1 & 2 eine Informationstabelle mit insgesamt 167 Attributen generiert (vgl. Anhang A.7). Die anschließende automatisierte Ausführung des iterativen Vorgehens zur Erhebung der Auswertungsgrundlage resultiert in 499 Iterationen. Die hohe Anzahl an Iterationen begründet sich in der Tatsache, dass der Iterationsprozess mit einem vollständig „leeren" Datensatz startet und die Verknüpfungsfaktoren der Attribute aufgrund fehlender Abhängigkeiten einzeln mit Maßnahmen adressiert werden. Die Ergebnisse in Form des F1-Scores sowie der korrespondierenden Vollständigkeitskennzahl $Q_{u,Vollst.}(G)$ sind für die beiden Modellierungsmethoden Entscheidungsbaum und Naive Bayes in Abbildung 6.15 dargestellt. In der folgenden Diskussion werden die Kurvenverläufe der beiden Kennzahlen sowie deren gegenseitige Abhängigkeiten adressiert.

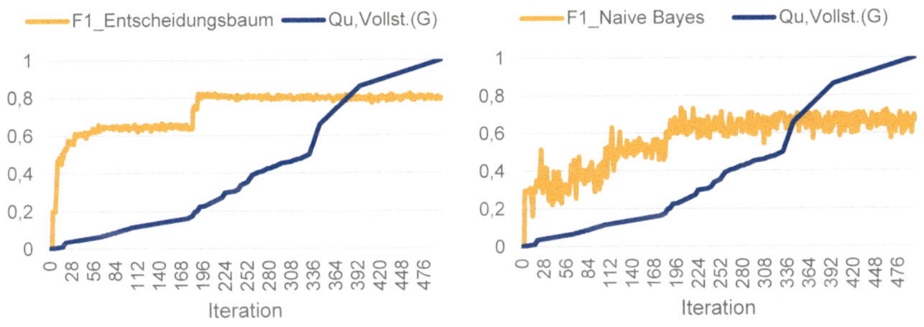

Abbildung 6.15: Ergebnisvisualisierung für alle Iterationen in Validierungsszenario 3

Die Kurve der *ursachenbezogenen Gesamtvollständigkeit* $Q_{u,Vollst.}(G)$ weist im Gegensatz zu den ersten beiden Validierungsszenarien keinen durchgehen degressiven Verlauf auf. Der progressive Verlauf insbesondere in den ersten Iterationsschritten zeigt, dass der zugrundeliegende Algorithmus für das dritte Validierungsszenario nicht die Handlungsalternativen als Empfehlung ausgibt, welche die größtmögliche Steigerung von $Q_{u,Vollst.}(G)$ bewirken. Der charakteristische Knick ab dem Iterationsschritt 332 → 333 ist wiederum darauf zurückzuführen, dass ab diesem Punkt der Verknüpfungsfaktor für einzelne Attribute auf $v = 1$ erhöht wird (fakultative Empfehlungen).

Der progressive Verlauf der Vollständigkeitskurve wirkt sich auch auf die erreichte *Klassifikationsgüte* je Iteration für das *Entscheidungsbaum-Modell* aus. Nach einem schnellen Anstieg auf $F1 \approx 0,6$ nach 32 Iterationen verbleibt der F1-Score bis zur Iteration 183 über diesem Niveau. In den Iterationsschritten 183 → 184 bzw. 189 → 190 werden die beiden wichtigsten Attribute A_{92} bzw. A_{95} vervollständigt und damit in die Modellierung eingebracht, woraus der sprunghafte Anstieg auf das Niveau $F1 \approx 0,8$ resultiert.

Ein ähnliches Bild zeichnet sich für den Kurvenverlauf der *Klassifikationsgüte* unter Einsatz des *Naive Bayes Klassifikators*, welcher im Vergleich erneut höheren Schwankungen unterliegt. So wird ab Iterationsschritt 183 → 184 ein nahezu konstantes Niveau erreicht, welches in der Folge zwischen $F1 \approx 0,6$ und $F1 \approx 0,7$ schwankt.

Das verhältnismäßig „späte" Erreichen der bestmöglichen Klassifikationsgüte ist für beide Modellierungsmethoden auf die progressive Steigung der Vollständigkeitskurve zurückzuführen. Diese deckt eine *Leistungsschwäche* des zugrundeliegenden Algorithmus auf, welcher für das vorliegende Ausgangsszenario $v = 0$ und $Q_{u,Vollst.}(A)$ keine Erhöhung des Zielwertes innerhalb eines Iterationsschrittes erreichen kann. Durch eine entsprechende Anpassung des Algorithmus bezieht dieser bei der Kalkulation und Ausgabe von Optimierungsempfehlungen zukünftig auch die potenziell erreichbare Maximierung der Vollständigkeit in den Folgeschritten mit ein (vgl. Anhang A.6 & A.7). Die Ergebnisse der iterativen Optimierung und Modellierung unter Einsatz des angepassten Algorithmus sind in Abbildung 6.16 dargestellt.

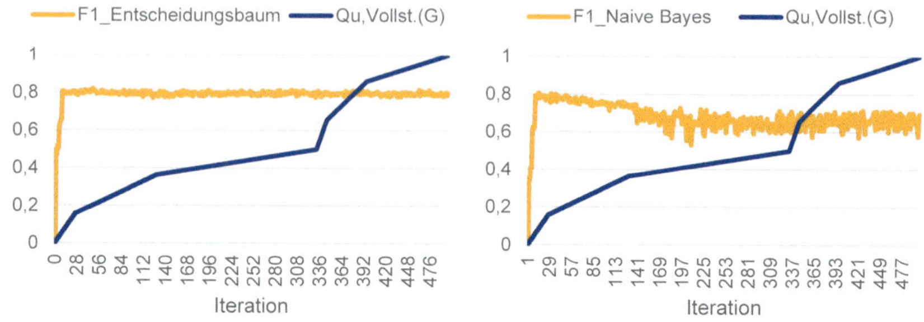

Abbildung 6.16: Ergebnisvisualisierung für alle Iterationen in Validierungsszenario 3 nach Anpassung des Empfehlungsalgorithmus

Nach Anpassung des Empfehlungsalgorithmus weist die Kurve der *ursachenbezogenen Gesamtvollständigkeit* $Q_{u,Vollst.}(G)$ den angestrebten degressiven Verlauf mit einigen „Knicken" auf. Dabei sind insbesondere die ersten beiden „Knicke" im Iterationsschritt 25 → 26 und 127 → 128 hervorzuheben. Diese treten dann auf, wenn die im Zuge der Optimierung adressierten Attribute einen sich ändernden Gewichtungsfaktor aufweisen. Somit werden bis zur 25. Iteration ausschließlich Attribute und deren Verknüpfbarkeit adressiert, die mit einem Gewichtungsfaktor von $w = 9$ versehen wurden.

Bei Betrachtung der *Klassifikationsgüte* fällt auf, dass für das *Entscheidungsbaum-Modell* innerhalb weniger Iterationen der maximal erreichte F1-Score von $F1 \approx 0,8$ erzielt wird und sich auch auf diesem Niveau hält. Dies begründet sich darin, dass die relevantesten Features bzw. Attribute A_{92} bzw. A_{95} bereits früh adressiert werden. Analog hierzu steigt der F1-Score für den *Naive Bayes Klassifikator* innerhalb weniger Iterationsschritte auf $F1 \approx 0,8$ an, sinkt im weiteren Verlauf mit zunehmenden Informationen in den Input-Daten auf ein schwankendes Niveau zwischen $F1 \approx 0,6$ und $F1 \approx 0,7$. Hinsichtlich einer Analyse möglicher Ursachen für das Sinken der Klassifikationsgüte bei zusätzlich eingebrachten Informationen sowie die starke Schwankung sei auf die Auswertung des ersten Validierungsszenarios verwiesen.

Ausgehend von der Auswertung der drei Validierungsszenarien wird im nachfolgenden Kapitel 6.3 ein Zwischenfazit gezogen und die Anwendung und Validierung der entwickelten Methodik am Fallbeispiel kritisch reflektiert.

6.3 Zwischenfazit

Die in der vorliegenden Arbeit entwickelte Methodik zur Bewertung der Vollständigkeit von in Betriebsdaten erfassten Informationen im Kontext der Fehlerprädiktion wurde im ausgewählten Fallbeispiel *erfolgreich angewendet und validiert*. Hierfür wurden auf Basis des Fallbeispiels drei Validierungsszenarien formuliert und die vier Module der Methodik auf diese Szenarien exemplarisch angewendet. Durch die Formulierung ebenjener Szenarien wurde eine möglichst realistische Abbildung der Gegebenheiten in Bezug auf die Datenverfügbarkeit in produzierenden Unternehmen angestrebt.

Vor der Anwendung der Methodik erfolgte zunächst die Bereinigung und Aufteilung des Rohdatensatzes sowie die künstliche Reduktion der Vollständigkeit im aufbereiteten Datensatz. Daraufhin wurden die *Module I bis III* der entwickelten Methodik schrittweise durchlaufen und die Vollständigkeit der in den Daten vorliegenden Informationen auf verschiedenen Bewertungsebenen quantifiziert. Durch den hohen Grad an Transparenz im Rahmen der abschließenden Visualisierung der Bewertungsergebnisse (Modul III) wurde der Anwender befähigt, sich einen *klaren und umfassenden Überblick* in Bezug auf die Vollständigkeit von Informationen in der verfügbaren Datenbasis zu verschaffen.

Der *Ressourcenaufwand* für die Durchführung der drei Module ist im Rahmen des Fallbeispiels vertretbar und ein zweckmäßiges Verhältnis von Aufwand zu Nutzen damit gegeben. Dies liegt zum Teil darin begründet, dass für das ressourcenintensive Modul der expertenbasierten Identifikation und Gewichtung potenzieller Fehlereinflussgrößen bereits Inhalte in der Ausgangssituation vorlagen. Dazu ist festzuhalten, dass sich die expertenbasierte Gewichtung potenzieller Einflussgrößen ausschließlich auf die systemseitig bereits erfassten Attribute bezieht. Ein allgemeingültiges Fazit hinsichtlich der formulierten formalen Anforderungen aus Anwendersicht – der Durchführbarkeit und Praxistauglichkeit – lässt sich daher an dieser Stelle nicht final ziehen (vgl. Kapitel 4.1.1).

Im Rahmen der Auswertung der drei Validierungsszenarien kam das in *Modul IV* entwickelte Entscheidungsmodell zur Anwendung. In einem *iterativen Prozess* erfolgte für alle Validierungsszenarien die Anwendung des Entscheidungsmodells, die Umsetzung der Empfehlung (Vervollständigung der Datenbasis) sowie die Ausgabe der Vollständigkeitskennzahl gepaart mit der korrespondierenden Klassifikationsgüte geeigneter Fehlerprädiktionsmodelle. Bei der Ergebnisinterpretation ist zu berücksichtigen, dass auch für den Referenzzustand mit einem Vollständigkeitsniveau $Q_{u,Vollst.}(G) = 1$ keine Klassifikationsgüte von $F1 = 1$ erreicht werden konnte. Im Umkehrschluss bedeutet dies, dass im Kontext der Fehlerprädiktion relevante Informationen im vorliegenden Datensatz des Fallbeispiels fehlten.

Die Analyse der Kurvenverläufe in Validierungsszenario 3 offenbarte eine *Schwachstelle* des zugrundeliegenden Algorithmus, welche sich in einem progressiven Kurvenverlauf der Vollständigkeitskennzahl und einer entsprechend langsamen Verbesserung der Klassifikationsgüte der Prädiktionsmodelle äußerte. Nach entsprechender Anpassung des Algorithmus konnten für alle drei Validierungsszenarien *innerhalb weniger Iterationen die im Fallbeispiel maximal erreichbare Klassifikationsgüte* erzielt werden. Darüber hinaus sei an dieser Stelle erwähnt, dass bereits vor der Umsetzung fakultativer Optimierungsempfehlungen keine Verbesserung der Klassifikationsgüte mehr eingetreten ist. Dies zeigt die *starke Abhängigkeit* des Entscheidungsmodells und der Methodik im Allgemeinen von der Gewichtung der potenziellen Fehlereinflussgrößen durch die Experten (vgl. Kapitel 7.2). Erst die nachträglich durchgeführte Analyse der Wichtigkeit einzelner Features für die Klassifikationsleistung zeigt inwieweit die expertenbasierte Gewichtung zutrifft.

Mithilfe der indirekten *Messbarmachung der kontextbezogenen Dateneignung* durch die Klassifikationsgüte und den so geschaffenen Vergleich mit der entwickelten Vollständigkeitsbewertung konnte die *handlungsleitende Forschungsfrage* dieser Arbeit im Rahmen des Fallbeispiels mit „*Ja*" beantwortet werden. Durch die empirische Überprüfung wurde die entwickelte Methodik erfolgreich validiert und ihre Anwendung demonstriert. Da die zugrundeliegende Lösungshypothese dieser Arbeit nicht falsifiziert werden konnte, werden die Anwendbarkeit, Zielorientierung und Anforderungserfüllung der Methodik als bestätigt angenommen.

7 Reflexion

Im folgenden letzten Kapitel werden die Forschungsergebnisse im Zuge der Reflexion abschließend diskutiert. Hierzu werden zunächst die entlang des Forschungsprozesses gewonnenen Erkenntnisse zusammengefasst. Unter Berücksichtigung der getroffenen Annahmen und Einschränkungen werden anschließend die beim Einsatz der Methodik zu beachtenden Limitationen expliziert. Abschließend erfolgt der Ausblick auf weiterführenden Forschungsbedarf, welcher direkt oder indirekt aus dieser Dissertation resultiert.

7.1 Zusammenfassung

Die zu Beginn dieser Arbeit beschriebene Problemstellung aus der Praxis, nach welcher die Vollständigkeit der in Daten repräsentierten Informationen häufig *nur unzureichend bekannt* ist und nur im *Kontext des jeweiligen Anwendungsfalls* bewertet werden kann, war prägend für die Erstellung dieser Arbeit. Der hieraus abgeleitete Bedarf nach der Entwicklung eines kontextabhängigen individuellen Werkzeugs zur *Bewertung der Vollständigkeit für die Fehlerprädiktion* führte zu der eingangs formulierten Zielstellung. Nach dieser ist das übergeordnete Ziel die Schaffung von Transparenz über die Vollständigkeit der in Betriebsdaten erfassten Informationen im Kontext der Fehlerprädiktion. Darüber hinaus umfasst die formulierte Zielstellung die Nutzung dieser Transparenz für die *Optimierung* ebenjener Vollständigkeit, um so die Eignung der Daten für die Fehlerprädiktion zu verbessern. Dies sollte durch die Entwicklung einer *mehrschrittigen Bewertungsmethodik* erreicht werden.

Als handlungsleitendes forschungsmethodisches Vorgehen diente der systemtheoretische Ansatz nach ULRICH, welcher den Praxisbezug in den Vordergrund stellt und die Prüfung der aufgestellten Regeln und Modelle im Anwendungszusammenhang in den Forschungsprozess integriert (Ulrich 1984, S. 192). Diesem Ansatz folgend wurde ausgehend von der praktischen Problemstellung im zweiten Kapitel mit den Themenfeldern der Daten in der Produktion, der Datenanalyse und dem Fehlermanagement zunächst die relevanten Objektbereiche beschrieben und der *Untersuchungsbereich spezifiziert*. Anschließend wurden im dritten Kapitel spezifische *inhaltliche Anforderungen* an die zu entwickelnde Methodik formuliert. Diese dienten anschließend als Basis für die Analyse und Bewertung des aktuellen Stands der Forschung im Untersuchungsbereich. Die herausgearbeiteten *Defizite* in Anwendungsbezug, Bewertungsgranularität, Formalisierungsgrad und der Ableitung von Optimierungsempfehlungen untermauern die Notwendigkeit einer kontextspezifischen Methodik zur Bewertung und Optimierung der Vollständigkeit von in Betriebsdaten erfassten Informationen. Im vierten Kapitel wurden Ziel und Gegenstand der Methodik in Form von *Teilforschungsfragen* weiter konkretisiert. Ausgehend von diesen Teilforschungsfragen erfolgte die *Grobkonzeption*, deren Ergebnis sich in den vier wesentlichen Modulen der Methodik manifestiert. Diese Module wurden im fünften Kapitel detailliert und mit zugrundeliegenden Modellen unterfüttert. Die zuvor formulierten Anforderungen waren prägend für diese Ausgestaltung.

Im *ersten Modul*, der Prozess- und Informationsmodellierung, wurde eine Teilmethodik zur Modellierung relevanter Prozesse der Produktionskette sowie die damit verknüpfte Aufnahme und Klassifizierung systemseitig erfasster Informationen entwickelt. Zentraler Bestandteil war die Entwicklung eines Beschreibungsmodells, welches die genannten Inhalte abbildet. Durch die abschließende Visualisierung wurde eine aussagekräftige *Übersicht des Ist-Zustands* der entlang der Produktionskette erfassten Informationen geschaffen.

Im Rahmen des *zweiten Moduls* wurde eine Teilmethodik zur Identifikation und Gewichtung potenzieller Einflussgrößen entwickelt, um den informationstechnischen Soll-Zustand im Kontext der Fehlerprädiktion zu ermitteln. Im Mittelpunkt dessen stand die Wissenserhebung auf Basis von expliziten und impliziten Wissensquellen sowie die darauf aufbauende Entwicklung eines leicht interpretierbaren Erklärungsmodells. Hierdurch konnten einfache *kausale Zusammenhänge* in Form von quantitativen Thesen formuliert werden, welche Erklärungen für das Auftreten ausgewählter Fehler geben.

Der darauffolgende Vergleich von Ist- und Soll-Zustand wurde im *dritten Modul* in Form einer Teilmethodik zur quantitativen Vollständigkeitsbewertung expliziert. Im Fokus dessen standen sowohl für fehler- als auch ursachenbezogenen Daten die Schritte der Datenextraktion und der sich anschließenden Bewertung der Vollständigkeit auf Basis einer hierfür entwickelten Metrik. Durch eine qualitative Visualisierung ebenjener Kennzahlen im entwickelten Prozessmodell konnte *Transparenz* in Bezug auf *Lücken der Informations- bzw. Datenerfassung* geschaffen werden.

Im *vierten und letzten Modul* wurde eine Teilmethodik zur Ableitung konkreter Empfehlungen zur Optimierung der Vollständigkeit im Sinne einer *modellbasierten Entscheidungsunterstützung* erarbeitet. Dabei galt es, auf Basis der entwickelten Metrik modellgestützt Handlungsalternativen zu identifizieren und zu priorisieren, um die Vollständigkeitskennzahlen und damit den kontextspezifischen Informationsgehalt der Betriebsdaten zu maximieren. Die Umsetzung von Empfehlungen erfolgt nicht nachgelagert, sondern wurde in einem iterativen Prozess eng mit der Modellanwendung verzahnt.

Die entwickelte Methodik wurde abschließend im sechsten Kapitel an einem *Fallbeispiel aus der industriellen Praxis* erfolgreich angewendet und validiert sowie die zugrundeliegende Lösungshypothese dieser Arbeit geprüft. Hierfür wurden auf Basis des Fallbeispiels drei Validierungsszenarien formuliert und die vier Module der Methodik auf diese Szenarien exemplarisch angewendet. Durch die Formulierung ebenjener Szenarien wurde eine möglichst realistische Abbildung der Gegebenheiten in Bezug auf die Datenverfügbarkeit in produzierenden Unternehmen geschaffen. Durch die abschließende *Vergleichsbetrachtung* der Klassifikationsgüte prädiktiver Modelle mit den korrespondierenden Vollständigkeitskennzahlen konnte im Rahmen des Fallbeispiels eine *Verbesserung der kontextbezogenen Dateneignung* unter Anwendung der Methodik beobachtet werden. Hierdurch konnte die eingangs formulierte und handlungsleitende Hauptforschungsfrage positiv beantwortet werden:

„Können durch eine methodische Bewertung der Vollständigkeit der in Betriebsdaten erfassten Informationen Empfehlungen abgeleitet werden, die zur Verbesserung der Dateneignung für die Fehlerprädiktion beitragen?“

Es wurde gezeigt, dass unter Einbezug von Prozesswissen neben der formalen insbesondere die inhaltliche Vollständigkeit relevanter Informationen in den Daten optimiert und somit die Eignung der Daten für die Fehlerprädiktion verbessert werden kann.

7.2 Limitationen

Im Zuge der Entwicklung der beschriebenen Methodik sowie den zugrundeliegenden Modellen wurden verschiedene Annahmen getroffen und Einschränkungen vorgenommen. Im Folgenden werden die daraus resultierenden Limitationen beim Einsatz der Methodik aufgezeigt.

Der formulierten Bewertungsmetrik und damit den resultierenden Vollständigkeitskennzahlen und Optimierungsempfehlungen liegen mittels Prozesswissen identifizierte und gewichtete potenzielle Fehlereinflussgrößen zugrunde. Das Vorhandensein dieses in Modul II erhobenen expliziten und impliziten Wissens im Unternehmen wird für die Anwendung der Methodik vorausgesetzt. Hieraus resultiert eine starke *Abhängigkeit von Quantität und Qualität dieser Wissenserhebung und -interpretation*. Zwar ist eine Anwendung der Methodik auch ohne eine dedizierte Gewichtung der potenziellen Fehlereinflussgrößen möglich, die abgeleiteten Optimierungsempfehlungen sind aber weniger zielgerichtet. In der Folge ist eine langsamere Verbesserung der Dateneignung für die Fehlerprädiktion durch die iterative Umsetzung ebenjener Empfehlungen zu erwarten.

Gleichzeitig führt diese Abhängigkeit dazu, dass auch nach Anwendung der Methodik eine *Restunsicherheit* in Bezug auf die *tatsächliche Vollständigkeit* der in den Daten enthaltenen relevanten Informationen besteht. So könnten auf Basis irrtümlich postulierter Wirkzusammenhänge zwar hohe Vollständigkeitskennzahlen, gleichzeitig aber nur geringe Vorhersagegenauigkeiten erzielt werden. Umgekehrt ist bei der Interpretation der prädiktiven Modelle die Eventualität potenzieller Scheinkausalitäten zu berücksichtigen.

Die Betrachtung der *praktischen Umsetzung* von abgeleiteten *Optimierungsempfehlungen* wurde bei der Entwicklung der Methodik ausgeklammert. So können zwar einzelne Handlungsalternativen als nicht umsetzbar deklariert werden (z. B. aufgrund fehlender technischer Machbarkeit), die mit einer Umsetzung einhergehende monetären und personellen Aufwendungen werden jedoch nicht abgebildet. Diese sind auch aufgrund der hohen Individualität der Datenerfassung in unterschiedlichen Anwendungsszenarien im Einzelfall zu prüfen.

Unabhängig vom Erfüllungsgrad der kontextbezogenen Vollständigkeit werden weitere *Dimensionen der Datenqualität* für die zu untersuchenden Daten als erfüllt angenommen. Dies gilt insbesondere für den ebenfalls kontextbezogenen Umfang der Datenbasis. Für den Anwendungsfall der Fehlerprädiktion bedeutet dies eine ausreichende Anzahl an Trainings- bzw. Fehlerinstanzen, um darin liegende Muster erlernbar zu machen. Dieser für die Klassifikation erfolgskritische Umfang der Daten wird im Rahmen der entwickelten Methodik nicht untersucht, ist im Vorfeld einer prädiktiven Modellierung in der Praxis jedoch sicherzustellen.

7.3 Ausblick

Zum Teil resultierend aus den derzeitigen Limitationen ergeben sich in Bezug auf die entwickelte Methodik verschiedene Handlungsfelder für zukünftige Forschungsaktivitäten.

Eines dieser Handlungsfelder ist die Erweiterung der *inhaltlichen Breite* der beschriebenen Methodik. Dieser umfasst die Integration der Bewertung weiterer Dimensionen der Daten- bzw. Informationsqualität in Form von zusätzlichen Modulen. Hierbei ist insbesondere eine Bewertung und Optimierung des Umfangs der Daten als vielversprechende Erweiterungsoption hervorzuheben. Neben dem im vorangegangenen Kapitel 7.2 beschriebenen Umfang der Trainings- bzw. Fehlerinstanzen ist auch eine detailliertere Betrachtung des Umfangs der Datenerfassung denkbar, u. a. durch Unterscheidung zwischen Stichproben- und Vollprüfung. Wird eine Wirtschaftlichkeitsbetrachtung angestrebt, liegt das Forschungspotenzial in der Erweiterung um eine Kostenuntersuchung sowohl in der Anwendung der Methodik als auch der Umsetzung abgeleiteter Optimierungsempfehlungen.

Neben der inhaltlichen Breite bildet die Erweiterung der *inhaltlichen Tiefe* ein zweites übergeordnetes Handlungsfeld zukünftiger Forschungsaktivitäten. Denkbar ist in diesem Zusammenhang eine Erweiterung der Bewertungsmetrik, um den Nutzer zur Anwendung der Methodik auf nicht-relationalen Datenbanken zu befähigen. Eine weitere Adaption der Methodik im Sinne einer auf Zeitreihendaten bzw. deren Merkmalsextraktion zugeschnittenen Bewertungsmetrik ist ebenfalls denkbar, um das Spektrum möglicher Anwendungsszenarien weiter zu erhöhen. Eine weitere Möglichkeit zur Steigerung der inhaltlichen Tiefe ist die Einbeziehung des Aufgabentyps der prädiktiven Modellierung in die Bewertung der Vollständigkeit. So könnte neben der Klassifikation auch die Regression in die Weiterentwicklung der Methodik miteinbezogen werden.

Als drittes potenzielles Handlungsfeld für zukünftige Forschungsaktivitäten ist die *Automatisierung* von Teilen der Methodik zu nennen. Motiviert wird dies durch den hohen manuellen Aufwand bei vollumfänglicher Durchführung der Methodik und den daraus folgenden Implikationen auf die Praxistauglichkeit. Vielversprechende Potenziale liegen vor allem in der Weiterentwicklung des Informations- und Wissensmanagements in produzierenden Unternehmen. Aktuelle Forschungsarbeiten fokussieren in diesem Zusammenhang die Entwicklung von Ontologien zur Vernetzung von Informationen und Formalisierung der Relationen. Perspektivisch lassen sich darauf aufbauend sowohl die Prozess- und Informationsmodellierung (Modul I) als auch die Bewertung der Vollständigkeit (Modul III) sowie die Ableitung von Optimierungsempfehlungen (Modul IV) stärker automatisieren.

V Literaturverzeichnis

Aamodt, A.; Nygård, M. (1995): Different roles and mutual dependencies of data, information, and knowledge - An AI perspective on their integration. In: *Data & Knowledge Engineering* 16 (3), S. 191–222. DOI: 10.1016/0169-023X(95)00017-M.

Abramov, O. Y. (2015): TRIZ-Based Cause and Effect Chains Analysis vs Root Cause Analysis. In: *Proceedings of the 11th TRIZfest-2015 International Conference. September 10-12, 2015, Seoul, South Korea*, S. 287–295.

AIAG; VDA (2019): Failure mode and effects analysis - FMEA handbook. Design FMEA, process FMEA, supplemental FMEA for monitoring & system response. First edition. Southfild, Michigan: Automotive Industry Action Group.

Algedri, J.; Frieling, E. (2001): Human-FMEA. Menschliche Handlungsfehler erkennen und vermeiden. München: Hanser.

Arif, F.; Suryana, N.; Hussin, B. (2013): Framework of Cascade Quality Prediction Method Using Latent Variables for Multi-Stage Manufacturing. In: *International Journal of Management - Theory and Applications* (Vol. 1), Artikel N. 1, S. 13–22.

Avci, O. (2008): Aus Fehlern in der Softwareentwicklung lernen. Anforderungsanalyse und Qualitätssicherung mit Fehleranalysen verbessern. @Köln, Univ., Diss, 2008. Saarbrücken: VDM Verlag.

Azevedo, A.; Santos, M. F. (2008): KDD, SEMMA and CRISP-DM: A Parallel Overview. In: *Proceedings of the IADIS European Conference Data Mining*, S. 182–185.

Bachelier, G. (2004): Wissensakquisition und Wissensrepräsentation in Expertensystemen. Online verfügbar unter http://www.vi-anec.de/GBachelier/Talks/2004/XPS_Aqui.pdf, zuletzt geprüft am 02.04.2021.

Badke-Schaub, P.; Hofinger, G.; Lauche, K. (2008): Human Factors. Psychologie sicheren Handelns in Risikobranchen. Berlin, Heidelberg: Springer Medizin Verlag Heidelberg. Online verfügbar unter http://site.ebrary.com/lib/alltitles/docDetail.action?docID=10245937.

Bähring, K.; Hauff, S.; Sossdorf, M.; Thommes, K. (2008): Methodologische Grundlagen und Besonderheiten der qualitativen Befragung von Experten in Unternehmen: Ein Leitfaden. In: *Die Unternehmung : Swiss journal of business research and practice* 62 (1), S. 89–111.

Barnhill, B.; David, M. (2021): Row vs Column Oriented Databases. The Data School. Online verfügbar unter https://dataschool.com/data-modeling-101/row-vs-column-oriented-databases/, zuletzt aktualisiert am 09.08.2021, zuletzt geprüft am 02.03.2022.

Batini, C.; Rula, A.; Scannapieco, M.; Viscusi, G. (2015): From Data Quality to Big Data Quality. In: *Journal of Database Management* 26 (1), S. 60–82. DOI: 10.4018/JDM.2015010103.

Bauernhansl, T.; Hartleif, S.; Felix, T. (2018): The Digital Shadow of production – A concept for the effective and efficient information supply in dynamic industrial environments. In: *Procedia CIRP* 72, S. 69–74. DOI: 10.1016/j.procir.2018.03.188.

DIN 55350-12, 1989-03-0: Begriffe der Qualitätssicherung und Statistik; Merkmalsbezogene Begriffe.

Bertsche, B.; Lechner, G. (2004): Zuverlässigkeit im Fahrzeug- und Maschinenbau. Ermittlung von Bauteil- und System-Zuverlässigkeiten. 3., überarbeitete und erweiterte Auflage. Berlin, Heidelberg: Springer-Verlag Berlin Heidelberg New York (VDI-Buch).

Birnbaum, F.; Moewes, C.; Nicklas, D.; Schmid, U. (2017): Data Mining von multidimensionalen Qualitätsdaten aus einer computerintegrierten industriellen Fertigung zur visuellen Analyse von komplexen Wirkzusammenhängen. In: B. Mitschang, N. Ritter, H. Schwarz, M. Klettke, A. Thor, O. Kopp und M. Wieland (Hg.): BTW 2017. Datenbanksysteme für Business, Technologie und Web (Workshopband) ; Tagung vom 6. - 7.März 2017 in Stuttgart. Bonn: Gesellschaft für Informatik.

Bishop, C. M. (2009): Pattern recognition and machine learning. Corrected at 8th printing 2009. New York, NY: Springer (Information science and statistics).

Bissantz, N.; Hagedorn, J. (1993): Data Mining (Datenmustererkennung). In: *Wirtschaftsinformatik* 35, S. 481–487.

Blake, R.; Mangiameli, P. (2011): The Effects and Interactions of Data Quality and Problem Complexity on Classification. In: *J. Data and Information Quality* 2 (2), S. 1–28. DOI: 10.1145/1891879.1891881.

Blohm, H.; Beermann, T.; Seidenberg, U.; Silber, H. (2016): Produktionswirtschaft. Potenziale, Prozesse, Produkte. 5., vollständig überarbeitete Auflage. Herne: NWB Verlag GmbH & Co.KG (nwb Studium).

Bobrowski, M.; Marré, M.; Yankelevich, D. (1999): A Homogeneous Framework to Measure Data Quality. In: *Fourth Conference on Information Quality.*

Bodendorf, F. (2006): Daten- und Wissensmanagement. 2., aktualisierte und erweiterte Auflage. Berlin, Heidelberg: Springer-Verlag Berlin Heidelberg (Springer-Lehrbuch).

Boersch, I.; Heinsohn, J.; Socher, R. (2007): Wissensverarbeitung. Eine Einführung in die künstliche Intelligenz für Informatiker und Ingenieure. 2. Aufl. München: Elsevier Spektrum Akad. Verl. Online verfügbar unter http://deposit.d-nb.de/cgi-bin/dokserv?id=2922212&prov=M&dok_var=1&dok_ext=htm.

Brecher, C.; Klocke, F.; Schmitt, R. H.; Schuh, G. (Hg.) (2017): Internet of Production für agile Unternehmen. AWK Aachener Werkzeugmaschinen-Kolloquium 2017, 18. bis 19. Mai. IIF - Institut für Industriekommunikation und Fachmedien GmbH. 1. Auflage. Aachen: Apprimus Verlag.

Breyfogle, F. W. (2003): Implementing six sigma. Smarter solutions using statistical methods. 2nd ed. Hoboken, NJ: Wiley. Online verfügbar unter http://site.ebrary.com/lib/alltitles/docDetail.action?docID=10304567.

Bruhn, M. (2008): Qualitätsmanagement für Dienstleistungen. Grundlagen, Konzepte, Methoden. 7. Aufl. s.l.: Springer-Verlag. Online verfügbar unter http://gbv.eblib.com/patron/FullRecord.aspx?p=417689.

Büchel, D. (2010): Entwicklung einer allgemeingültigen Standardprozedur zur Überprüfung der Gebrauchstauglichkeit medizintechnischer Produkte. Dissertation. Eberhard Karls Universität zu Tübingen.

Bukó, C. (2007): Interorganisatorische Wissensnetzwerke - Erfolgsfaktoren und Gestaltungsansätze des Managements. Dissertation. Hochschule für Wirtschafts-, Rechts- und Sozialwissenschaften (HSG), Universität St. Gallen.

Bundesministerium der Justiz und für Verbraucherschutz (1989): Gesetz über die Haftung für fehlerhafte Produkte. ProdHaftG.

Burge, S. (2013): The Systems Thinking Tool Box. Multiple Cause Diagram(MCD). Hg. v. Burge Hughes Walsh.

Burkschat, M.; Cramer, E.; Kamps, U. (2012): Beschreibende Statistik. Grundlegende Methoden der Datenanalyse. 2. Aufl. 2012. Berlin, Heidelberg: Springer Spektrum (EMILA-stat, Medienreihe zur angewandten Statistik). Online verfügbar unter http://gbv.eblib.com/patron/FullRecord.aspx?p=993917.

Buschmann, D.; Ellerich, M.; Huebser, L.; Lindemann, M.; Schlegel, P.; Schmitt, R. H. (2021): Zukunftsfähige Produktionssysteme durch Predictive Quality. In: T. Pfeifer und R. H. Schmitt (Hg.): Masing Handbuch Qualitätsmanagement. 7., überarbeitete Auflage. München: Hanser Carl, S. 800–828.

Busert, T.; Fay, A. (2019): Extended Value Stream Mapping Method: Harmonizing Information Flows for the Control of Production Processes. In: *IFAC-PapersOnLine* 52 (13), S. 54–59. DOI: 10.1016/j.ifacol.2019.11.129.

Bzdok, D. (2017a): Classical Statistics and Statistical Learning in Imaging Neuroscience. In: *Frontiers in neuroscience* (11), Artikel 543, S. 1–23. DOI: 10.3389/fnins.2017.00543.

Bzdok, D.; Altman, N.; Krzywinski, M. (2018): Statistics versus machine learning. In: *Nature methods* 15 (4), S. 233–234. DOI: 10.1038/nmeth.4642.

Bzdok, D.; Krzywinski, M.; Altman, N. (2017b): Points of Significance: Machine learning: a primer. In: *Nature methods* 14 (12), S. 1119–1120. DOI: 10.1038/nmeth.4526.

Cameron, G. (2010): TRIZICS. Teach yourself TRIZ, how to invent, innovate and solve "impossible" technical problems systematically.

Cattaneo, L.; Fumagalli, L.; Macchi, M.; Negri, E. (2018): Clarifying Data Analytics Concepts for Industrial Engineering. In: *IFAC-PapersOnLine* 51 (11), S. 820–825. DOI: 10.1016/j.ifacol.2018.08.440.

Chamoni, P.; Gluchowski, P. (2017): Business Analytics — State of the Art. In: *Control Manag Rev* 61 (4), S. 8–17. DOI: 10.1007/s12176-017-0030-6.

Chawla, N. V. (2005): Data Mining for Imbalanced Datasets: An Overview. In: O. Maimon und L. Rokach (Hg.): Data Mining and Knowledge Discovery Handbook. New York: Springer-Verlag, S. 853–867.

Chiarini, A. (2012): From total quality control to lean six sigma. Evolution of the most important management systems for the excellence. Milano: Springer Milan (SpringerLink Bücher). Online verfügbar unter http://site.ebrary.com/lib/alltitles/docDetail.action?docID=10562470.

Conrad, S. (2013): Föderierte Datenbanksysteme. Konzepte der Datenintegration. Berlin, Heidelberg: Springer.

Cramer, S.; Hoffmann, M.; Schlegel, P.; Kemmerling, M.; Schmitt, R. H. (2021): Towards a flexible process-independent meta-model for production data. In: *Procedia CIRP* 99, S. 586–591. DOI: 10.1016/j.procir.2021.03.112.

Dantan, J. Y.; Hassan, A.; Etienne, A.; Siadat, A.; Martin, P. (2008): Information modeling for variation management during the product and manufacturing process design. In: *Int J Interact Des Manuf* 2 (2), S. 107–118. DOI: 10.1007/s12008-008-0040-x.

Deloitte (2020): The Fourth Industrial Revolution. At the intersection of readiness and responsibility. Online verfügbar unter https://documents.deloitte.com/insights/FourthIndustrial-Revolution, zuletzt geprüft am 21.12.2021.

Deuse, J.; Schmitt, J.; Stolpe, M.; Wiegand, M.; Morik, K. (2017): Qualitätsprognosen zur Engpassentlastung in der Injektorfertigung unter Einsatz von Data Mining. In: *Schriftenreihe der Wissenschaftlichen Gesellschaft für Arbeits- und Betriebsorganisation (WGAB) e.V.*, S. 47–60.

Deutsche Gesellschaft für Qualität (2012): FMEA - Fehlermöglichkeits- und Einflussanalyse. 5. Aufl. Berlin, Wien, Zürich: Beuth (Qualitätsplanung, Qualitätslenkung, 13-11).

Dobrusskin, C. (2016): On the Identification of Contradictions Using Cause Effect Chain Analysis. In: *Procedia CIRP* 39, S. 221–224. DOI: 10.1016/j.procir.2016.01.192.

Duda, R. O.; Hart, P. E.; Stork, D. G. (2012): Pattern Classification. 2. Aufl. s.l.: Wiley-Interscience. Online verfügbar unter http://gbv.eblib.com/patron/FullRecord.aspx?p=699526.

Dyckhoff, H. (1994): Betriebliche Produktion. Theoretische Grundlagen einer umweltorientierten Produktionswirtschaft. Zweite, verbesserte Auflage. Berlin, Heidelberg: Springer (Springer-Lehrbuch).

Dyckhoff, H. (2006): Produktionstheorie. Grundzüge industrieller Produktionswirtschaft : mit 20 Tabellen. 5, überarb. Aufl. Berlin, Heidelberg: Springer (Springer-Lehrbuch).

Eckey, H.-F.; Kosfeld, R.; Dreger, C. (2002): Statistik. Grundlagen - Methoden - Beispiele. 3., aktualisierte Auflage. Wiesbaden, s.l.: Gabler Verlag.

Edler, F.; Soden, M.; Hankammer, R. (2015): Fehlerbaumanalyse in Theorie und Praxis. Grundlagen und Anwendung der Methode. Berlin, Heidelberg: Springer Vieweg. Online verfügbar unter http://gbv.eblib.com/patron/FullRecord.aspx?p=4068775.

Edlich, S.; Friedland, A.; Hampel, J.; Brauer, B. (2010): NoSQL. Einstieg in die Welt nichtrelationaler Web 2.0 Datenbanken. München: Hanser. Online verfügbar unter http://sub-hh.ciando.com/book/?bok_id=47525.

Ehrlenspiel, K.; Meerkamm, H. (2017): Integrierte Produktentwicklung. Denkabläufe, Methodeneinsatz, Zusammenarbeit. 6., überarbeitete und erweiterte Auflage. München: Carl Hanser Verlag GmbH & Co. KG.

Eickelmann, M.; Wiegand, M.; Deuse, J.; Bernerstätter, R. (2019): Bewertungsmodell zur Analyse der Datenreife. In: *ZWF* 114 (1-2), S. 29–33. DOI: 10.3139/104.112037.

EMC Education Services (2015): Data science & big data analytics. Discovering, analyzig, visualizing, and presenting data. Indianapolis: Wiley. Online verfügbar unter http://onlinelibrary.wiley.com/book/10.1002/9781119183686.

Eversheim, W.; Laschet, A.; Foerst, J. (1996): Qualität und Fehlerkosten im Maschinenbau unter Berücksichtigung technischer und betriebswirtschaftlicher Gesichtspunkte. Abschlussbericht. 1. Aufl. Forschungsgemeinschaft Qualitätssicherung. Berlin (FQS-DGQ-Band, FQS 84 01).

Experian (2021): 2021 Global data management research. Rapid change in a global pandemic impacts data perception and usage. Online verfügbar unter https://www.edq.com/data-management-whitepaper-global-research-2021/, zuletzt geprüft am 23.12.2021.

Fang, H. (2015): Managing data lakes in big data era. What's a data lake and why has it became popular in data management ecosystem. In: 2015 IEEE International Conference on CYBER Technology in Automation, Control, and Intelligent Systems (CYBER). Shenyang, China, 6/8/2015 - 6/12/2015. Piscataway, NJ: IEEE, S. 820–824.

Fantin, I. (2014): Applied Problem Solving : Method, Applications, Root Causes, Countermeasures, Poka-Yoke and A3: Createspace Independent Publishing Platform.

Farkisch, K. (2011): Data-Warehouse-Systeme kompakt. Aufbau, Architektur, Grundfunktionen. Berlin, Heidelberg: Springer-Verlag Berlin Heidelberg (Xpert.press). Online verfügbar unter http://site.ebrary.com/lib/alltitles/docDetail.action?docID=10490436.

Farnworth, R. (2020): The Six Dimensions of Data Quality — and how to deal with them. Building your models and analysis on solid foundations. Hg. v. Towards Data Science. Online verfügbar unter https://towardsdatascience.com/the-six-dimensions-of-data-quality-and-how-to-deal-with-them-bdcf9a3dba71, zuletzt geprüft am 23.12.2021.

Fayyad, U.; Piatetsky-Shapiro, G.; Smyth, P. (1996): From Data Mining to Knowledge Discovery in Databases. In: *AI Magazine* (17 (3)), S. 37–54. Online verfügbar unter https://doi.org/10.1609/aimag.v17i3.1230, zuletzt geprüft am 13.04.2020.

Fernández, A.; García, S.; Galar, M.; Prati, R. C.; Krawczyk, B.; Herrera, F. (2018): Learning from imbalanced data sets. Cham: Springer. Online verfügbar unter https://ebookcentral.proquest.com/lib/kxp/detail.action?docID=5566807.

Ficalora, J. P. (2010): Quality function deployment and Six Sigma. A QFD handbook. Unter Mitarbeit von Lou Cohen. 2nd ed. Upper Saddle River, N.J., Boston, Mass.: Prentice Hall;

Safari Books Online. Online verfügbar unter https://learning.oreilly.com/library/view/-/9780137035441/?ar.

Fink, L.; Petersen, U.; Voss, A. (2018): Künstliche Intelligenz in Deutschland. Ein systematischer Katalog von Anwendungen des Maschinellen Lernens. Hg. v. Smart Data Forum. Fraunhofer IAIS. Online verfügbar unter https://www.bigdata-ai.fraunhofer.de/content/dam/bigdata/de/documents/Publikationen/Studie_KI_in_De_20181107.pdf, zuletzt geprüft am 21.12.2021.

Freitag, M.; Kück, M.; Alla, A. A.; Lütjen, M. (2015): Potenziale von Data Science in Produktion und Logistik. Teil 1 - Eine Einführung in aktuelle Ansätze der Data Science. In: *Industrie 4.0 Management* (31), S. 22–26.

Freund, J.; Rücker, B. (2017): Praxishandbuch BPMN. Mit Einführung in CMMN und DMN. 5., aktualisierte Auflage. München: Hanser. Online verfügbar unter http://www.hanser-elibrary.com/doi/book/10.3139/9783446450783.

Freund, J.; Rücker, B.; Henninger, T. (2010): Praxishandbuch BPMN. Inklusive BPMN 2.0. München: Hanser.

Fritz, H.; Herrmann, J. (2011): Qualitätsmanagement. Lehrbuch für Studium und Praxis. 1. Aufl. s.l.: Carl Hanser Fachbuchverlag. Online verfügbar unter http://www.hanser-elibrary.com/action/showBook?doi=10.3139/9783446429383.

Fuchs-Kittowski, K. (2002): Wissens-Ko-Produktion: Verarbeitung, Verteilung und Entstehung von Informationen in kreativ-lernenden Organisationen. In: *Stufen zur Informationsgesellschaft. Festschrift zum 65. Geburtstag von Klaus Fuchs-Kittowski*, S. 59–125. Online verfügbar unter http://www.informatik.uni-leipzig.de/~graebe/Texte/Fuchs-02.pdf, zuletzt geprüft am 23.02.2020.

Fuchs-Kittowski, K.; Kaiser, H.; Tschirschwitz, R.; Wenzlaff, B. (1976): Informatik und Automatisierung Band I.

Ge, Z.; Song, Z.; Ding, S. X.; Huang, B. (2017): Data Mining and Analytics in the Process Industry: The Role of Machine Learning. In: *IEEE Access* 5, S. 20590–20616. DOI: 10.1109/ACCESS.2017.2756872.

Gehring, H.; Gadatsch, A. (1999): Diskussionsbeiträge des Fachbereichs Wirtschaftswissenschaft. Fachbereichsbericht Nr. 274. Hg. v. Dekan des Fachbereichs (Diskussionsbeiträge des Fachbereichs Wirtschaftswissenschaft der FernUniversität Hagen).

Geiger, W. (1998): Qualitätslehre. Einführung · Systematik · Terminologie. 3., neu bearbeitete und ergänzte Auflage. Wiesbaden, s.l.: Vieweg+Teubner Verlag.

Gläser, J.; Laudel, G. (2010): Experteninterviews und qualitative Inhaltsanalyse als Instrumente rekonstruierender Untersuchungen. 4. Auflage. Wiesbaden: VS Verlag (Lehrbuch). Online verfügbar unter http://d-nb.info/1002141753/04.

Gluchowski, P. (2016): Business Analytics – Grundlagen, Methoden und Einsatzpotenziale. In: *HMD* 53 (3), S. 273–286. DOI: 10.1365/s40702-015-0206-5.

Halper, F. (2014): Predictive Analytics for Business Advantage. Hg. v. TDWI Research. The Data Warehousing Institute (Best Practice Report). Online verfügbar unter https://vods.dm.ux.sap.com/previewhub/ITAnalyticsContentHubANZ/downloadasset.2014-03-mar-17-21.predictive-analytics-for-business-advantage-pdf.pdf, zuletzt geprüft am 13.04.2020.

Harrington, J. L. (2010): Relational database design clearly explained. 2nd ed. New York: Morgan Kaufmann Publishers. Online verfügbar unter http://search.ebscohost.com/login.aspx?direct=true&scope=site&db=nlebk&db=nlabk&AN=210320.

Harris, C. R.; Millman, K. J.; van der Walt, S. J.; Gommers, R.; Virtanen, P.; Cournapeau, D. et al. (2020): Array programming with NumPy. In: *Nature* 585 (7825), S. 357–362. DOI: 10.1038/s41586-020-2649-2.

Hasler Roumois, U. (2010): Studienbuch Wissensmanagement. Grundlagen der Wissensarbeit in Wirtschafts-, Non-Profit- und Public-Organisationen. 2., überarb. und erw. Aufl. Zürich: Orell Füssli (UTB, 2954).

Hildebrand, K.; Gebauer, M.; Hinrichs, H.; Mielke, M. (Hg.) (2015): Daten- und Informationsqualität. Auf dem Weg zur Information Excellence. 3., erweiterte Auflage. Wiesbaden: Springer Vieweg. Online verfügbar unter http://gbv.eblib.com/patron/FullRecord.aspx?p=2094644.

Hinrichs, H. (2002): Datenqualitätsmanagement in Data Warehouse-Systemen. Dissertation. Universität Oldenburg.

Hirsch-Kreinsen, H.; Kubach, U.; Stark, R.; Wichert, G. von; Hornung, S.; Hubrecht, L. et al. (2019): Themenfelder Industrie 4.0. Forschungs- und Entwicklungsbedarfe zur erfolgreichen Umsetzung von Industrie 4.0. Hg. v. Forschungsbeirat der Plattform Industrie 4.0. Online verfügbar unter https://www.acatech.de/wp-content/uploads/2019/09/Forschungsbeirat_Themenfelder-Industrie-4.0.pdf, zuletzt geprüft am 21.12.2021.

Hofmann, P. (1990): Fehlerbehandlung in flexiblen Fertigungssystemen. Einführung für Hersteller und Anwender. Zugl.: Erlangen, Nürnberg, Univ., Diss. München, Wien: Oldenbourg.

Huilgol, P. (2019): Accuracy vs. F1-Score. Online verfügbar unter https://medium.com/analytics-vidhya/accuracy-vs-f1-score-6258237beca2, zuletzt geprüft am 08.11.2021.

IEE (2010): IEEE standard classification for software anomalies. New York: Institute of Electrical and Electronics Engineers. Online verfügbar unter http://ieeexplore.ieee.org/servlet/opac?punumber=5399058.

BS ISO/IEC 19510:2013, 31.07.2013: Information Technology - Object Management Group Business Process Model and Notation.

BS ISO/IEC 2382-1, 15.02.1994: Informationstechnik. Begriffe. Grundbegriffe.

Ishikawa, K. (1989): Introduction to quality control. [S l.]: Chapman-Hall; 3a corporation.

Jarke, M.; Klamma, R. (1998): Innovation durch rechnergestütztes Fehlermanagement: Ergebnisse des BMBF-Projekts FOQUS. In: W. Hummeltenberg (Hg.): Information Management for Business and Competitive Intelligence and Excellence. Proceedings der Frühjahrstagung Wirtschaftsinformatik '98: Springer Vieweg, S. 247–264.

Jenke, K. (2007): Konzept zur Lösung technischer Qualitätsprobleme in der Produktion durch Anwendung der Theorie des erfinderischen Problemlösens (TRIZ). Zugl.: Kaiserslautern, Techn. Univ., Diss., 2006. Als Ms. gedr. Kaiserslautern: Techn. Univ (Produktionstechnische Berichte aus dem FBK, 2007,1).

Juddoo, S. (2015): Overview of data quality challenges in the context of Big Data. In: 2015 International Conference on Computing, Communication and Security (ICCCS). Unter Mitarbeit von S. Ganesan, S. N. Singh und V. Kumar. Pointe aux Piments, Mauritius, 12/4/2015 - 12/5/2015. Piscataway, NJ: IEEE, S. 1–9.

Kao, H.-A.; Hsieh, Y.-S.; Chen, C.-H.; Lee, J. (2017): Quality prediction modeling for multistage manufacturing based on classification and association rule mining. In: *MATEC Web Conf.* 123 (9), S. 29–34. DOI: 10.1051/matecconf/201712300029.

Karbach, W.; Linster, M. (1990): Wissensakquisition für Expertensysteme. Techniken, Modelle und Softwarewerkzeuge. München: Hanser.

Kelleher, J. D.; MacNamee, B.; D'Arcy, A. (2015): Fundamentals of machine learning for predictive data analytics. Algorithms, worked examples, and case studies. Cambridge, Massachusetts: The MIT Press.

Kelleher, J. D.; Tierney, B. (2018): Data science. Cambridge, MA: The MIT Press (The MIT Press essential knowledge series). Online verfügbar unter http://search.ebscohost.com/login.aspx?direct=true&scope=site&db=nlebk&AN=1782063.

Kett, I. W.; Schewe, G. (2010): Management Skills. Beziehungen nutzen, Probleme lösen, effektiv kommunizieren. 1. Aufl. Wiesbaden: Gabler. Online verfügbar unter http://gbv.eblib.com/patron/FullRecord.aspx?p=749593.

Khine, P. P.; Wang, Z. S. (2018): Data lake: a new ideology in big data era. In: *ITM Web Conf.* 17. DOI: 10.1051/itmconf/20181703025.

Kilkenny, M. F.; Robinson, K. M. (2018): Data quality: "Garbage in - garbage out". In: *Health information management : journal of the Health Information Management Association of Australia* 47 (3), S. 103–105. DOI: 10.1177/1833358318774357.

Kimball, R.; Caserta, J. (2009): The data warehouse ETL toolkit. Practical techniques for extracting, cleaning, conforming, and delivering data. [Nachdr.]. Indianapolis, Ind.: Wiley (/Kimball's data warehouse toolkit classics]).

Kletti, J. (2007): Manufacturing Execution Systems (MES). Berlin, London: Springer. Online verfügbar unter http://lib.myilibrary.com/detail.asp?id=85374.

Krcmar, H. (2015): Informationsmanagement. 6., überarb. Aufl. Wiesbaden: Springer Gabler. Online verfügbar unter http://ebooks.ciando.com/book/index.cfm/bok_id/1868353.

Kristes, D. (2012): Produktbezogenes Beschwerdemanagement. Konzeption eines qualitätsorientierten Gestaltungsmodells zur Auslegung der internen Beschwerdemanagementaktivitäten. Zugl.: Aachen, Techn. Hochsch., Diss., 2012. 1. Aufl. Aachen: Apprimus-Verl. (Ergebnisse aus der Produktionstechnik Fertigungsmesstechnik & Qualitätsmanagement, 2012,21).

Krubasik, S.; Sachsender, C. (2017): Quality 4.0 preventive, holistic, future-proof. Hg. v. Kearny. Online verfügbar unter https://www.de.kearney.com/industrial-goods-services/article?/a/quality-4-0-preventive-holistic-future-proof, zuletzt geprüft am 21.12.2021.

Kruse, J.; Schmieder, C.; Weber, K. M.; Dresing, T.; Pehl, T. (2015): Qualitative Interviewforschung. Ein integrativer Ansatz. 2., überarbeitete und ergänzte Auflage. Weinheim, Basel: Beltz Juventa (Grundlagentexte Methoden). Online verfügbar unter http://www.content-select.com/index.php?id=bib_view&ean=9783779941620.

Kubicek, D. (1977): Heuristische Bezugsrahmen und heuristisch angelegte Forschungsdesigns als Elemente einer Konstruktionsstrategie empirischer Forschung. In: R. Köhler (Hg.): Empirische und handlungstheoretische Forschungskonzeptionen in der Betriebswirtschaftslehre. Bericht über d. Tagung in Aachen März 1976. Stuttgart: Poeschel, S. 3–36.

Kuhn, M.; Johnson, K. (2020): Feature Engineering and Selection. A Practical Approach for Predictive Models. Milton: CRC Press LLC (Chapman and Hall/CRC Data Science Ser). Online verfügbar unter https://ebookcentral.proquest.com/lib/kxp/detail.action?docID=5838737.

Küpper, D.; Knizek, C.; Ryeson, D.; Noecker, J. (2019): Quality 4.0 Takes More Than Technology. Hg. v. Boston Consulting Group, zuletzt geprüft am 21.12.2021.

Kurbel, K.; Endres, A. (2005): Produktionsplanung und -steuerung. Methodische Grundlagen von PPS-Systemen und Erweiterungen. 6., völlig überarb. Aufl. München: Oldenbourg (Handbuch der Informatik Anwendungen in Naturwissenschaften, Technik und Medizin, 2).

Laufenberg, L. (1996): Methodik zur integrierten Projektgestaltung für die situative Umsetzung des simultaneous engineering. Zugl.: Aachen, Techn. Hochsch., Diss., 1995. Als Ms. gedr. Aachen: Shaker (Berichte aus der Produktionstechnik, 96,9).

LeCun, Y.; Bengio, Y.; Hinton, G. (2015): Deep learning. In: *Nature* 521 (7553), S. 436–444. DOI: 10.1038/nature14539.

Lee, Y. W.; Pipino, L. L.; Wang, R. Y.; Funk, J. D. (2006): Journey to data quality: MIT Press Ltd.

Lehner, F.; Wildner, S.; Scholz, M. (2008): Wirtschaftsinformatik. Eine Einführung. 2. Aufl. München: Hanser. Online verfügbar unter http://sub-hh.ciando.com/book/?bok_id=15480.

Lewin, M.; Voigtlander, S.; Fay, A. (2017): Method for process modelling and analysis with regard to the requirements of Industry 4.0: An extension of the value stream method. In: IECON 2017 - 43rd Annual Conference of the IEEE Industrial Electronics Society. Beijing, 29.10.2017: IEEE, S. 3957–3962.

Lieber, D.; Stolpe, M.; Konrad, B.; Deuse, J.; Morik, K. (2013): Quality Prediction in Interlinked Manufacturing Processes based on Supervised & Unsupervised Machine Learning. In: *Procedia CIRP* 7, S. 193–198. DOI: 10.1016/j.procir.2013.05.033.

Lin, N. (2015): Applied business analytics. Integrating business process, big data, and advanced analytics. Upper Saddle River, NJ: Pearson (Safari Tech Books Online). Online verfügbar unter http://proquest.safaribooksonline.com/9780133481549.

Linß, G. (2018): Qualitätsmanagement für Ingenieure. 4., aktualisierte und erweiterte Auflage. München: Hanser Carl. Online verfügbar unter http://www.hanser-elibrary.com/isbn/9783446439368.

Liu, C.; Peng, G.; Kong, Y.; Li, S.; Chen, S. (2021): Data Quality Affecting Big Data Analytics in Smart Factories: Research Themes, Issues and Methods. In: *Symmetry* 13 (8). DOI: 10.3390/sym13081440.

Löhr-Richter, P. (1993): Methodologie - Methodik - Methode, Was steckt dahinter? In: *EMISA Forum* 3 (1), S. 39–41.

Loos, P. (1999): Grunddatenverwaltung und Betriebsdatenerfassung als Basis der Produktionsplanung und –steuerung. In: H. Corsten (Hg.): Einführung in das Produktionscontrolling. München: Vahlen (Controlling), S. 227–252.

Martin, N. L.; Dér, A.; Herrmann, C.; Thiede, S. (2020): Assessment of Smart Manufacturing Solutions Based on Extended Value Stream Mapping. In: *Procedia CIRP* 93, S. 371–376. DOI: 10.1016/j.procir.2020.04.019.

Martini, C. J. (1995): Marktorientierte Bewertung neuer Produktionstechnologien. Dissertation. Hochsch. für Wirtschafts-, Rechts- und Sozialwiss., St. Gallen.

McDermott, R. E.; Mikulak, R. J.; Beauregard, M. R. (2009): The basics of FMEA. 2nd ed. New York, New York, NY: CRC Press/Productivity Press; Productivity Press (A Productivity Press book).

McKinsey & Company, Inc (2017): Smartening up with Artificial Intelligence (AI). What's in it for Germany and its Industrial Sector? Online verfügbar unter https://www.mckinsey.com/~/media/mckinsey/industries/semiconductors/our%20insights/smartening%20up%20with%20artificial%20intelligence/smartening-up-with-artificial-intelligence.ashx, zuletzt geprüft am 21.12.2021.

Meier, A.; Kaufmann, M. (2016): SQL- & NoSQL-Datenbanken. 8., überarbeitete und erweiterte Auflage 2016. Berlin, Heidelberg: Springer Vieweg (eXamen.press).

Melhem, M.; Ananou, B.; Ouladsine, M.; Pinaton, J. (2016): Regularized regression models to predict the product quality in multistep manufacturing. In: D. Mehdi, A. Aitouche und A. Benzaouia (Hg.): The 2016 5th International Conference on Systems and Control (ICSC'16). Marrakesh, Morocco, 5/25/2016 - 5/27/2016. Piscataway, NJ: IEEE, S. 31–36.

Melzer, A. (2015): Six Sigma-- Kompakt und praxisnah. Prozessverbesserung effizient und erfolgreich implementieren. Wiesbaden: Springer Gabler. Online verfügbar unter http://search.ebscohost.com/login.aspx?direct=true&scope=site&db=nlebk&AN=1050548.

Meudt, T.; Metternich, J.; Abele, E. (2017): Value stream mapping 4.0: Holistic examination of value stream and information logistics in production. In: *CIRP Annals* 66 (1), S. 413–416. DOI: 10.1016/j.cirp.2017.04.005.

Meudt, T.; Rößler, M. P.; Böllhoff, J.; Metternich, J. (2016): Wertstromanalyse 4.0. In: *ZWF* 111 (6), S. 319–323. DOI: 10.3139/104.111533.

Meuser, M.; Nagel, U. (2009): Das Experteninterview — konzeptionelle Grundlagen und methodische Anlage. In: S. Pickel, G. Pickel, H.-J. Lauth und D. Jahn (Hg.): Methoden der vergleichenden Politik- und Sozialwissenschaft. Wiesbaden: VS Verlag für Sozialwissenschaften, S. 465–479.

Mirkin, B. (2011): Data Analysis, Mathematical Statistics, Machine Learning, Data Mining: Similarities and Differences. In: International Conference on Advanced Computer Science and Information Systems (ICACSIS), 2011. 17 - 18 Dec. 2011, Jakarta, Indonesia ; proceedings. Piscataway, NJ: IEEE.

Mishra, S.; Datta-Gupta, A. (2017): Applied Statistical Modeling and Data Analytics: A Practical Guide for the Petroleum Geosciences. Place of publication not identified: Elsevier Ltd. Online verfügbar unter http://www.sciencedirect.com/science/book/9780128032794.

Mohri, M.; Rostamizadeh, A.; Talwalkar, A. (2018): Foundations of machine learning. Second edition (Adaptive computation and machine learning).

Möller, M. (2018): Maschinendatenerfassung. Die Basis für die Smart Factory der Zukunft. Hg. v. gbo datacomp. Online verfügbar unter https://www.gbo-datacomp.de/wp-content/uploads/WhitePaper-MDE-05-2018.pdf, zuletzt geprüft am 13.04.2020.

Moreira, J.; Carvalho, A.; Horváth, T. (2019): A general introduction to data analytics. Hoboken, NJ: John Wiley & Sons Inc. Online verfügbar unter https://onlinelibrary.wiley.com/doi/book/10.1002/9781119296294.

Mülder, W.; Störmer, W. (1995): Personalzeit- und Betriebsdatenerfassung. Richtig planen, auswählen und einführen. Mit Checklisten, Anwendungsberichten und Produktspiegel. 2., neubearb. und erw. Aufl. Neuwied: Luchterhand.

Müller, J. (1990): Arbeitsmethoden der Technikwissenschaften. Systematik, Heuristik, Kreativität. Berlin, Heidelberg: Springer Berlin Heidelberg.

Nagle, T.; Redman, T. C.; Sammon, D. (2017): Only 3% of Companies' Data Meets Basic Quality Standards. Hg. v. Harvard Business Review. Online verfügbar unter https://hbr.org/2017/09/only-3-of-companies-data-meets-basic-quality-standards, zuletzt geprüft am 22.12.2021.

Nohr, H. (2001): Management der Informationsqualität. In: W.-F. Riekert und M. Michelson (Hg.): Informationswirtschaft. Innovation für die Neue Ökonomie, Bd. 6. Gabler Edition Wissenschaft. Wiesbaden: Deutscher Universitätsverlag, S. 57–77.

Nonaka, I.; Mader, F.; Takeuchi, H. (2012): Die Organisation des Wissens. Wie japanische Unternehmen eine brachliegende Ressource nutzbar machen. s.l.: Campus Frankfurt / New York. Online verfügbar unter http://www.content-select.com/index.php?id=bib_view&ean=9783593416625.

Nonaka, I.; Takeuchi, H. (1995): The knowledge creating company. How Japanese companies create the dynamics of innovation. New York: Oxford Univ. Press.

Nonn, C. (2009): Analyse und Steigerung der Innovationsproduktivität. Ein kompetenzbasierter und systemdynamischer. Dissertation. Techn. Hochsch., Aachen.

Object Management Group (2011): Business Process Model and Notation (BPMN). Version 2.0. Online verfügbar unter https://www.omg.org/spec/BPMN/2.0/PDF, zuletzt geprüft am 29.01.2021.

Oeltjenbruns, H. (2000): Organisation der Produktion nach dem Vorbild Toyotas. Analyse, Vorteile und detaillierte Voraussetzungen sowie die Vorgehensweise zur erfolgreichen Einführung am Beispiel eines globalen Automobilkonzerns. Zugl.: Clausthal, Techn. Univ., Diss., 2000. Aachen: Shaker (Innovationen der Fabrikplanung und -organisation, 3).

Ōno, T.; Bodek, N. (2008): Toyota production system. Beyond large-scale production. [Reprinted]. New York, NY: Productivity Press.

Orendi, G. (1993): Systemkonzept für die phasenneutrale Fehlerbehandlung als Voraussetzung für den Einsatz präventiver Qualitätssicherungsverfahren. Ein Beitrag zur Qualitätssicherung im Maschinen- und Anlagenbau. Zugl.: Aachen, Techn. Univ., Diss., 1993. Als Ms. gedr. Aachen: Shaker (Berichte aus der Produktionstechnik, Bd. 93,11).

Otto, B.; Kokemüller, J.; Weisbecker, A.; Gizanis, D. (2011): Stammdatenmanagement: Datenqualität für Geschäftsprozesse. In: *HMD* 48 (3), S. 5–16. DOI: 10.1007/BF03340582.

Patzak, G. (1982): Systemtechnik - Planung komplexer innovativer Systeme. Grundlagen, Methoden, Techniken. Berlin, Heidelberg: Springer Berlin Heidelberg.

Pedregosa, F.; Varoquaux, G.; Gramfort, A.; Michel, V.; Thirion, B.; Grisel, O. et al. (2011): Scikit-learn: Machine Learning in Python. In: *The Journal of Machine Learning Research* (Vol. 12), S. 2825–2830. Online verfügbar unter https://dl.acm.org/doi/10.5555/1953048.2078195.

SP 800-55, 16.07.2008: Performance Measurement Guide for Information Security. Online verfügbar unter https://csrc.nist.gov/publications/detail/sp/800-55/rev-1/final, zuletzt geprüft am 01.01.2021.

Pfeifer, T. (1997): Fehlermanagement mit objektorientierten Technologien in der qualitätsorientierten Produktion. Hg. v. Karlsruhe FZKA. Projektträgerschaft Fertigungstechnik und Qualitätssicherung (PFT) (Wissenschaftliche Berichte, 183).

Pfeifer, T.; Schmitt, R. H. (2014): Masing Handbuch Qualitätsmanagement. 1. Aufl. s.l.: Carl Hanser Fachbuchverlag.

Pfeufer, H.-J. (2015): FMEA. Fehler-Möglichkeits- und Einfluss-Analyse. 1. Aufl. München: Hanser (Pocket Power, 64).

Pipino, L. L.; Lee, Y. W.; Wang, R. Y. (2002): Data quality assessment. In: *Commun. ACM* 45 (4), S. 211. DOI: 10.1145/505248.506010.

Powers, D. M. W. (2011): Evaluation: From precision, recall and F-measure to ROC, informedness, markedness & correlation. In: *Journal of Machine Learning Technologies* (2 (1)), S. 37–63.

Przybysz, P.; Duckwitz, S. (2014): Handreichungen für die betriebliche Praxis. Prozessmodellierung. Hg. v. Christopher M. Schlick. Aachen.

Pümpin, C. (1992): Das Dynamik-Prinzip. Zukunftsorientierungen für Unternehmer und Manager. Düsseldorf: ECON-Taschenbuch-Verl. (ETB 21169).

Pümpin, C.; Amann, W. (2005): SEP. Strategische Erfolgspositionen: Kernkompetenzen aufbauen und umsetzen. Bern: Haupt.

DIN EN ISO 9004:2018: Qualitätsmanagement - Qualität einer Organisation - Anleitung zum Erreichen nachhaltigen Erfolgs.

DIN EN ISO 9000:2015-11: Qualitätsmanagementsysteme - Grundlagen und Begriffe.

Raudys, Š. (2001): Statistical and Neural Classifiers. An Integrated Approach to Design. London: Springer (Advances in Pattern Recognition).

Read, J.; Pfahringer, B. Holmes, G.; Frank, E. (2009): Classifier Chains for Multi-label Classification. In: W. Buntine, M. Grobelnik, D. Mladenić und J. Shawe-Taylor (Hg.): Machine learning and knowledge discovery in databases. European conference, ECML PKDD 2009, Bled, Slovenia, September 7 - 11, 2009 ; proceedings, part II, Bd. 5782. Berlin: Springer (5782), S. 254–269.

Reback, J.; Brockmendel, J.; McKinney, W. et al. (2021): pandas-dev/pandas: Pandas 1.3.4: Zenodo.

REFA (2015): Industrial Engineering. Standardmethoden zur Produktivitätssteigerung und Prozessoptimierung. 2. Auflage. München: Hanser (REFA-Fachbuchreihe Unternehmensentwicklung).

Rehm, M.; Schönherr, O.; Schmidt, T. (2010): Ein Metamodell von Produktionssystemen als Grundlage für die automatische Simulationsmodellgenerierung. In: *lj proc*, S. 1–12. DOI: 10.2195/LJ_PROC10_Rehm.

Roderburg, A. (2013): Methodik zur Entwicklung von hybriden Fertigungstechnologien. Zugl.: Aachen, Techn. Hochsch., Diss, 2013. 1. Aufl. Aachen: Apprimus-Verl. (Technologie der Fertigungsverfahren, 2013,24).

Rogalewicz, M.; Sika, R. (2016): Methodologies of Knowledge Discovery from Data and Data Mining Methods in Mechanical Engineering. In: *Management and Production Engineering Review* 7 (4), S. 97–108. DOI: 10.1515/mper-2016-0040.

Roh, P.; Kunz, A.; Wegener, K. (2019): Information stream mapping: Mapping, analysing and improving the efficiency of information streams in manufacturing value streams. In: *CIRP Journal of Manufacturing Science and Technology* 25, S. 1–13. DOI: 10.1016/j.cirpj.2019.04.004.

Roschmann, K. (Hg.) (1979): Betriebsdatenerfassung in Industrieunternehmen. E. Leitf. zur Einf. u. Anwendung d. Betriebsdatenerfassung; Arbeitsergebnis d. Gemeinschaftsarbeit. Ausschuss für Wirtschaftliche Verwaltung in Wirtschaft und Öffentlicher Hand; Ausschuß für

Wirtschaftliche Verwaltung in Wirtschaft und Öffentlicher Hand. München: Verlag Moderne Industrie (AWV-Schrift, 251).

RWTH Aachen (2020): Internet of Production. Das Exzellenzcluster. RWTH Aachen. Online verfügbar unter https://www.iop.rwth-aachen.de/cms/Produktionstechnik/~gpgc/Das-Exzellenzcluster/, zuletzt aktualisiert am 08.06.2020, zuletzt geprüft am 16.12.2021.

Sammut, C.; Webb, G. I. (Hg.) (2017): Encyclopedia of machine learning and data mining. Second edition. New York, NY: Springer. Online verfügbar unter http://dx.doi.org/10.1007/978-1-4899-7687-1.

Saslow, E. (2018): Collinearity - What it means, Why its bad, and How does it affect other models? Online verfügbar unter https://medium.com/future-vision/collinearity-what-it-means-why-its-bad-and-how-does-it-affect-other-models-94e1db984168, zuletzt geprüft am 08.11.2021.

Scannapieco, M.; Missier, P.; Batini, C. (2005): Data Quality at a Glance. In: *Datenbank-Spektrum* (14), S. 6–14.

Scheer, A.-W. (1998): Wirtschaftsinformatik. Referenzmodelle für industrielle Geschäftsprozesse. Studienausg., 2., durchges. Aufl. Berlin: Springer.

Schiffer, M. G (2013): Szenariorobuste Produktarchitekturgestaltung. Zugl.: Aachen, Techn. Hochsch., Diss, 2013. 1. Aufl. Aachen: Apprimus-Verl. (Produktionssystematik, 2013,32).

Schlegel, P.; Buschmann, D.; Ellerich, M.; Schmitt, R. H. (2020): Methodological Assessment of Data Suitability for Defect Prediction. In: *QIP Journal* 24 (2), S. 170. DOI: 10.12776/qip.v24i2.1443.

Schmidt, G. (2009): Organisation und Business Analysis. Methoden und Techniken. 14., völlig neu bearb. Aufl. Gießen: Götz Schmidt (ibo-Schriftenreihe, 1).

Schmitt, R. H.; Ellerich, M.; Schlegel, P.; Ngo, Q. H.; Emonts, D.; Montavon, B. et al. (2020a): Datenbasiertes Qualitätsmanagement im Internet of Production. In: W. Frenz (Hg.): Handbuch Industrie 4.0: Recht, Technik, Gesellschaft. 1st ed. 2020.

Schmitt, R. H.; Kurzhals, R.; Ellerich, M.; Nilgen, G.; Schlegel, P.; Dietrich, E. et al. (2020b): Predictive Quality – Data Analytics in produzierenden Unternehmen. In: T. Bergs, C. Brecher, R. H. Schmitt und G. Schuh (Hg.): Internet of Production - Turning Data into Value. Statusberichte aus der Produktionstechnik: Fraunhofer-Gesellschaft, S. 226–253.

Schmitt, R. H.; Pfeifer, T. (2015): Qualitätsmanagement. Strategien - Methoden - Techniken. 5., aktualisierte Auflage. München: Hanser. Online verfügbar unter http://www.hanser-elibrary.com/isbn/9783446440821.

Schneider, U. (1990): Kulturbewußtes Informationsmanagement. Ein organisationstheoretischer Gestaltungsrahmen für die Infrastruktur betrieblicher Informationsprozesse. München: Oldenbourg.

Schomburg, E. (1980): Entwicklung eines betriebstypologischen Instrumentariums zur systematischen Ermittlung der Anforderungen an EDV-gestützte Produktionsplanungs- und -steuerungssysteme im Maschinenbau. Dissertation. RWTH Aachen.

Schönberger, M.; Kleinert, T.; Dumont, T. (2015): Geschäftsprozesse richtig dokumentieren. Ein praxisnaher Leitfaden für Kleinst- und Handwerksunternehmen. Hg. v. P. Fettke und P. Loos. Institut für Wirtschaftsinformatik (IWi) im Deutschen Forschungszentrum für Künstliche Intelligenz (DFKI). Online verfügbar unter https://www.hwk-bremen.de/_Resources/Persistent/313bed13a4b7c418e2367622ecb36702b0150178/Brosch%C3%BCre_Gesch%C3%A4ftsprozesse%20richtig%20dokumentieren_.pdf.

Schuh, G.; Gützlaff, A.; Sauermann, F.; Maibaum, J. (2020): Digital Shadows as an Enabler for the Internet of Production. In: B. Lalic, V. Majstorovic, U. Marjanovic, G. Cieminski und D. Romero (Hg.): Advances in Production Management Systems. The Path to Digital Transformation and Innovation of Production Management Systems, Bd. 591. Cham: Springer International Publishing (IFIP Advances in Information and Communication Technology), S. 179–186.

Schuh, G.; Prote, J.-P.; Gützlaff, A.; Thomas, K.; Sauermann, F.; Rodemann, N. (2019a): Internet of Production: Rethinking production management. In: J. P. Wulfsberg, W. Hintze und B.-A. Behrens (Hg.): Production at the leading edge of technology. Berlin, Heidelberg: Springer Berlin Heidelberg, S. 533–542.

Schuh, G.; Reinhart, G.; Prote, J.-P.; Sauermann, F.; Horsthofer, J.; Oppolzer, F.; Knoll, D. (2019b): Data Mining Definitions and Applications for the Management of Production Complexity. In: *Procedia CIRP* 81, S. 874–879. DOI: 10.1016/j.procir.2019.03.217.

Schuh, G.; Schmidt, C. (2014): Produktionsmanagement. Handbuch Produktion und Management 5. 2. Aufl. Berlin: Springer Vieweg (VDI-Buch). Online verfügbar unter http://gbv.eblib.com/patron/FullRecord.aspx?p=1967846.

Serhani, M. A.; El Kassabi, H. T.; Taleb, I.; Nujum, A. (2016): An Hybrid Approach to Quality Evaluation across Big Data Value Chain. In: 2016 IEEE International Congress on Big Data (BigData Congress). San Francisco, CA, 27.06.2016: IEEE, S. 418–425.

Serrat, O. (2017): Knowledge Solutions. Tools, Methods, and Approaches to Drive Organizational Performance. Singapore, s.l.: Springer Singapore.

Shafique, U.; Qaiser, H. (2014): A Comparative Study of Data Mining Process Models (KDD, CRISP-DM and SEMMA). In: *International Journal of Innovation and Scientific Research* (12 (1)), S. 217–222.

Siepmann, D. (2016): Industrie 4.0 - Technologische Komponenten. In: A. Roth (Hg.): Einführung und Umsetzung von Industrie 4.0. Grundlagen, Vorgehensmodell und Use Cases aus der Praxis. Berlin, Heidelberg: Springer Gabler.

Richtlinie 3633, 2018: Simulation von Logistik-, Materialfluß- und Produktionssystemen.

So, K. (2020): Data quality: Garbage in garbage out. Fixing typos and the likes is a $4.5 billion market. Hg. v. Towards Data Science. Online verfügbar unter https://towardsdatascience.com/data-quality-garbage-in-garbage-out-df727030c5eb, zuletzt geprüft am 22.12.2021.

Souchkov, V. (2005): Root Conflict Analysis (RCA+): Structured Problems and Contradictions Mapping. In: Proceedings of ETRIA TRIZ Future 2005 Conference. Graz, November 16–18: Leykam Buchverlag, S. 1–12.

Souchkov, V. (2017): Application of Root Conflict Analysis (RCA+) to formulate inventive problems in the maritime industry. In: *51 Scientific Journals of the Maritime University of Szczecin* 123 (51). DOI: 10.17402/225.

Spreckelsen, C.; Spitzer, K. (2009): Wissensbasen und Expertensysteme in der Medizin. KI-Ansätze zwischen klinischer Entscheidungsunterstützung und medizinischem Wissensmanagement. 1. Aufl. Wiesbaden: Vieweg+Teubner Verlag / GWV Fachverlage GmbH Wiesbaden (Medizinische Informatik).

Stachowiak, H. (1973): Allgemeine Modelltheorie. Wien: Springer.

Stauss, B.; Seidel, W. (2014): Beschwerdemanagement. 5., vollständig überarbeitete Auflage. München: Carl Hanser Verlag. Online verfügbar unter http://sub-hh.ciando.com/book/?bok_id=1399578.

Stenson, R. (2016): Is This the First Time Anyone Printed, 'Garbage In, Garbage Out'? Hg. v. Atlas Obscura. Online verfügbar unter https://www.atlasobscura.com/articles/is-this-the-first-time-anyone-printed-garbage-in-garbage-out, zuletzt geprüft am 23.12.2021.

Sterman, J. D. (2000): Business Dynamics. Systems Thinking and Modeling for a Complex World. [Nachdr.]. Boston: Irwin/McGraw-Hill.

Stimmel, C. L. (2015): Big data analytics strategies for the smart grid. Boca Raton, FL: CRC Press. Online verfügbar unter http://proquest.tech.safaribooksonline.de/9781482218282.

Sudhoff, W. (2008): Methodik zur Bewertung standortübergreifender Mobilität in der Produktion. Zugl.: München, Techn. Univ., Diss., 2007. München: Utz (IWB Forschungsberichte, 208).

Sumathi, S.; Esakkirajan, S. (2007): Fundamentals of Relational Database Management Systems. Berlin, Heidelberg: Springer-Verlag Berlin Heidelberg (Studies in Computational Intelligence, 47). Online verfügbar unter http://site.ebrary.com/lib/alltitles/docDetail.action?docID=10167676.

Thessel, F.; Suhr, M.; Kiss, M.; Krumeich, J.; Winter, R. (2015): Vorgehensweise und Erfahrungen bei der Modellierung und Verbesserung von Geschäftsprozessen in klein- und mittelständischen Unternehmen und Behörden. Hg. v. Mittelstand-Digital. Online verfügbar unter https://www.mittelstand-digital.de/MD/Redaktion/DE/Publikationen/kommunikation-gesch%C3%A4ftsprozess.pdf?__blob=publicationFile&v=4.

Tozzi, C. (2021): Understanding Data Quality: How Data Quality Problems Arise. Hg. v. Precisely. Online verfügbar unter https://www.precisely.com/blog/data-quality/data-quality-problems-errors, zuletzt geprüft am 23.12.2021.

Ulrich, H. (1981): Die Betriebswirtschaftslehre als anwendungsorientierte Sozialwissenschaft. In: M. Geist und R. Köhler (Hg.): Die Führung des Betriebes. Curt Sandig zu seinem 80. Geburtstag gewidmet. Unter Mitarbeit von Curt Sandig. Stuttgart: Pöschel, S. 1–25.

Ulrich, H. (Hg.) (1984): Management. Bern, Stuttgart: Haupt (Schriftenreihe Unternehmung und Unternehmungsführung, 13).

Ulrich, P.; Hill, W. (1976a): Wissenschaftstheoretische Grundlagen der Betriebswirtschaftslehre (Teil II). In: *WiSt – Zeitschrift für Ausbildung und Hochschulkontakt* 5 (8), S. 345–350.

Ulrich, P.; Hill, W. (1976b): Wissenschaftstheoretische Grundlagen der Betriebswirtschaftslehre (Teil I). In: *WiSt – Zeitschrift für Ausbildung und Hochschulkontakt* 5 (7), 304-309.

Vaisman, A.; Zimányi, E. (2014): Data Warehouse Systems. Design and Implementation. Berlin, Heidelberg, s.l.: Springer Berlin Heidelberg (Data-Centric Systems and Applications).

Vasal, A.; Vohra, S.; Payan, E.; Seedat, Y. (2019): Closing the data-value Gap. How to become data-driven and pivot to the new. Hg. v. Accenture. Online verfügbar unter https://www.accenture.com/us-en/insights/technology/closing-data-value-gap, zuletzt geprüft am 23.12.2021.

Venkatesh, B.; Anuradha, J. (2019): A Review of Feature Selection and Its Methods. In: *Cybernetics and Information Technologies* 19 (1), S. 3–26. DOI: 10.2478/cait-2019-0001.

Voß, S.; Gutenschwager, K. (2001): Informationsmanagement. Berlin, Heidelberg, s.l.: Springer Berlin Heidelberg.

Vossen, G. (2008): Datenmodelle, Datenbanksprachen und Datenbankmanagementsysteme. 5., überarb. und erw. Aufl. München: Oldenbourg. Online verfügbar unter http://www.oldenbourg-link.de/isbn/9783486275742.

W3C (2009): OWL Web Ontology Language. Overview. Online verfügbar unter https://www.w3.org/TR/2004/REC-owl-features-20040210/, zuletzt geprüft am 02.05.2021.

Wang, K. S. (2013): Towards zero-defect manufacturing (ZDM)—a data mining approach. In: *Adv. Manuf.* 1 (1), S. 62–74. DOI: 10.1007/s40436-013-0010-9.

Wang, R. Y.; Strong, D. M. (1996): Beyond Accuracy: What Data Quality Means to Data Consumers. In: *Journal of Management Information Systems* 12 (4), S. 5–33. DOI: 10.1080/07421222.1996.11518099.

Weingardt, M. (2004): Fehler zeichnen uns aus. Transdisziplinäre Grundlagen zur Theorie und Produktivität des Fehlers in Schule und Arbeitswelt. Zugl.: Tübingen, Univ., Diss., 2002. Bad Heilbrunn/Obb.: Klinkhardt (Forschung).

Weiss, S. M.; Dhurandhar, A.; Baseman, R. J.; White, B. F.; Logan, R.; Winslow, J. K.; Poindexter, D. (2016): Continuous prediction of manufacturing performance throughout the production lifecycle. In: *Journal of Intelligent Manufacturing* 27 (4), S. 751–763. DOI: 10.1007/s10845-014-0911-x.

Werner, L. (1992): Entscheidungsunterstützungssysteme. Ein problem- und benutzerorientiertes Management-Instrument. Heidelberg: Physica-Verlag HD (Schriftenreihe Handeln und Entscheiden in komplexen ökonomischen Situationen, 5).

Winkelmann, A.; Kässens, S. (2009): Fachkonzeptionelle Spezifikationeiner Betriebsdatenerfassungs-komponente für ERP-Systeme. Arbeitsberichte des Instituts für Wirtschaftsinformatik. Westfälische Wilhelms-Universität, Münster. Insitut für Wirtschaftsinformatik.

Wittlif, E. (2010): Einführung der Betriebsdatenerfassung und der Maschinendatenerfassung bei der Firma Oculus Optikgeräte GmbH, Wetzlar. Hamburg: Diplom.de (Diplomarbeit). Online verfügbar unter http://www.diplomica.de.

Wuest, T.; Irgens, C.; Thoben, K.-D. (2014): An approach to monitoring quality in manufacturing using supervised machine learning on product state data. In: *J Intell Manuf* 25 (5), S. 1167–1180. DOI: 10.1007/s10845-013-0761-y.

Yang, B.; Qiao, L.; Cai, N.; Zhu, Z.; Wulan, M. (2018): Manufacturing process information modeling using a metamodeling approach. In: *Int J Adv Manuf Technol* 94 (5-8), S. 1579–1596. DOI: 10.1007/s00170-016-9979-0.

Yang, B.; Qiao, L.; Zhu, Z.; Wulan, M. (2016): A Metamodel for the Manufacturing Process Information Modeling. In: *Procedia CIRP* 56, S. 332–337. DOI: 10.1016/j.procir.2016.10.032.

Zaki, M. J.; Meira, W. (2014): Data mining and analysis. Fundamental concepts and algorithms. s.l. Online verfügbar unter http://proquest.tech.safaribooksonline.de/9781107779105.

Zhang, R.; Indulska, M.; Sadiq, S. (2019): Discovering Data Quality Problems. In: *Bus Inf Syst Eng* 61 (5), S. 575–593. DOI: 10.1007/s12599-019-00608-0.

Zhang, R.; Jayawardene, V.; Indulska, M.; Sadiq, S.; Zhou, X. (2015): A data driven approach for discovering data quality requirements. In: Building a better world through information systems. International Conference on Information Systems (ICIS 2014), Auckland, New Zealand, 14 - 17 December 2014. Red Hook, NY: Curran.

DIN 40041, 1990-12-00: Zuverlässigkeit; Begriffe.

VI Anhang

A.1. Algorithmus zur Auswahl der Handlungsalternative

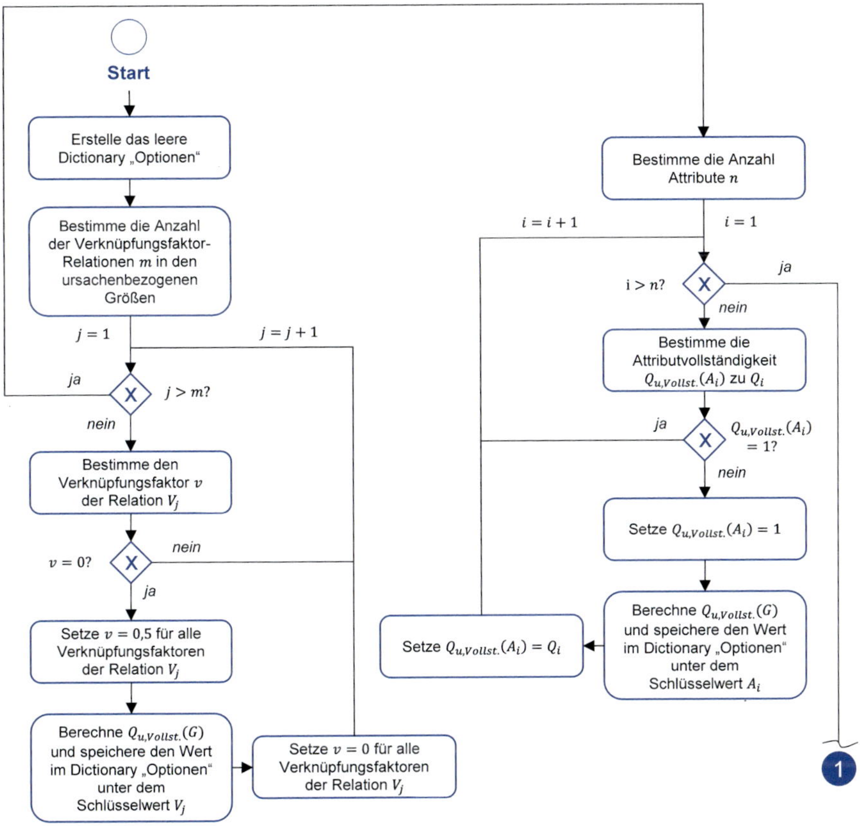

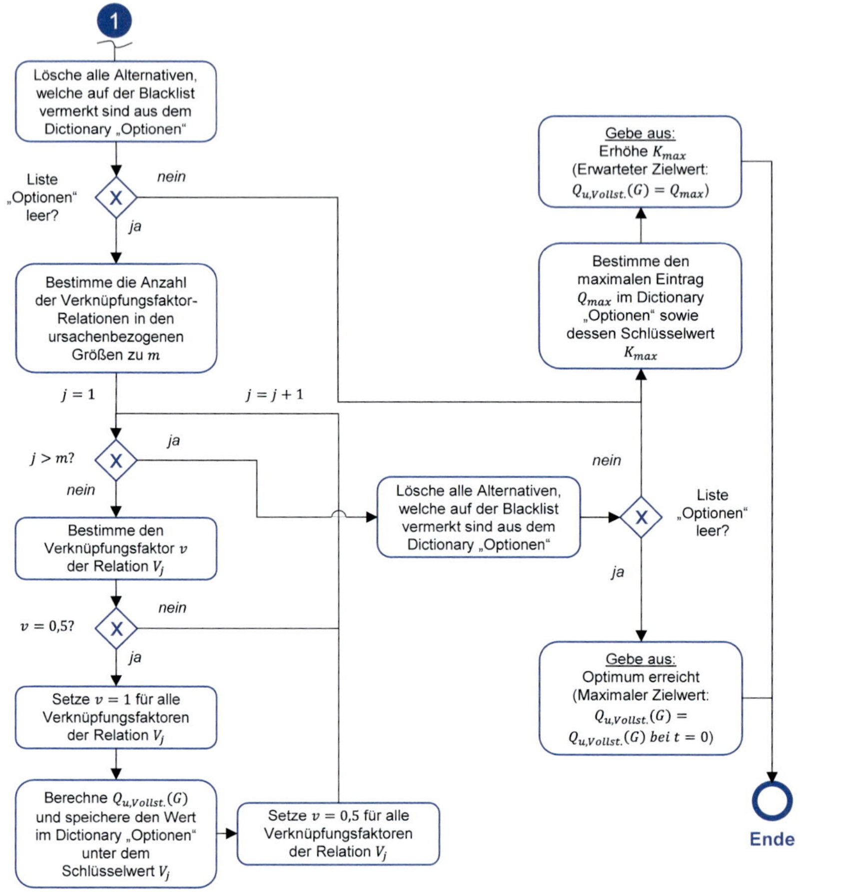

1
Lösche alle Alternativen, welche auf der Blacklist vermerkt sind aus dem Dictionary „Optionen“
Liste „Optionen“ leer?
nein
ja
Bestimme die Anzahl der Verknüpfungsfaktor-Relationen in den ursachenbezogenen Größen zu m
$j = 1$
$j = j + 1$
$j > m$?
ja
nein
Bestimme den Verknüpfungsfaktor v der Relation V_j
$v = 0{,}5$?
nein
ja
Setze $v = 1$ für alle Verknüpfungsfaktoren der Relation V_j
Berechne $Q_{u,Vollst.}(G)$ und speichere den Wert im Dictionary „Optionen“ unter dem Schlüsselwert V_j
Setze $v = 0{,}5$ für alle Verknüpfungsfaktoren der Relation V_j
Lösche alle Alternativen, welche auf der Blacklist vermerkt sind aus dem Dictionary „Optionen“
Liste „Optionen“ leer?
nein
ja
Bestimme den maximalen Eintrag Q_{max} im Dictionary „Optionen“ sowie dessen Schlüsselwert K_{max}
Gebe aus: Erhöhe K_{max} (Erwarteter Zielwert: $Q_{u,Vollst.}(G) = Q_{max}$)
Gebe aus: Optimum erreicht (Maximaler Zielwert: $Q_{u,Vollst.}(G) = Q_{u,Vollst.}(G)\ bei\ t = 0$)
Ende

A.2. Ablaufdiagramm zur randomisierten Reduktion der Vollständigkeit

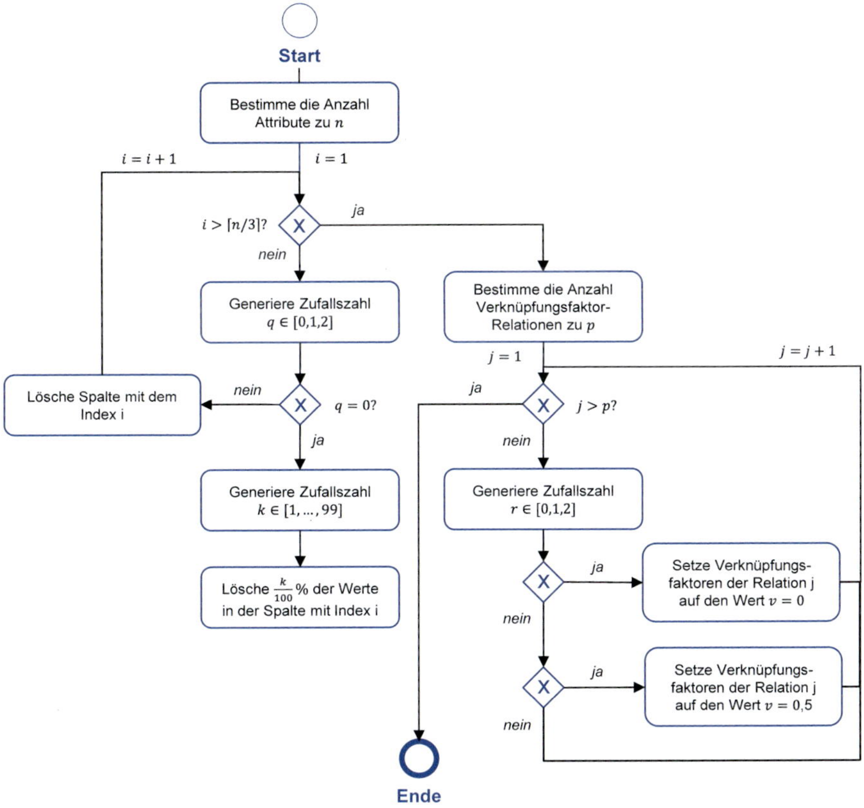

A.3. Quantifizierung der Vollständigkeit für Validierungsszenario 1

Prozess-schritt	Prozessschritt-vollständigkeit	Bezug	Klasse	Informa-tionstyp	Klassenvoll-ständigkeit
BK	0,5	Fehler	Prüfung	Ist	0,5
BK	0,33	Ursache	Auftrag	Soll	0,25
		Ursache	Maschine	Ist	0,5
KPM	0	Ursache	Auftrag	Soll	0
		Ursache	Maschine	Ist	0
		Ursache	Vorprodukt	Ist	0
MM	0	Ursache	Auftrag	Soll	0
		Ursache	Maschine	Ist	0
		Ursache	Vorprodukt	Ist	0
KM	0	Ursache	Auftrag	Soll	0
		Ursache	Maschine	Ist	0
		Ursache	Vorprodukt	Ist	0
AM	0,29	Ursache	Auftrag	Soll	0,36
		Ursache	Maschine	Ist	0,5
		Ursache	Vorprodukt	Ist	0,25

A.4. Quantifizierung der Vollständigkeit für Validierungsszenario 2

Prozess-schritt	**Prozessschritt-vollständigkeit**	**Bezug**	**Klasse**	**Informa-tionstyp**	**Klassenvoll-ständigkeit**
BK	1	Fehler	Prüfung	Ist	1
BK	0	Ursache	Auftrag	Soll	0
		Ursache	Maschine	Ist	0
KPM	0,39	Ursache	Auftrag	Soll	0,67
		Ursache	Maschine	Ist	0,36
		Ursache	Vorprodukt	Ist	0,41
MM	0,43	Ursache	Auftrag	Soll	0,67
		Ursache	Maschine	Ist	0,35
		Ursache	Vorprodukt	Ist	0,45
KM	0,46	Ursache	Auftrag	Soll	0,5
		Ursache	Maschine	Ist	0,39
		Ursache	Vorprodukt	Ist	0,49
AM	0,21	Ursache	Auftrag	Soll	0,75
		Ursache	Maschine	Ist	0,3
		Ursache	Vorprodukt	Ist	0,16

A.5. Quantifizierung der Vollständigkeit für Validierungsszenario 3

Prozess-schritt	**Prozessschritt-vollständigkeit**	**Bezug**	**Klasse**	**Informa-tionstyp**	**Klassenvoll-ständigkeit**
BK	0	Fehler	Prüfung	Ist	0
BK	0	Ursache	Auftrag	Soll	0
		Ursache	Maschine	Ist	0
KPM	0	Ursache	Auftrag	Soll	0
		Ursache	Maschine	Ist	0
		Ursache	Vorprodukt	Ist	0
MM	0	Ursache	Auftrag	Soll	0
		Ursache	Maschine	Ist	0
		Ursache	Vorprodukt	Ist	0
KM	0	Ursache	Auftrag	Soll	0
		Ursache	Maschine	Ist	0
		Ursache	Vorprodukt	Ist	0
AM	0	Ursache	Auftrag	Soll	0
		Ursache	Maschine	Ist	0
		Ursache	Vorprodukt	Ist	0

A.6. Angepasster Algorithmus zur Auswahl der Handlungsalternative

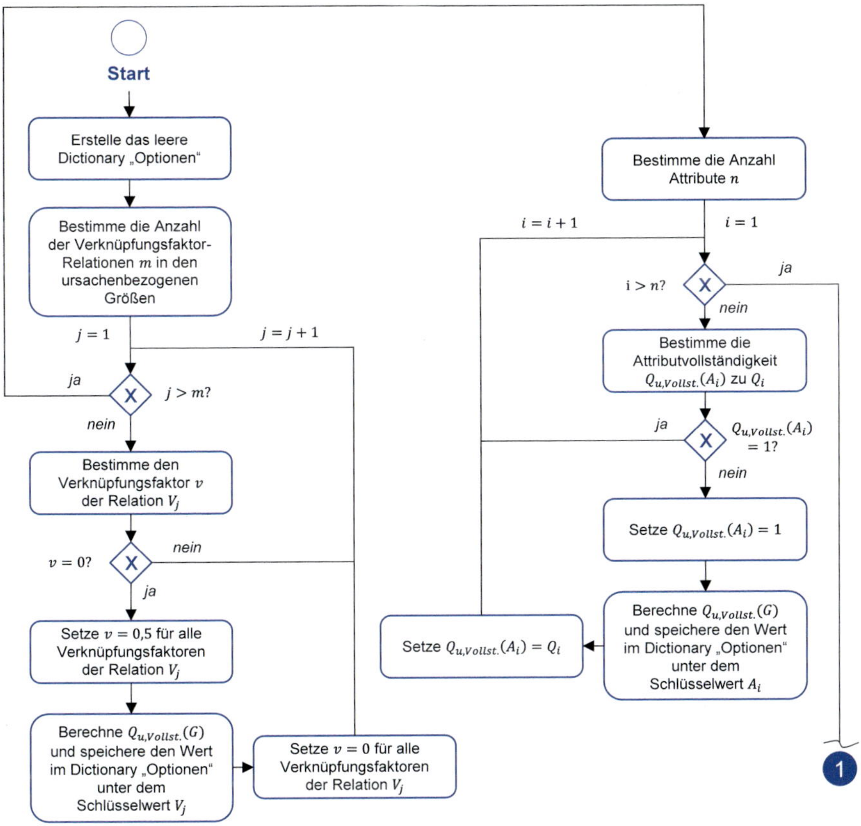

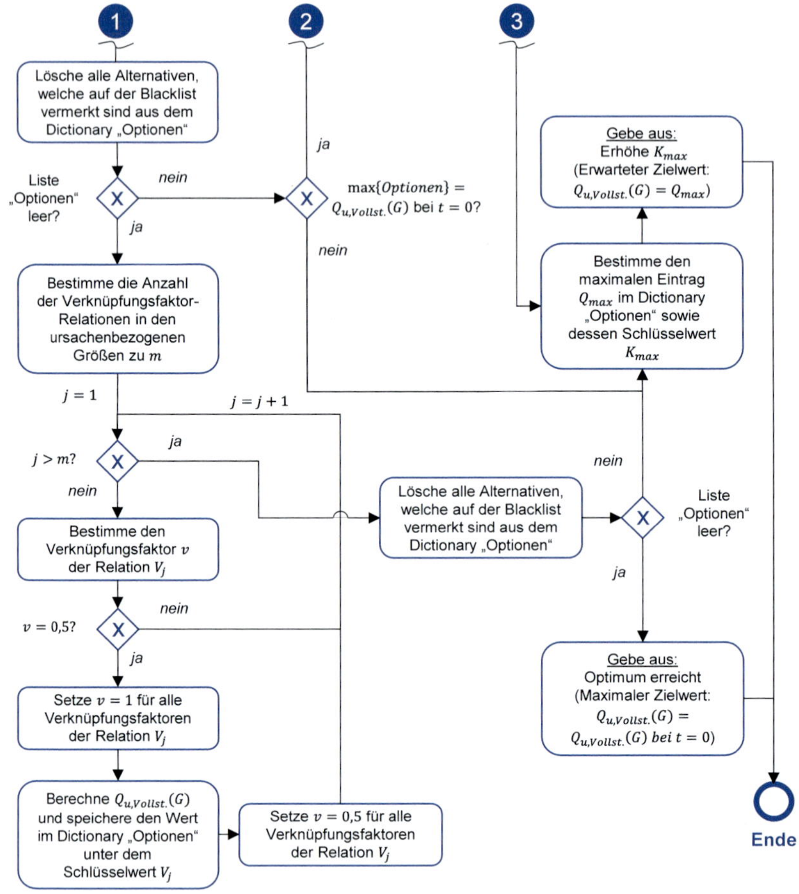

1
2
3
Lösche alle Alternativen, welche auf der Blacklist vermerkt sind aus dem Dictionary „Optionen“
Liste „Optionen“ leer?
nein
ja
ja
$\max\{Optionen\} = Q_{u,Vollst.}(G)$ bei $t = 0$?
nein
Gebe aus: Erhöhe K_{max} (Erwarteter Zielwert: $Q_{u,Vollst.}(G) = Q_{max}$)
Bestimme den maximalen Eintrag Q_{max} im Dictionary „Optionen“ sowie dessen Schlüsselwert K_{max}
Bestimme die Anzahl der Verknüpfungsfaktor-Relationen in den ursachenbezogenen Größen zu m
$j = 1$
$j = j + 1$
$j > m$?
ja
nein
Bestimme den Verknüpfungsfaktor v der Relation V_j
Lösche alle Alternativen, welche auf der Blacklist vermerkt sind aus dem Dictionary „Optionen“
nein
Liste „Optionen“ leer?
ja
$v = 0{,}5$?
nein
ja
Setze $v = 1$ für alle Verknüpfungsfaktoren der Relation V_j
Gebe aus: Optimum erreicht (Maximaler Zielwert: $Q_{u,Vollst.}(G) = Q_{u,Vollst.}(G)$ bei $t = 0$)
Berechne $Q_{u,Vollst.}(G)$ und speichere den Wert im Dictionary „Optionen“ unter dem Schlüsselwert V_j
Setze $v = 0{,}5$ für alle Verknüpfungsfaktoren der Relation V_j
Ende

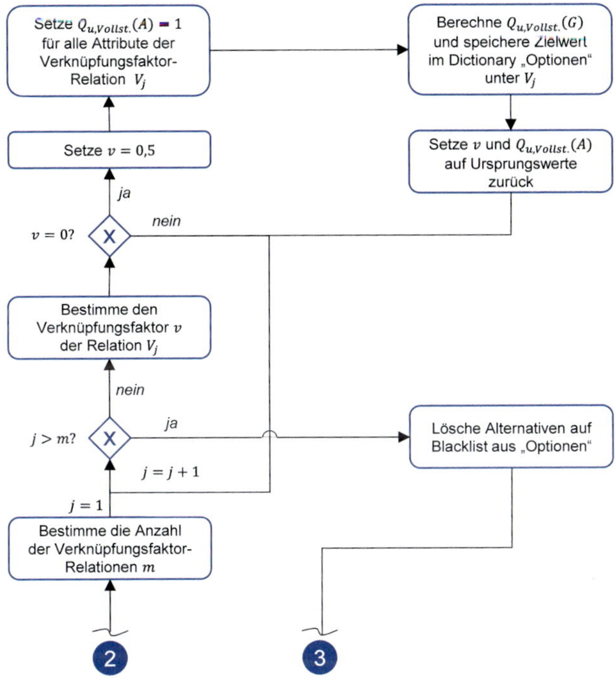

A.7. Git Repository der Dissertation

https://git.rwth-aachen.de/peter.schlegel/datacompletenessassessment